思いやりの本能が明日を救う

THE TENDING INSTINCT

SHELLEY E. TAYLOR

S E・テイラー 著
山田茂人 監訳

二瓶社

序文

私は一九八一年にこの本を書き始めたが、その後方針を変えて本の執筆の代わりに子どもをもうけることにした。この選択をあなたは意外に思うかもしれないが、当時の私の私的な願望は職業的な願望に勝っていた。そのころ私はがん患者を対象に、病気の苦痛と彼らが受けている衰弱を伴う治療に対して、患者たちがその生活の中でどのように対処しているかについて聞き取り調査をしていた。そのなかである非常に聡明な女性と出会い、私は人生の進路を変えることにしたのである。彼女は放射線治療と化学療法を長期間受けながら、夫との間に四人の子どもをもうけていた。私はそれまで自分で選んだ人生の選択に、彼女ほど満足している人を見たことがなかった。私は家に帰るや夫にこう言った。「私たちは間違がっているようだわ」。

それまで、私たちは自分たちの興味深い仕事に没頭できるよう子どもをつくらないと決めていた。この方針の変更から一〇年以上の間に、私は多くの科学論文を執筆し、夫は多くの建築の設計をした。私たちは子どもが生まれてからも仕事を続けたが、おかげで私たちの人生は、先祖から未来の世代にわたり時間的につながってるように感じられ、空間的にも社会や学校や隣人とつながっているように感じている。これはいままで経験したことのない感覚である。私が論文に書いてきた継続的な関係は、いまや私の人生の一部となっている。

長年の間に私の科学的興味は、社会心理学から生物学的な側面を含むものに広がっていった。最初はどんな人が健康であり、どんな人が病気になるかという健康に対する興味であったが、それから健康から病気になる人、病気から回復する人の神経内分泌過程に興味を広げていった。そして人間の生活の社会的・生物学的要素がいかに互いに補い合い、影響し合い、時には妨害し合うかを観察するようになった。

はじめは誰もが考えるように、生物学的要因が基本的な行動を決定すると思っていたが、そのうち、社会的要因が生物学的原因と考えられている過程にどれほど深く影響しているかに驚かされた。それは遺伝子発現のレベルにさえ及んでいた。この社会的な力の源泉は、人が互いに助け合い、お互いに欠けているものを補い合う過程にある。母親が子どもと楽しむような幼児期の温かい養育関係は、カルシウムが骨に吸収されるのと同じように、発達の活力となる。大人の関係でさえ健康な人生を維持するために、互いに欠けたものを補い合っている。私が伝えたいことは思いやりについてであるが、それは思いやりの必要性や義務についてではなく、思いやりの持つ影響力についてである。

私は女性と男性及び、両者の違いについても述べたいと思う。最初の予想とは逆の驚きに満ちた重要なテーマとなった。女性は男性に比べて他人を思いやる中心的な役割を演じているが、その能力は決して女性だけのものではない。しかし女性を基準として男性について考えてみると、力と攻撃性の程度には男女の違いはそれほどではなく、思いやりと配慮の男女差は大きいと思われた。そして最も驚くべきは、思いやりと配慮が力と攻撃性の表出をかなり方向付けていることである。この見方は、社会心理学者や進化心理学者によって伝統的にもたらされた人間の進化の仮説に新たな仮説を付け加えることになる。伝統的な考えの学者は、しばしば人間社会を闘争の舞台と表現する。そこでは成功者は刃物での戦いやごまかしや、純然たる粗暴な暴力で弱者に競り勝つ。男女の関係でさえ闘争であるといわれている。私はこの見方はせいぜい半分の真実でしかないことを明らかにした。われわれはさまざまな方法で互いに愛し、育み、思いやっているのかを考えてみると、これまでの見方は人間の真実の多くを見過ごしていることが分かる。

私自身の専門であるストレス研究の分野でも、これらの競争的観点が影を落としている。有名な例えである「闘うか逃げるか（fight or flight）」は、脅威に満ちた社会を殺すか殺されるかの孤独な世界として表現している。私の研究ではその代わりに、ストレスへの人間の反応は少なくとも、その多くが思いやりと他人との協調として特徴づけられ、それは特に女性に特徴的である。「闘うか逃げるか」がストレス反応の普遍的な特徴であるという考えに私が最初に異議を唱えた時、それがどのように受け取られるか気になっていた。反応は非常に喜ばしいものだった。私は全世界から手紙や電子メールを受け取った。そこには多くの疑問や感謝が綴られていたが、その反応は「私は長年にわたり通俗的な科学評論を読んできましたが、この本には私を納得させる何かがあると感じました」と書いてきたある婦人の感想に集約される。このテーマは本書の目的の一つである。その目的とは、人間の性質に対する見方にバランスを取ることである。いろいろ考えた末に、私はこの本の表題を『思いやりの本能が明日を救う（原題：*The tending instinct*）』とした。その理由は、科学者たちが常識としてすっかり信じきっているテーマである、利己性や攻撃性と同じように、われわれが他人に施す思いやりは、人間の基本的な性質であることを認識してほしいからである。

〈本能〉は多くの意味を含む言葉であり、私は慎重にその言葉を選んだ。本能的であるためには行動は自動的で不変でなければならず、環境に関係なく立ち現れるものだという科学者からの批判が予想された。しかし実際、環境（例えば強いストレスなど）は生物学的に誘導された多くの行動様式を壊し変更することができる。それは思いやり行動に対しても同じである。思いやり行動は不変的でも必然的でもないが、あえて本能という言葉を使用する。われわれは食料を獲得し、子孫を残すための生物学的な仕組みを持っている。それと同じように、われわれは思いやり行動のための神経回路を持っている。後に述べるように、思いやりによって脳は発達してきた。ストレスのただなかでも穏やかでいる人から病気になる人までさまざまであるが、それは受けてきた思いやりの質によるのである。

しかし、本能という言葉は政治的にも複雑な意味を持っている。思いやり行動の考えが本能と結びついたとき、特に女性では母性本能とか女性の運命とか、過去に自由に振る舞えない役割を押し付けることで女性を箱に閉じ込めてきたさまざまな思想と混同されがちになる。私が科学者として訓練を受けてきた長い期間に、われわれは男性と女性は同じであるという説明によってこの政治的問題を克服してきた。もちろん文化的・社会的には違う役割が期待されているが、もしわれわれがこれらの影響の原因を魔法のように払拭できれば、これらの迷信は消え去り、本来のわれわれは人間であり男性と女性と区別するものではなくなるだろう。反対論を検証する研究が数十年間続けられたなかで、どうすればそんな作り話が維持されるのだろうか？　それは修辞的疑問文であり、私は答えを求めようとは思わない。男性と女性を同じ心理学的型に収斂しようとするわれわれの努力の最も悲劇的な問題は、女性本来の不自由な役割についてのわれわれの強い困惑である。これは母性も含まれる。

母親の役割についてわれわれはとても過敏になっているので、しばしば介護者（caregiver）という微妙な言葉を使ってごまかしたり無視したりしている。あたかも善意の人がやって来て仕事をするという印象である。急いで付け加えるが、私はなにも乳母やデイケアや困っている就労中の両親の助け合いを非難しているのではない。私が言いたいことは、思いやりが子どもの健康や性格を形成するために非常に重要な仕事であり、そのように認識すべきだということである。私は読者に対してこの本を読み終えた後に、思いやりに対する新たな関心を持っていただきたいと願う。

この問題は第二章で強調している。すなわちわれわれの進化の最も重要な産物は、計画を立て、決定を下し、選択する能力を持つ、大きくて素晴らしい脳であるという事実である。人間の社会環境の中では、「すべき」とか「ねばならない」ということはほとんどない。われわれは地球上で最も柔軟性のある種であり、われわれが選択したいかなる役割も果たす能力を持っている。女性は伝統的に男性の一段下の役割を担ってきたが、同じように男性は女性の役割と思われてきた役割を担うことができる。両性とも思いやりの能力を持っているのである。

もっと視点を変えて、この本から何を得ることができるかを述べよう。読後に生物学についての明瞭な見解と関心を持っていただければ幸いである。具体的に考えてみると、行動は遺伝子に基礎づけられていると考えるとき――思いやり行動は実際そうであるが――、われわれは生物学の重要性を過大評価する傾向にある。この考え方は遺伝子のマッピングが完了したという興奮と、医学的心理学的問題に対する遺伝子的理解とその治療がまもなく可能になるかもしれないという期待で、一気に膨れ上がったためである。

もし私が正確にこの仕事を終えたら、この本を読んだ後に遺伝子は建築の基本設計のようなもので、どのような人になるかの大まかな投影図のようなものであることが分かるだろう。ほとんどの建築計画と同様に、この計画は建築の過程で修正される。台所は九〇度向きを変え、居間は数フィート広がり、建主は風呂を追加し、しまいには全然違ったものになることもある。これは遺伝子が発現した環境に遭遇した時に起こることと同じであり、思いやりはこの環境の大部分に相当する。

子宮内の生命から老人の驚くべき可塑性のある脳に至るまで、社会環境は時には遺伝的影響がほとんど分からない程度にまで、われわれの遺伝的形質の発現を型にはめ成型する。母親による育児がいかにして遺伝子の強い影響を阻止するか、病気のリスクが養育の具体化をいかに失敗させるか、なぜ遺伝的傾向がある人にとってある結果を導き他の人ではその逆になるかは、彼らが受けた養育の結果なのである。

それにもかかわらず、正直なところこの本で言及する思いやりの生物学は、単に大まかな描写にとどまるだろう。ほとんどの読者はよい手がかりを得るために、アセチルコリンやコルチゾールのぬかるみを歩いて渡ろうとは思わないだろう。シナプスや神経伝達物質がよい手がかりであると思う人は、より深く知るために脚注や参考文献にあたる必要がある。私はそうしてもらいたいし、その追求にこそ醍醐味があると思っている。

われわれは新しい科学の時代の中にいて、全体像を知るためには個々の科学者の斬新な研究からよりむしろ、個々の研究の断片を統合することにより多くの収穫が得られるだろうと思っている。E．O．ウィルソンは一九九八年の著書『*Consilience*』の中で、示唆に富む表現でこの点に言及している。社会学的、生物学的知見は互いに断片化されており、それらは多くの科学の成果の本質である巨大で複雑なジクソーパズルの一部分なのである。この本は、学際的な共同研究の時代精神に満ちている。私はこの学説を発見し、その骨格を形成する巨大な研究に携わる立場でありたいと願っている。実際私は、異なっているが関連する分野に散らばっている断片をかき集め、それらを統合する試み以上のことはしていない。その努力の中で、マックオーサーSES基金とHealth Networkの援助を受け、ナンシー・アドラーの指導のもとに、私の共同研究者であるブルース・マックウィーンとテレサ・シーマンの協力を受けた。レナ・レペッティはこの学説の多くの面にかかわり、彼女に深謝したい。ミカエル・ミーニーとジョン・カシオッポからもまた私の考察は多くの影響を受けている。しかし、彼らの誰もいかなる分析や証拠の不十分さに責任を負うことはない。The National Science FoundationやNational Institute of Mental Healthは長年にわたり私の研究を支えてくれた。大変感謝している。私の信頼できる代理人であるロブ・マクルキン、疲れを知らないヘルクリーンの努力、多くの助言をくれた編集者のデビット・ソーベルとヒーサー・ロディノに謝意を表したい。私の共同研究者や友人がこの本の基礎となる研究を行い、初期の原稿に貴重な助言をくれた。ナオミ・エーゼンバーガー、テラ・グルエンワード、レーガン・グルング、ローラ・クライン、ブライアン・レウィス、ジョン・アプデグラフ、レベッカ・サージ、デビッド・シャーマン、サリー・ディッカーソン、ジュン・シュー、アミー・ゴールドリング、ジョアンア・ジャーコの面々である。この仕事の構成に尽力してくれたアニー・ペプローとキャロル・タービスに感謝する。この計画のすべての面で深くかかわってくれたニナ・マクドウェル、レーガン・ロビー、メリサ・ドナガンに謝意を表する。最後に、私の夫であるマービンと子どもたちのサラとチャーリーの信頼と愛と支えに深く感謝したい。彼らの思いやりは私の支えであり、激励となった。

思いやりの本能が明日を救う　もくじ

第一章　思いやりの力

エルシー・ウィドーソンは聡明な女性だった。一九四〇年代、女性研究者が非常にまれな時代に彼女はケンブリッジ大学の医学研究者として卓越した科学者だった。一九四八年にウィドーソンは、ドイツの施設で戦争孤児の栄養状態を調査する任務についていた。対象とした子どもたちは二つのグループホームに分けられ、それぞれのグループホームには四歳から一四歳までの約五〇人が収容されていた。戦争の終結までに子どもたちは全員が栄養不良状態になっていて、身長も体重も平均以下であった。戦争の終結で孤児院の食糧事情はかなり改善したが、子どもの成長に必要な栄養にはまだ不十分だった。

ウィドーソンの研究グループは食料事情が少しでも改善したとき、子どもたちの成長にどんな影響があるかを知りたいと思った。孤児の身長と体重が同年齢の子どものレベルまで回復するのか、あるいは劣ったままなのか。孤児院の一つであるビーネンハウスでは、半年間、パンやジャムやオレンジジュースの補充食が与えられ、もう一つの孤児院であるフォーゲルネストでは、補充食は与えられなかった。半年後、驚いたことに補充食が与えられなかったフォーゲルネストの孤児たちの成長は良好で、補充食を与えられたビーネンハウスの子どもたちの成長はほとんど停滞したままだった。

その後の半年間、研究者は条件を逆にした。ビーネンハウスでは標準的な食料のみを与え、フォーゲルネストでは補充食が加えられた。驚いたことにビーネンハウスの子どもたちは補充食がないにもかかわらず急速に成長を始め、一方、フォーゲルネストの子どもたちの成長は鈍化した。これは明らかに補充食が子どもたちの成長に与える影響に関する予測とは全く逆の結果であった。まもなくウィドーソンはその原因が食事ではなく、シュバルツ女史であることに気づいた。

シュバルツ女史は、一九四八年当初からビーネンハウスで働いていた。彼女は厳格な婦人で、鉄の意志と頑迷で病的な性格で孤児院のルールを守っていた。ある時は子どもが手袋をしたといっては叱責し、ある時は同じ子どもに対して手袋をしていないと叱った。決まりを教え込むために、食事を前に料理が冷めてしまうまで彼らを黙って座らせていた。子どもたちは彼女の怒りの恐怖にさらされ、しょっちゅう涙を流していた。幸運にも補充食が与えられても、シュバルツ女史の冷たい仕打ちによるビーネンハウスの子どもたちの成長に対する悪影響は解消されなかった。

一方、フォーゲルネストではグルン女史が指導していた。彼女は大変温かな人で、子どもたちを愛し、子どもたちに愛されていた。補充食がない時でさえ、フォーゲルネストの子どもたちは彼女の思いやりのもとに成長した。しかし彼女の子どもたちにとって不幸なことに、グルン女史は別の部署に移り、フォーゲルネストにシュバルツ女史が移ってきた。偶然にもこの監督者の交代は、補充食がビーネンハウスからなくなり、フォーゲルネストに導入された時期に一致していた。

ビーネンハウスでは、シュバルツ女史の代わりにワイス女史が赴任してきた。彼女はグルン女史によく似た温かい性格の婦人で、すぐに子どもたちに慕われた。ビーネンハウスでは補充食がなくなったにもかかわらず、子どもたちはワイス女史の愛のもとにすくすくと成長した。逆にフォーゲルネストの子どもたちは、恐怖に満ちたシュバルツ女史の世話を受けることになった。

シュバルツ女史には八人のお気に入りがいて、彼女から賞賛とえこひいきを受けていた。シュバルツ女史は彼らを一緒にビーネンハウスからフォーゲルネストに連れて行った。従って彼らは全期間を通じて、最初はビーネンハウスで、その後はフォーゲルネストで、シュバルツ女史の温かい庇護ばかりでなく十分な食料を得たことになる。成長率を測定すると、この子どもたちの身長と体重はすべての子どもの中で最高になった(1)。

愛情の欠如の影響がいかに大きいかに驚かされる。それぞれの孤児院にいた子どもの数は五〇人と少ないが、子どもの成長にとって温かい愛に満ちた養育は高価な補充食に勝っている。このことはどれほど養育が重要かということを示している。残虐さは身体的成長に対する食物の影響さえ無効にすることを理解すれば、強いられた恐怖がどれほど強力であるか分かるだろう。この驚くべき物語には、二つの人間の性質が示されている。心と体の成長にとって他人との協調関係がいかに重要であり、恐怖と無視がいかに脅威となるかである。

科学者が人間の本質について――それはしばしば男性についてであるが――記載するとき、しばしば、利己的、攻撃的であることが将来を成功に導き、長期的には他人との協調性を増し、それが将来の個人的発展につながると述べる。この枠組みは主に男性の経験に焦点を当てた科学的な記載ばかりでなく、一般に認められてきた。ライオネル・タイガーの『群れの中の男性』、コンラート・ローレンツの『攻撃性』、リチャード・ドーキンスの『利己的遺伝子』、ロバート・アードレイの『アフリカ創世記』などが頭に浮かぶ。これらの大著はわれわれの利己性や個人主義や攻撃的性格、男性優位性の必然性を褒めちぎり、最終的な成功に適合するようにすべての状況を変える、ずる賢い男性の成功を押し売りする。もしこれらの本があなたにとってしっくりこないのなら、この主題はたぶん間違っている。人は他人に対して、操作や搾取の機会として見なすことはあまりないからである。

これらの本は間違ってはいないかもしれないが、明らかに不完全である。これらの主張は著者たちが女性の協調性について忘れているか、大きな誤解をしているといわざるを得ない。男性の攻撃的な体験についての近視眼的な視点のため、彼らは男女の最も豊かな側面である、人間同士の思いやりや助け合いという側面を見落としている。われわれが人間の性質について女性の人生からの視点でみると、思いやりの重要性がどれほど大きく、科学的問題を解決できることの確かさが分かるだろう[2]。

他人を育み思いやることは、攻撃性や競争的性向と同じように進化の産物として重要であることは、女性の経験を一瞥するだけで分かる。女性の経験の側面から人間の性向をみることは、男性の思いやり的側面をより理解できることにつながる。思いやりは単に乳幼児の生き残りに有利だということではなくて、男性と女性が一緒に暮らすこと（たとえ一時期でも）や、病気、衰弱、高齢者が見捨てられないことも含む。思いやり本能は、われわれのより攻撃的で利己的な側面と同じように、厳然と存在する一つの要素である。確かにわれわれが行っている世話は、われわれ自身の利益にもなると解釈することができる。人々は税金対策のために募金に応じ、母親は自らの遺伝子を受け渡すために赤ん坊を育て、われわれは自分自身の満足のために人道主義に基づいて自分の時間を提供するかもしれない。しかし、これらの説明では思いやりの動機や、それによりもたらされる喜びを捉えることはできない。利己性がわれわれの思いやりの根源的な源泉ではない。他人を思いやるのは自然なことであり、生物学的な基盤があり、食べ物の探索や睡眠と同じように、人間の社会的性質に深く根ざしたものである。

プランクトンの一種であるクラドセランの一群は、一見すると人間との共通性はほとんどないように見える。しかし多くの種と同じように固まりになって移動することは、侵入者を避けるための最良の方法である。不注意なプランクトンがタヌキモの葉についている敏感な触手のほうへ踏み迷うと、タヌキモは豊富な食料の存在を感知して触手を広げ、食料としてプランクトンを捕獲する。しかし、タヌキモの存在に対して警告となる信号が発せられると、プランクトンはタヌキモから食べられないように塊になる。大群はゆっくりと目に見える形になり、タヌキモの捕獲を避けることができる。一方、タヌキモにとっては食事にありつける絶好の機会のように思われても、結局捕獲に失敗することになる(3)。

人間もほぼ同様である。歴史以前の長い期間、進化の多くが生じたと考えられる数百万年の間に、われわれの社会は満足できる程度にまで洗練された。初期の社会では、社会的集団は強い捕食動物を寄せつけず、狩猟や採集や戦争のような活動は個人間の協力によって支えられた。

日々の生き残りの努力の必要性が減少するにつれて、集団生活の重要性がより明らかになってきた。

狩りや戦争などの協力が必要な仕事は、少なくとも社会的集団が完成したことを証明している。社会集団での生活は、本来的に慰めと満足をもたらす。他人と一緒にいることでわれわれは、幸せばかりでなく長い人生を楽しめる。というのは、われわれを発達させた社会集団は文字通り成長を促し、われわれのストレス反応系をコントロールするからである。われわれはもちろん他人にとってのストレスとなるが、しかし、親密な関係によって形成された生物学的環境はわれわれの健康を増進し、病気から速やかに回復させるという証拠もある(4)。

顕微鏡下のクラドセランにとって真実であるように、差し迫った脅威は社会的結びつきを強める。最近のわが国への脅威でも明らかなように、悲劇的または強いストレスを伴う出来事は急激に互いの結びつきを強める。われわれは安心のために家族と向き合い、隣人との結びつきを強め、喜んで恩恵を返すよそ者の福祉のために多くの寄付をする。つかみどころのない不毛な戦いに臨み、われわれのストレス機能に負荷がかかり過ぎるときに、恐怖による破綻や自己内への閉じこもりや病気にならないように、われわれは互いに協調を保つ。これらは、われわれの社会が勝ち取った優れた性質である。われわれがこれまでほとんど知らなかった思いやりと癒しの力である。

われわれは、本来介護者であったことが科学的に証明されている。残された頭蓋骨から、先天的障害や重症のけがをした人々が、大昔でも長く生きていたことが示されている。痕跡を残さない程度のけがや病気については推測しかできないが、誰かが彼らの世話をしていたに違いない。狩りや食料の採取は危険を伴う仕事だった。傷ついた人々が生き残るためには誰かが水や食料を運び、火をともし、不注意にも危険な方向へ行く人に襲いかかる捕食動物の攻撃を撃退したに違いない[5]。病気の若者や背中に問題がある配偶者の世話のために家で日々を過ごしたことのある人は、思いやりが人間の性質の一部であり、それまでもそうしてきたことを知っている。

思いやり行動に関する多くの証拠を示したい。われわれは基本的に思いやりのある種であるという観察からはじめ、それがいかに人間の性質として基本的な真実であるかを示そうと思っている。人生を通して誰彼かまわずというわけではないが、他人との関係を魅了し、維持し養育するために、脳と体は思いやりを施すようにできている。子宮からはじまり成人に至るまで、性格や身体的健康も含めてわれわれは、われわれを思いやってくれる人に依存している。どれほど彼らに支えられているか、それは母親であり、父親であり、友人であり、恋人である。単なる社会的慣例と違い、これらの関係は人生を通じてわれわれの健康と幸福を守るか妨害するかに関して影響を及ぼし、また生物学的にも影響を与える。

お互いが思いやるという神話は、本能として考えるに値するだろうか？　われわれが互いに助け合う、多くの関係の基礎となる生物学的なプログラムがある、という考えに妥当性があるだろうか？　われわれが最初は母子関係、次に社会のグループ内での関係や男女関係について社会の結びつきの性質を探求するとき、いくつかのホルモン（オキシトシン、バゾプレッシン、内因性オピオイド、成長ホルモン）が何度も登場してくる。これらのホルモンはさまざまな社会行動に関与していて、科学者が友好関係にかかわる神経回路と呼んでいるものの一部である。これらのホルモンは社会的行動の多くの側面に影響を与え、互いに協調したり相反したり複雑なパターンを示し、人々が社会関係を受け入れるか否かという、初期の段階からどれほど強い関係を結ぶかまでその程度はさまざまである[6]。

これらの関係のすべてが連帯の感覚で明示され（その一部は生物学に裏打ちされた反応である）、その範囲は母子間の強い愛着から、他人に対してわれわれが感じる驚くほど強いきずなまで含む。脅威のある状況下では多くの思いやり行動が出現し、極めて危険な状況では結びつきを強め、互いに見守る行動が出現する。

社会的きずなは互いに影響し合っている。これらのすべての関係は、ストレス反応をコントロールする力がある。通常ストレスを受けたときに感じる生理学的、内分泌学的覚醒度は、社会的結びつきがあるときは低く抑えられる。乳幼児期の母子の結びつき、ストレス時の社会的サポート、仲のよい友人（特に女性同士）、パートナー（特に妻）との強い結びつきのすべてがストレスを招く心理学的、身体的問題に対して防御的に働く。これらの恩恵は子宮内にはじまる早期のきずなから、人が遊んだり働いたり戦争に行ったりするときの、社会の中で経験するすべてのレベルで認められる。

生物学と行動の話を続ける前に、横道にそれるが二、三の神話に触れる必要がある。われわれの生物学的な性質には重大な問題がつきまとっており、われわれの性質の生物学的起源の探究はまるで、二トンのゴリラとダンスをするようなものである。ここではあなたは足を踏まれないように、ゴリラにリードを任せたほうがいい。多くの人にとって、科学者でも素人でも同じだが、生物学がリーダーであり、環境は従順なジンジャー・ロジャース（俳優）のようにそれに付いていくだけである。この生物学の役回りには、いくつかの神話学的要素を含んでいる。すなわち生物学は運命であり、すべての人に同じ影響を与え、自然であり、従ってよいものであるという神話である。私はこれらの神話に対して異論を唱えたいと思う。生物学的起源を無視するのではなく、理解して受け入れるためである。

有力な神話の一つに、生物学的資質は行動に対する環境の影響を上回り、凌駕するために避けることができないものであるという考えがある。しかし遺伝的といわれている高血圧を例にとると、その遺伝的表現系は思いやり行動に極めて敏感である。

病気の研究に科学者はしばしば目的の病気に感受性の強い動物（多くはラット）を人工繁殖し、薬物やその他の介入によってラットの病的過程の改善や寿命の延長を調べる。バライアン・サンダースとマシュー・グレイの二人の科学者は、高血圧の遺伝因子を持つラットを使って簡単な実験を行った。高血圧の母ラットが高血圧系統ラットを育て、普通の母ラットが高血圧系統ラット育て、成長した子どもがストレスにどのように対処するかを観察した。すると高血圧の母ラットに育てられたラットは予想通り、ストレスに対して強い血圧上昇反応を示したが、高血圧でない母ラットに育てられた群ではそうではなかった。遺伝的な高血圧の形質は、ラットが普通のラットに育てられた場合出現しないのである[7]。

あなたはこの事実をどう解釈するだろう。一つの仮説は、高血圧のリスクを持つ母親は、いわゆる高血圧親和性の育児スタイルというものを持っていたのではないか。これはラットに当てはめるには無理がある。二番目の説明として、遺伝子は絶対的に運命ではないということである。家族的に認められる高血圧の一部は、遺伝的リスクによるものかもしれない。しかし、家庭環境がかなり影響している。一部は同じ遺伝子に影響をうけるが、正しい環境ではある程度修飾されて、ストレスに対する過敏反応の性質は消失するのだろう。

この簡単な研究は重要な問題を提起している。環境は、多くの遺伝子が発現する過程に強い影響を与える。後の章では遺伝的な危険性を受け継いだ子どもが、極めて正常に発育した例を紹介する。どの例も介護者（通常、母親）の注意深い養育が、危険な遺伝性疾患の発現を阻止している。この意味するところは重要である。母親の思いやりは、遺伝的な病気の発現を完全に消去するのである。

第二番目の神話は、ある行動の起源は生物学的に規定されているというものである。すなわち行動は自然であり、それ故そうなっているというものである。この神話は次のように使用される。男性は戦争に行くようになっており、女性は子どもの世話をするようになっている。これは全く意味がない。行動の生物学的起源は、その内的意味については何も語らない。この定義からいえば、幼児殺しは明らかに生物学的であり、自然で正しく、いいことであるということになる。[8]

女性はしばしば結婚すると、男性の世話係になるという事実を考えてみよう。第八章で述べるように、この世話係は古代の結婚生活における世話制度として成立し、女性が子どもの養育のために防御と十分な食物を確保するため、男性パートナーを魅了しつなぎとめておくために発達した制度かもしれない。しかし「女性が男性の世話をする。そのとおりだろ」といった議論の代わりに、なぜ「私にはもうあなたの余分な食料は要らないので、自分のことは自分でしたら」というふうに、少なくとも女性は合理的に考えられないのか。私がここで言いたいのは、広く女性の間で広まっている女性の反抗運動を応援するのではなく、生物学的な起源の単純な事実から、それが自然で正しくてよいものだと解釈するばかばかしさを指摘しているのである。生物学的神話は、遺伝的継承についてわれわれが感じている不思議さを反映した決まり文句に過ぎない。これらの神話から抜け出すことは、畏敬を傷つけることにはならない。環境に遺伝子がどのように関与しているかは、いまだ興味を引かれる問題である。

私がどのような経緯で思いやりの力を理解するようになったのか、個人的説明からこの話を始めたい。それは個人的な物語になるが、私が科学的発見の喜びを垣間見ることができたからである。思いやりの力は、われわれ人間の本来の性質とは何かという質問に対する答えの糸口を与えてくれる。われわれは特にストレス下に置かれたとき、互いに助け合う存在である。そしてこれらの行動を通してわれわれは、お互いの生物学的側面や気質を想像以上に形成する能力を持つ存在でもある。

◆脚注

1．Widdowson（1951）．

2. Bell（2001）進化論仮説において、いかに介護が比較的無視されてきたかについての考察。養育行動は個人に付与されている他の本能と違い、相互補完的であり、必要や落ち込みの信号によって解発される。愛着やきずなによって維持され、共通のオーバーラップする生物学的背景により支えられている。それは生理学的・内分泌学的にストレス反応を弱め、調節する機能を持っている。この養育行動は脳の発達、遺伝子の発現、社会的、情緒的技術、ストレス反応、健康に影響する。この効果は母子関係で明らかであるが、人生を通じて持続し、すべての養育関係とその欠如により影響を受ける。

3. Moore（2001）.

4. Baumeister and Leary（1995）; Caporeal（1997）.

5. Dettwyler（1991）; Silk（1992）.

6. すべての種類の社会的関係を司っている神経回路があるという議論について、同じホルモンがすべての社会関係に関与しているという意味ではない。どのような関係であるかにより、かなりの違いがある。しかし、生物学的構成を基礎付けている、いくつかのオーバーラップと共通性があるらしい。これらの問題の見通しにはPanksepp（1998）とCarter, Lederhendler, and Kirkpatrik（1999）を参照。

7. Sanders and Gray（1997）. 環境と行動が遺伝子の活性化の調節に影響するという、重要な役割に関する一般的議論。Gottlieb（1998）.

8. 幼児殺しに関する生物学的情報。Hrdy（1999）; Van Schaik and Dunbar（1990）.

第二章
思いやりの起源

「闘うか逃げるか（fight or flight）」は、ストレスに満ちた生活における私たちの反応を表す隠喩である。あるいは科学者たちが数十年の間、そのように信じてきたものとも言える。このストレス反応は、野生動物の生活をとらえたテレビ番組において日常的に記録・放映されてきたこともあり、そのイメージは多くの人にとって馴染み深いものである。ある動物が別の動物に忍び寄る。餌食となる動物は耳をたて、すぐに身を守るために走り出す。二頭の動物、ゾウとサイは、水飲み場に出くわした場合、間髪を入れず生死をかけた戦いが始まる。

これらのイメージが動物の行動に関する私たちの考えと全く同様に、「闘うか逃げるか」は人間のストレスに対する反応の大部分を説明すると信じられてきた。一九三〇年代の著名な科学者であり医師でもあるウォルター・キャノンは、「闘うか逃げるか」に最初に気づいた人として知られている。キャノンにはトムという名の患者がいた。トムは病気のため、胃瘻を施されなければならなかった。そのことがキャノンに、胃の内側を覆う粘膜を観察する稀有な機会を与えたのである。キャノンはトムが怒ったとき、彼の胃の粘膜が充血するのを観察した。これは脅威に対抗するための反応——後にキャノンが「闘うか逃げるか」と呼ぶようになった反応――の準備段階を表していた。

ストレスの研究者として私は、これまでずっと「闘うか逃げるか」の例えを受け入れてきた。私自身の研究において、その例えが不完全であることが示唆された時でさえもそうしてきた。長年、私は人間のストレスへの対処法を、生物学的側面と行動科学的側面の両方から研究してきた。私は予期せぬ挫折や喪失を受け入れようと努力している何百人もの人々を面接し、結果的に彼らの人生がどのように変わったかという点についての聞き取り調査をしてきた。置かれている窮状の不当さに対する怒り、健康の衰えを取り戻すための血眼の努力、そして、時としてその窮状が避けて通れないことが分かったときの意気消沈した逃避的態度、これらの「闘うか逃げるか」反応は確かにストレス対処法の一部であった。しかし、他のストレス対処法の多くは無視された。「闘うか逃げるか」は、私たちの脅威との戦いにおける唯一のものと表現されるが、実際はそうではない。例えば、私は肺がんを患った女性たちとの面接で、自らの人生において関係性を重んじるようになったいきさつを聞いた。その関係性とは、自身に気を配ってもらいたいときでさえも他者に気を配ることや、友人や身内から支えてもらうことを指している。成長した子どもたちや女友だちのための時間を割くために、自分の優先順位や価値観を考え直した女性たちからの説明を私は何度も聞いた。しかし数年の間、私はストレスに対処するための社会的きずなの重要な役割を見過ごし、その代わりに伝統的な考え方を捨てきれずにいたのである。(1)

科学では、人生のその他の局面と同じように、知っているという認識がなくても何かを知ることが可能である。そして、何か耳障りな不調和によって矛盾が心の表面へ浮かび上がったときにはじめて、以前の漠然とした知識について本当に意味を認識するのである。人間のストレス反応に関する私の理解がまさにそうであった。

一九九八年三月のある木曜日、私は教え子たちと扁桃体についての講義に出席していた。扁桃体は恐怖の体験に重要と考えられている脳の一部で、脅威に対して最も早い反応を引き起こす部位の一つである。扁桃体の機能を知ることはストレス研究にとって重要であり、それがこの講義へ出席した理由である。

演者は時折自分の研究で使用したラットで観察されたいくつかの事柄を紹介しながら、自分の研究計画について述べていた。そのラットの話に私はなにか引っかかるものを感じた。「もちろん、すべてのラットを別々に飼わなければなりません。だからラットは互いを攻撃することはありません」と演者は説明した。互いを攻撃する？　私はストレス状況下にある人の研究をしているけれど、攻撃は通常見られる行為ではない。実際は全く逆で、人はしばしば慰めや支援のために互いに協力することが多い。演者は一時間、この調子でさまざまなラットについて述べながら講義を続けた。同じカゴの仲間に対して攻撃的になるラット、カゴの隅で震えている敗者としてのラット、すべてのラットが短くて残酷な運命に直面していること、絶え間ない戦いや失敗に終わる逃走努力をしている落伍者としてのラットについて……。

講義が終了すると、私は自分の研究グループを集めた。議論の間、私はとりとめのないコメントをいくつか述べた。「動物研究者はオスのラットだけを研究していますね」と、ポスドクの学生の一人が言った。もちろん私はこのことに気づいていたが、重要な洞察とは全く思わなかった。「メスのラットは急速なホルモンの変化が起こるので、そのストレス反応を明瞭に測定することができないのでしょうね」とその学生は続けた。神経科学を専攻する学生は「人間のストレスに関する生物学的研究のほとんどが、同じように男性だけを対象にしていますよね」と付け加えた。

科学において物事の本質が露呈する瞬間というのはまれである。しかし、それが起こったときには、それが起こっているという感覚は全く生じない。ストレスに関する古い理論のほとんどすべてが、オスのデータによるものであるという突然の認識は、驚嘆すべき出来事であった。科学においてこれほど大きな誤りが放置されてきた事実を私は知らないと、そのとき思った。私たちは互いを見つめ合い、眼前に横たわる為すべき仕事が明らかになったことを感じていた。それは、メスのストレス反応がいかなるものかを見直し、探し出すことであった。

それから数カ月の間、私たちは科学論文を隈なく探し求め、ストレスに関する科学がオスに基づくものであることを実際に確認した。動物研究においてはオスのラットだけを研究の対象とするという慣例が常識となっており、多くの科学者は自分の科学論文でラットの性に関してはことさら言及さえしていなかった。これは雄バイアスが暗黙の了解であったことを示す理由の一つである。

ヒトを対象とする研究にはもっと驚くべきものがあった。女性ホルモンの周期は当然、メスのラットのホルモンのそれと全く同じである。その周期はほぼ定期的で、二十八日を超えるものである。従って、ストレス研究から女性を除外する特別な理由とはならない。だが一九九〇年代半ばよりも前では、ストレスへの生物学的反応に関する研究における女性の参加者は、たった十七％程度でしかなかった。

一九九五年に合衆国政府は、すべての種類の研究対象から系統的に女性を排除することに関してある決定を下した。政府の関心はストレス研究での男性バイアスにあったわけではなかった。そうではなく、ストレスそのものや、不適切なストレス・マネージメントが主たる原因であると信じられている心臓疾患を理解する際、このバイアスが引き起こしている影響について関心があったのである。心臓疾患の原因と経過に関する研究の大多数は、男性を対象として行われていた。同様に、心臓病を治療するために私たちが行っている薬物治療や回復プログラムの多くは、男性だけを使って検証されていた。もし、高齢者において男性よりも多くの女性が心臓病で死んでいるという事実を知ったら、人々は失望するだろう。女性科学者や女性団体からの圧力に屈して、政府は研究には両性を含まなければならないと発令したのである。

この法令以来、二〇〇ほどのストレスに関する研究が発刊されており、約一万五〇〇〇名が研究に参加している。その四三％近くが女性で、当然のことではあるがかなり改善されている(2)。だが残念なことに、これらの研究でストレスへの反応における男性と女性の比較を行っているのはわずかであり、ストレスへの対処法についての男性と女性の違いについては、依然として未知の状態に近い。さらに、特定のストレッサーに対する反応についての多くの研究は、男性と女性のいずれか一方を対象とすることを頑なに続けており、両者を使ったものはない。その例として、ほぼ男性しか行わない課題を課すといった身体的ストレスに対して、人がどのような反応を示すかについて調べた研究や、特に女性に対して多くのストレスがかかる社会的行動に関する研究があげられる。男性と女性での反応が異なっているものをつなぎ合わせて考えることは困難なのである。私たちはその困難と思われる課題を自分たちに課した。一つは、ストレスに対する科学的理解を歪めたと思われる女性の実験結果を、どのくらい無視してきたかという点を確かめることである。もう一つは、男性と女性のストレスに対する反応がどのように異なるかということを調べることである。

始めるに当たって、私たちは進化論を振り返った。進化論は生物学の研究を進め、最近ではそれと同様に心理学の研究を導いている。友人のある科学者は、「進化論はこの世で最高の遊びではない。この世で唯一の遊びだ」と述べている。もし自分の仮説が進化論と一致しなければ、科学における仕事は困難なものとなるだろう。

男性と女性がとるストレスへの反応の多くは似通っているという根拠を、進化論は与えている。数百万年も前、つまり私たちが狩猟や採集によって生活していた時代から、人間のストレス反応が進化してきたのは十中八九間違いない。自然淘汰によってこれらの反応が強く形成されていった。というのも、ストレスに対して効果的な反応をとれない人は、子に遺伝子を受け渡すことなく若くして死んでしまうからである。捕食動物、自然災害、よそ者との小競合い、これらは私たち人間の祖先が直面した身のすくむような脅威であった。そしてこれらの脅威が男性と女性の両方に共通したものであるのなら、私たちのストレス反応はほぼ同じように進化してきたはずだ。

このストレス反応とは何だろうか？　最も共通して見受けられるのは、興奮するという現象――心臓の鼓動の高まり、血圧の上昇、発汗、かすかな手の震え――である。化学物質であるエピネフリンやノルエピネフリンが体中に駆け巡り、その結果、脅威に対して行動を起こすかそれとも逃げだすかである。これらは「闘うか逃げるか」反応を起こすための生物学的な起源となる。科学者であればこれを交感神経系の活性化と呼ぶだろう。

二番目のストレス・システムは、視床下部――脳下垂体――副腎皮質システム（ＨＰＡ）である。交感神経系の興奮で感じるほどＨＰＡ反応をはっきりと感じることはないが、不安や心配を感じること、つまりストレス状態のときに感じる潜在的な脅威は、このシステムの一部である可能性がある。ストレスによってＨＰＡが活性化されると、ホルモンが放出され、不必要な身体的活動は抑制される。心理的警告やエネルギーの放出といった、ストレスに対して即座に効果的な反応を引き起こす活動が生じやすいようにするためである。このストレス・システムは、身体にストレッサーへ対処する準備をさせる。この意味で脅威から身を守るためには極めて重要なシステムなのであり、男性と女性で基本的には同一である。獲物を狙う捕食動物を見たとき、男性も女性も同じように興奮が生じる。

しかし、男性と女性は別の異なる危険にもさらされることがある。人間を含むすべての種において子を育てるのは、まずメスの方である。そしてメスのストレスに対する反応は、自分の子の保護を行う方向へと進化してきた。もし母親が恐怖にうろたえるよちよち歩きの子どもを放置して危険な肉食動物から逃げたら、その子どもの生き残る可能性がとても低くなってしまうのは明らかである。結果的に、母子共々に生き残る方向を支持するストレス反応が継承されたと考えて間違いないだろう[3]。

その反応とはいかなるものだろうか？　私たちが科学的な啓示を受けた後、神経科学、進化、ストレス、そして社会的支援の専門家である男性三名と女性三名が一堂に会し、この問題に答えるための研究会を定期的に開くことになった。私たちは科学者の多くがそうするように、無検閲の直感や推論で満たされたブレインストーミングから始めた。私たちには最初に次のようなイメージがあった。体表が淡褐色（灰色がかった黄褐色）の暗い色のメスは、その子どもを見つからないようにそっと匿う間に、より明るい色のオスが捕食動物を追い払おうとする。私たちは、母親の思いやり、すなわち子どもを落ち着かせ、悟られないで周囲へ逃げる能力について注目した。人間を対象とした研究から、女性はストレスを感じているときに社会的なグループを構成することを知った。そして次に友人を作るパターンを調べた。このメスのストレスに対する反応、すなわち子どもを守ること及び、他の仲間へ向かうこと、この二つの重要な観察をもとに私たちの理論は構築されていった。私たちはこのメスのストレス反応を、「思いやりときずな（tend and befriend）」と呼ぶことにした。

私たちの基本的考えは次の通りである。ストレスを感じているとき、母親の養育、つまり子をなだめ、世話をし、周囲へ溶け込むことは、多様な脅威に対処するのに効果的である。子どもを落ち着かせ、子どもを安全な場所へ連れて行くことによって、確実に子どもの命を助けることができる。しかし、自身とその子どもを守ることは、身のすくむような仕事である。だからこそ支援を求めて社会的グループへ効果的に頼る女性は、頼らなかった女性よりもうまく脅威に対処してきたと考えられる。故にこれをきずな（befriending）反応と呼ぶ。ストレスを感じているときに社会的グループに向かうことは、当然、男性と女性の両方を守ることになる。だが、社会的グループはとりわけ女性と子どもを助ける。というのも社会的集団は、子どもの安全に目を光らせ、必要時には子どもを守ろうとするからである。

「闘うか逃げるか」反応とは何だろう？　私たちはこのストレス反応を、男性と同じように女性が示すと思っていないだろうか？　確かに女性は脅威に出合うと、男性と同じように興奮する。だが「闘うか逃げるか」は、女性にとって最も合理的な反応であるとは限らない。母が幼くて未熟な子を引き連れている場合、逃走は非現実的であり、母が子をおいて逃げたとしたら、子は死ぬ運命となる。同様に戦うのは危険な選択である。母とその子が捕食者によって攻撃されていないのなら、母親は戦わずに子を守る以外の選択肢はない。敵との戦いを試みることは、母そして子の命を奪いかねないのである。

事実、ストレスに対する「闘うか逃げるか」反応は、メスよりもオスにとってより実行可能な反応である。男性ホルモン、特にテストステロンは闘争心を燃え立たせると考えられている。そして、競技場で戦う男子から暴力犯罪の統計に至るまで、これらに関する研究の多くにおいてストレス反応としての身体攻撃は、メスよりもオスの間で頻繁に現れることを示している。逃走もそれができる状況であれば、オスにとってより起こしやすい反応である。

進化論の立場からは、「思いやりときずな」は、メスのストレスに対する反応として納得できる説明である。多くの科学的研究が、ストレス状況下で動物に母性行動が生じることを証明している。さらに人間の研究においても、いくつか同じパターンの行動をとることが示されている。この証拠となるものは何か？　多くの人は次のように論じるかもしれない。すなわち、女性が子どもに気を配ることに関する証拠を私たちはほとんど持ち合わせていないし、それがあまりにも自明であるため、ことさら証拠を必要とすることもない。確かに古今東西、女性は子どもたちの養育者であったことは事実である。そして、米国のように伝統的な性役割が最大の危機を迎えているような国においてさえ、女性は圧倒的に子どもたちの面倒をみる大黒柱であり続けている（私はこれらの事実でもって、女性が子どもの世話をすべきであるとか、それをしなければならないと言うつもりはない。また、女性だけが子どもたちの面倒をみることができるとも思わない。女性は子どもの世話をするのに、より適していると言っているだけである）。しかし、思いやりという考えは、子どもの世話以上の何かを含んでいる。すなわちそれは、より強いストレスに暴露された場合に、子どもへ関心を向け、養育するという性向なのである。

私が述べている思いやりの一例は、ＵＣＬＡの発達心理学者であり、臨床心理学者でもあるレナ・レペッティの魅惑的な研究にみることができる。レペッティは当初から、男性と女性が家族からの要求をこなしながら、同時に仕事生活のストレスをいかに処理しているのかという点に興味を持っていた。才能があり多忙な科学者でもあり、かつ、二人の元気な娘を持つ母として、レペッティは、「親たちはそのストレスにどのように対処するのか？」という問題に個人的な関心を持っていた。この問題に対して彼女のとったアプローチは真っ向勝負であった。彼女は働く親たちに、一定の労働日の出来事及びその日の就労後の家でとった行動について、質問紙に回答してもらった。彼女はまた、その家族の子どもたちに、その日に経験したこと、特に自分たちに向けられた親の行動について答えてもらい、親と子どもの反応を比較したのである。

ストレスフルな日々は家族関係に代償をもたらす。それだけは明らかである。やらなければならないことが山ほどある、本当に忙しい日もある。他方、同僚との諍いや、その他の対人関係における不快さの原因となるような刺々しい日もある。ただ、単に多忙であったか、あるいは諍いが多かったのか、原因がいずれにあるにせよ、その日がまさにどのくらい不快であったかということが、家族に対する父親の行動に違いを生じさせる。仕事で多忙な日に帰宅した父親は、一人でいることをしばしば望む。TVのスイッチをつけるか、自分の部屋に行きドアを閉めるか、家庭内の雑事に没頭するか、そうでなければしばらくの間くつろぐために部屋を離れるのである。これがアンケートの代表的な内容である。そして、彼らの子どもたちがそのことを裏付けている。すなわち、「今、お父さんを邪魔しちゃダメ。お父さんは疲れている」。

たくさんの口論や諍いが起こった日は、父親は妻や子どもをがみがみと言う傾向がより強くなるようである。「誰が車庫の扉を開けたままにしておいたんだ？」「宿題をしなさい」「どうして台所がいつもこんなに汚いんだ」。父親は、欲求不満を家族にぶちまけていることを意識してるかどうかは分からない。ただ、よからぬ日のせいで実際には腹が立っているということに気づかないまま、自分の行った批判を正当化していることは分かっているだろう。しかし証拠はあがっている。父親にとって口論や諍いの多かった日は、子どもたちはお父さんがイライラしているし、気難しくなっていると述べている。「お父さんは機嫌が悪い。近寄るな」。

レペッティの研究では、母親がとる行動は全く異なる。少なくとも子どもたちに対してはそうである。

母親は辛い日を過ごした後、子どもに対してより優しくなる。子どもをより多く抱きしめ、より多くの時間を子どもと一緒に過ごし、そして「愛している」と子どもたちに言う。レペッティの研究においては、子どもたちはその日の母親の仕事がどうであったか気づいていない。子どもたちは母親がその日にしたことだけを回答している。母親は、自分がより愛情深く成長していることに気づいていないようである。けれども、子どもを抱きしめ愛することは、母親にとって悪い日を振り払うのにうまく機能しているようである。(4)

「きずな」の側面はどんなものだろうか。生物学的なストレス反応の研究の大部分が女性を除外しているが、ストレス状況下での行動を調べた研究は女性を除外していない。さらに、男性と女性はそれぞれストレスへの対処法に関してはっきりとした考えを持っている。ストレスを感じたときに何をするかということを尋ねると、女性は友人たちと会話して相談したり、あるいは誰かに電話すると答えている。男性がこれをすることはまれである。女性は道に迷ったときには方向を尋ねるが、男性がそうすることはめったにない。少なくとも、しばらくの間は周りをうろうろと運転した後でないと尋ねたりはしない。女性は緊張を取り除き、他者へ関心を持って話しかけると答える。男性は不安を背後に隠してしまうと答えることが多い。

男性と女性にストレスへの対処法の違いについて尋ねると、女性の反応はとりわけ社会的であることにすぐ気づくと思う。それはまさに私が二〇年以上やってきたことなのである。この非公式な説明は、科学的証拠によって支えられている。約三〇の科学的研究において、ストレスに対する反応において男性と女性がどのような行動をとるのかが調べられている。男性と女性は他に助けを求めるのか、それとも放っておくのか？　すべての研究は、ストレスの原因が失業、がん、罪の恐怖、家族の死、あるいは単なる悲しみのいずれであったとしても、男性以上に女性は友人、隣人、そして親類を頼りにするのである[5]。

科学的な観点からすると、これは驚くほどの一貫性を持っている。社会科学の分野では、同じ結果を示した研究を三〇も見ることはまれである。ストレス状況下で社会的集団に向かう傾向に関する男性と女性の違いは、存在する最も確かな性差の中でも特に基本的なものである。

ここに至って私たちは、調べ上げた証拠を一つの理論へとまとめあげることを始めた。私たちが自身に課した基準は厳しいものだった。それは、私たちの理論のあらゆる点において、生物学及び行動学の両方において一致する証拠を提示することができなければならない、というものであった。換言すれば、女性はストレスの反応において「思いやりときずな」であるという証拠、さらに、生物学的な過程がそれを支えているという証拠を見つけたいと考えたのである。ストレスの生物学を研究し、そしてそれこそが私たちが発見したものであった。

子どもを思いやることは、動物のストレスに対する反応の中核に位置するものである。このことを示した最初の研究者は、マイケル・ミーニーである。彼は生物学的アプローチをとる心理学者で、他の研究者とは違って重要なことを見逃さなかった。母ラットの巣から子ラットを取り出し、その子ラットを撫でてまた巣に戻す、ということを数回繰り返すと、その子ラットは、巣にそのまま放っておいた場合の子ラットと比較して身体的によく育つ。以前からこのことを科学者たちは知っていたのである。このパターンの説明は変遷した。なぜなら、撫でることの生物学的な利得が何であるかということが、すぐには明らかにならなかったからである。ミーニーは、子ラットが戻された時に、母ラットがどのような行動をとるのかという点を観察することから始めた。子ラットを撫でて戻した後、母ラットは帰ってきた子ラットに頭を向け、舌で舐め、毛づくろいをし、乳をあげるといったことを活発に行う。それは母ラットが、「まぁ！　帰ってきたのね」「とても心配してたわ」「とても愛しているわ」と言っているかのようであった。子ラットはこの注意によって成長する。ミーニーとその共同研究者たちが続けて行った研究で示したように、子ラットをより成長させるのは母性の注意であって、ストレスではないのである[6]。

この思いやりの行動の神経回路の中心にあるものは何だろうか？　換言すれば、なぜ母ラットがこのように行動したのかである。それにはオキシトシン・ホルモンが一役買っているようである。オキシトシンはおそらく、分娩の促進や母乳を作りだすといった、誕生の一因になるものとしてよく知られている。オキシトシンの放出に伴う感覚は、特に重要である。ほとんどの母親にとって、誕生直後から極端な落ち着きが始まる。母親は半日ほど続いた人生において最も力のいる、そして最も苦痛な経験を終えたばかりである。出産をやり終えることは本当に素晴らしいことである。しかしこの落ち着きは、苦痛な経験の終了時に生じる安心感以上のものであり、特有な感覚である。聖母の描かれた絵を見ると、芸術家の中には、母親になったばかりの女性の魂にそっと忍びより、その感情が実際にどのようなものであるかということを、感じ取っていた者がいたのではないかとさえ感じる。確かに、新生児に対する愛情はその落ち着きの一部である。しかしその愛情の強さは、愛情が本来持っている意味以上に偉大で本能的である。これがきずなの始まりである。

オキシトシンが分泌された状態は、鎮静化された状態に少し似ている。事実、動物研究の多くがオキシトシンを注射することによって、動物を落ち着かせ、不安を低減させ、緩やかに鎮静化した状態を誘導することを見いだしている。つまりオキシトシンには、より広義の生物学的役割がある可能性が示唆されている。オキシトシンは、分娩や子育ての間だけに放出されるのではない。少なくとも何かストレスフルな出来事が生じたときに、より少ない量ではあるが放出されるストレス・ホルモンでもある。[7]

私たちが「思いやりときずな」の理論を展開していくとき、メスが、闘うか逃げるかという判断を避けられるくらい十分に落ち着き払っており、その代わり子どもたちに関心を向けるという事実には、生物学的な基礎があるに違いないと考えた。オキシトシンは、その候補の一つである可能性があった。オキシトシンは、落ち着いた状態を確実に生み出すだけでなく、社会的行動を誘発するホルモンでもある。他のオキシトシンの効果として、母親に子どもへ関心を向けさせることがあげられる。例えば、ケンブリッジ大学の研究者であるキース・ケンドリックとエキック・ケバーンは、メスの羊にオキシトシンを注射すると、羊の母性行動が増加することを見いだした。母羊は、オキシトシンの注射後、子羊を毛づくろいしたり触ったりする行動が増加した。それは母親の心理が落ち着いた、養育の状態にあることを反映するものであり、また、落ち着いた状態を子どもにもたらすものでもある[8]。母親は子どもたちの周りが危険でも、子どもたちを落ち着かせ、暖かくて安心できる場所へあやして連れて行く。ストレス状況下での母親の子どもに対するこのような思いやりが、どのようにして、また、なぜ生じるのかという点について考えられるもっともらしいメカニズムとして、オキシトシンを注射した羊の結果が示されている。オキシトシンはおそらく、自然界にある重要な鍵の一つかもしれない。それは母親が特にストレス状況下で、子どもの所に行き、子どもを愛し、子どもを世話し、子どもを育てるのに必要とあれば身を盾にすることも厭わないことを確実にするである。

オキシトシンはこの過程に一役買っていると考えられる。母性行動にかかわっているその他のホルモンの中に、内因性のオピオイド・ペプチド (endogenous opioid peptides; EOPs) がある。ＥＯＰｓは自然界にある身体の鎮痛剤である。その他の機能としてＥＯＰｓは、「ランナーズ・ハイ」を引き起こすと考えられている。「ランナーズ・ハイ」は、経験豊かな走者の多くが長距離走の直後に感じる、高揚した苦痛がない状態のことである。ＥＯＰｓは社会行動でも、ある役割を演じていると思われる。

科学者たちはまず、ＥＯＰｓを阻害することからその効果を調べている。もし誰かに阻害薬を投与するか、あるいはＥＯＰｓの分泌を抑えるような注射をして、その結果、何らかの行動の変化が生じるのであれば、ＥＯＰｓが行動に影響を与えていると見なすことができる。それは母性行動の研究で調べられた。アカゲザルにＥＯＰｓを阻害する薬品を与えた場合、子どもの世話や子どもを保護する行為が急に少なくなった。それと似た別の研究でも、同じ効果が羊で見つかっている。ＥＯＰｓの自然な遊離が遮断されると、通常は自分の子どもに注意を払っている母羊が、ほとんど注意を払わなくなったのである。ＥＯＰｓを阻害することは母性行動を効果的に消すことができるので、ＥＯＰｓが母性行動に寄与していると仮定するのは理にかなっていると考えられる。[9]

母性行動にかかわっているホルモンはその他にもあると思われる。エストロゲンとプロゲステロンは協調的に働いて、妊娠期の母性反応を促進させる。これは出産後に母親になるための準備となる。ノルアドレナリン、セロトニン、そしてコルチゾールも同じように増加する。どうして母親になるためにはこんなにもたくさんのホルモンがあるのか？　私たちにはそれらがすべて必要なのだろうか？

自然は重大な変化から身を守る術を持っており、母性行動はその一つである。人間の身体をみてみると、多くの冗長性があることに気づくだろう。例をあげると、二つの眼、二つの腎臓、二つの鼻孔がそうである。おそらく、その最たる例は消化である。食べ物を消化するのに必要な酸を胃が作り出す方法は三つある。それらのいくつかは共同して働き、もしその方法のうち一つが働かなくなったとしても、各々が代替となって機能できるのである。生存のために必須の一過程として考えると、母性行動も全く同じと思われる。もしオキシトシンのレベルが上昇すれば、動物の母性行動は増加するだろう。ＥＯＰｓの上昇も同様の効果を示すだろう。他の誰かの子どもたちの面倒をみる場合に、黄体刺激ホルモンが上昇するが、自分自身の子どもをみる場合でもそれは上昇するだろう。科学者たちの母性の神経回路に対しての理解がいったん深まれば、母性行動を生じさせるのに、いくつかの異なる方法があるということが分かっても、驚くことはないだろう。種の保存は養育によって成立するため、ある一つのホルモンが母性行動を引き起こすのに役に立たなくなっていても、おそらく、その他のホルモンが代わってそれと同じ働きをすると考えられる[10]。

私たちの理論のきずなの側面は、これらと同じような数種類のホルモンで調節されているようだ。なお、このことは第六章でその全体像について詳しく述べる。例をあげると、動物のメスはオキシトシンを注射されると、あたかも社会的行動のスイッチが入ったような行動をとる。つまり、その動物の友人や親類との社会的接触を求めることが多くなるのである。EOPsは社会的行動にも影響を与えており、女性をより社交的にする（おそらく男性はそうならない[11]）。

ところで人間の母親はどうであろうか？　残念なことに、人間の母性行動においてオキシトシンが演じている役割についての情報は大変少ない。なぜなら、その働きの多くは脳内で生じており、直接観察できないからである。そのため科学者たちは、オキシトシン受容体が脳のどの部位にあるかを正確に同定できていない。また、ストレスを感じているときや母子のきずなが形成されている間、オキシトシンが受容体にどのように作用しているのかという点についても正確に知ることができなかった。そこで私たちは、人間において他の証拠を見つけなければならなくなった。

証拠の一つは、次のようにして得ることができる。すなわち、高濃度のオキシトシンを持つとされている女性、例えば子育て中の母親があげられるが、その行動や情動を観察し、オキシトシンをあまり持たない女性と比較するのである。スウェーデン人の内分泌学者であるケースティン・ウブナス・モーベルグはこれを精緻に行った。子どもを母乳で育てている女性は、同年齢のそうではない女性と比較すると、より平静であり、より社交的であることを彼女は見いだしたのである。さらに、彼女らの血中のオキシトシンの量は、彼女らの平静さ及び社交性の度合いを予測するものであった。ウブナス・モーベルグは生物学的なストレス反応との関連性も調べているが、これはさらに重要である。彼女が明らかにしたのは、母乳で育てている女性はそうでない女性と比べて、交感神経系の興奮が低いということ、そして、それと同じくＨＰＡ反応の抑制を示すということであった。現在では、他の科学者たちも同じ関連性を示している。[12] この一連の発見は重要である。動物と同じように人間においても、オキシトシンとストレスに対する神経内分泌物の反応の減少との間に関連があることが分かったからである。このことは、オキシトシンが「闘うか逃げるか」反応を解発する要因を減少させていることを意味する。

男性あるいは動物のオスには、ストレスへの反応に関してこれらと同じものが備わっていないのかと不思議に思うかもしれないが、事実本当に持っていない。男性はストレス状況下では、確かに他者に対して身を守る反応をするが、おそらくそれは同じホルモンが影響しているためではない。オキシトシンの効果はエストロゲンによって強められる。つまり女性では、ストレス反応や社会的行動へのオキシトシンの効果は、エストロゲンが同時に存在することによって増大されるのである。しかし男性ホルモンのオキシトシンへの影響は、その正反対である可能性がある。雄性ホルモン物質（アンドロゲン）は、オキシトシンの効果に拮抗すると考えられている。このことは、オキシトシンが男性に対して持つ効果が何であれ、男性ホルモンの存在はその効果を減少させている可能性があることを意味している。ストレスへの反応においてテストステロンのような男性ホルモンは増大するので、ストレス時にオキシトシンの与える男性の生物学的・行動学的影響はかなり少ないと思われる[13]。

研究の過程で私たちが目標としたのは、私たちの理論でストレス研究におけるいくつかの難問を説明するということであった。その例をあげると、何ものかがストレスに対する反応で通常見られる興奮を減少させ、それが女性をして平静ならしめているということを予測した。そして、私たちはその解答として、オキシトシンとＥＯＰｓに可能性を見いだした。さらに私たちは、女性が男性よりも「思いやりときずな」反応を示す理由を、この理論で説明しようと試みた。その結果、エストロゲンがオキシトシンの効果を増大させるということを見いだしたのである。次に私たちは、この理論で女性のストレスへの反応が非常に社会的である理由の説明を試みた。そして動物では、オキシトシンとＥＯＰｓは「親和のための神経回路」の一部として知られており、それらは他者に関心を向けることの生物学的基盤となっていることを見いだした。

私たちは「思いやりときずな」に関する論文を発表し、その反応を待った。最初に意見を言ってきたのは、フェミニストの学者とユーモアリストのデーブ・ベリーであった。フェミニストの学者はそれは正しくないと述べ、ベリーはもちろんそれは正しいし、明々白々だと述べていた。それから少しして、ニューヨークのあるコラムニストは、ヒラリー・クリントンが当時の対立候補者であるルドルフ・ジュリアーニとの選挙戦における危機を脱するために、気を配り仲良くするだろうと予測した。さらに、ロンドンに拠点を置くレポーターは、電話が発明される前は、女性はどのようにストレスに対処していたのですかと、半ば真剣に尋ねてきた。

私たちの論文に対する解説が出てくるにつれ、これらの問題に対する私たちの考えも同じように広がっていった。その範囲は、男性がストレス反応でどのような行動をとるのかということから、女性に見られる世話が、子どもへの世話以上に広がるものだろうかということにまで及んでいた。夫、友人、あるいは年老いた親といった他者を、子どもと同じように女性が世話するのは、同一の親和にかかわる神経回路によるものなのか。そして、それと比較可能な反応が男性おいてもあるのか。私がこの本で探求しているのは、まさにこれらの問題なのである。

男性はストレスへの反応として、思いやりを向けるのだろうか？　これは私たちの研究を通して繰り返し起る疑問であった。そしてその答えは常に「全くない」か、少なくとも「そうではない」であった。その理由は、動物研究では男性のストレス反応で増加するアンドロゲン（雄性ホルモン物質）と呼ばれる数種のホルモンとオキシトシンは、拮抗していると考えられているからである。デビット・ギーリーとマーク・フリンの二名の科学者が私たちの研究に応じて、「思いやりときずな」は女性と同様、男性にも適用できると論じたとき、その正否を確かめるために私たちの研究に一層の緊急性と解明の必要性が加わった。

ここ数年、私たちは父性について多くのことを聞いてきた。一方では、これまでになかったように親権を主張し、離婚後に子どもへの訪問権を得ることに固執し、共同の親権あるいは単独の親権さえも要求する献身的な父親がいる。一方、子どもを養わず子どもとほとんど会うこともない、義務を果たさない父親も多く見かける。父性の真実はどこにあるのだろうか？

動物の世界を見渡すと、すぐに人間の父親は地球上で最も素晴らしいという結論に行き着くだろう。ただチチサルや二、三の鳥は、思いやりのある父親がいなければ、その子どもが放置され死に至ってしまうという。このように人間に勝る父親はいる。しかしそれらを除けば、人間の父親のライバルは地球上ではないに等しい。チンパンジー、ボノボノ、ゴリラ、そしてバブーンでさえも相手にならない。人間の父親は、世話を焼くことと思いやりを持っていることにおいて、他の霊長類とは比較にならないほど模範的存在である。事実いくつかの種では、子を殺さないでいることがよい父親の兆候と考えられているほどである。義務的な子どもの養育のほかに、人間の父親は、愛、世話、そして誇りを与える。父親は子どもたちの活動に時間を注ぐ。父親は子どもたちの学習と成長を確約し、自分の生活の中心となる場所へ子どもたちを据えることを認める。なぜ人間の父親はそこまで世話をするのだろう？

この質問に対する答えを非常に困難にさせているもの、それこそが人間の父親の際立つところである。私たちは母親、特に母性の生物学に関して多くのことを知っている。それは、トルストイの言を借りれば、すべてのよい母親は必然的に同じであるからである。確かに種が複雑になればなるほど、よい母親であるためになすべきことは、随分と困難なものになる。それでも思いやり、養育、そして温かさは人間の母親行動と同様に、ラットやサルの母親行動にとっても基本である。故に私たちは、ラット、サル、さらに羊、類人猿、鳥等を研究の対象とでき、母親行動について学ぶことができるのである。

しかし、父親行動はそれとは大いに異なる。他の種においてよい父親がそれほど多くないとすると、よい父親行動の普遍的要素を同定し、その背景にある神経回路を理解することは困難である。父親行動を導くホルモンは何だろうか？　どうしてよい父親もいれば悪い父親もいるのだろうか？　科学者はまだ分かっていない。生物学と心理学の両方において、子どもの世話に関する研究では父親に対してほとんど注意が払われてこなかった。父親の役割は大部分が間接的なものとして、主に第一の養育者である母親を支援するものとして見なされてきた。しかし、明らかに父親はもっと多くのことを行っている。

一方で、父親行動は母親行動と似ている部分が多々ある。父親は生まれたばかりの赤ん坊を、その指や手足からはじめて、母親がするのと同じように細かく調べていく。そして赤ん坊を見ていると、母親と似たような気分の高揚を感じると述べている。父親は母親と全く同じように赤ん坊に話しかける。その声の調子は高く、ゆっくりと話かけ、注意深く一つ一つの音節をはっきりと発音する。父親は、赤ん坊の要求に対して苦痛と思いやりを感じながら、母親と全く同じように子どもの泣き声に応答するのである。逆に赤ん坊は、父親が傍にいることを確かめたり、父親が離れて行くとだだをこねたりして、父親への愛着を高めていく。それは赤ん坊が母親に対して行うことと全く同じである。父親が世話を焼けば焼くほど、一緒に遊べば遊ぶほど、赤ん坊との愛着はより明らかなものになる[14]。

しかし、母親の神経回路に相当する父親の神経回路は存在するのだろうか？　生物学的基盤を持つ父親の思いやり反応はあるのか？　わずかであるが期待を持てる手がかりがある。父親行動に関して目を引く一つの事実は、通常は攻撃性と関連する男性ホルモンが、子どもたちへの養育反応の間は減少してしまうことである。このことは本質的には、攻撃性の神経回路が少なくとも部分的に働かなくなっていることを意味している。けれどもよい父親の行動とは、単に攻撃性の欠如を指しているのではないことは確かである。男性ホルモンが低下すると、他のホルモンが活動するようになるのだろう[15]。

血圧上昇・抗利尿ホルモン（バソプレシン）に関心がよせられている。というのも、バソプレシンがストレス状況下の男性の思いやり反応に対して、バイアスを与えている可能性があるからである。バソプレシンが興味深く思われるのは、その分子構造がオキシトシンと大変よく似ている点にある。つまりこの二つのホルモンは、オキシトシンとバソプレシンをより単純化した構造の物質に起源を持つ可能性があると考えられる。ある時点で一つのホルモンが二つになり、さらに、その分かれたものが何か異なる機能を持つようになった。バソプレシンは、男性と女性の両方が持っており、基本的には血圧や腎機能の調整を担っていることで知られている。しかし、それはオキシトンシンと同様、ストレス・ホルモンでもある。

これこそが実際に事を面白くしており、同様によりいっそうの推測を要するのである。男性も女性もストレスへ反応する際はバソプレシンを放出する。けれども男性ホルモンによって抑制されるオキシトシンとは違って、バソプレシンの効果は男性ホルモンによって促進されている可能性がある。これこそが、バソプレシンが男性のストレス反応に潜在的な影響を持つと考えられている所以なのである。オキシトシンが鎮静化、養育行動、親和行動とかかわっているのなら、バソプレシンは何と関係しているのだろうか？

この活動の多くは脳内で起こっているので、今回も動物研究のバソプレシンに関する知識を求めることにした。特にプレーリー・ハタネズミという動物は多くの知識を与えてくれる。なぜラット、アカゲザル、あるいは羊ではなくプレーリー・ハタネズミが、女性のオキシトシンの効果を理解するのに役立つのだろうか？　多くの哺乳類のオスと異なり、プレーリー・ハタネズミは一夫一婦の（一メス一オスの）小さな生き物で、一匹の連れ合いを選び、生涯を通じて共にいる。ハタネズミは、その連れ合いを見張り、保護し、全体として安全な状態を保とうとする。人間もまた一夫一妻であるため、プレーリー・ハタネズミは、男性がストレスへの反応において行っていることを理解するための動物モデルになりえたのである。今までに行われた研究で、バソプレシンがオスのストレス反応に含まれている可能性を示唆したものはごくわずかである。ストレスが生じるとバソプレシンのレベルは上昇し、オスのプレーリー・ハタネズミは番人となる。そして、自分の縄張りを見張り、巡回し、自分の連れ合いや子どもが危害に遭わないようにする。[16]

バソプレシンが男性のストレス反応に関与しているかどうかは、まだ知られていない。ところが、プレーリー・ハタネズミのメスとオスの間での行動の比較においては、非常に興味深い共有性が認められる。例えば、ストレスに暴露された時、オスはメスと子どもたちを見張り、保護する。ライオネル・タイガーが『群れの中の男性』で指摘したように、男性は脅威から身を守るために、他の男性と徒党を組む。そして、軍隊や近隣警備あるいは自警団を形成する。それらは発展して今もなお警察、消防士、あるいは兵士として世界中に存在する。確かに、バソプレシンを他からの防御と関連付けることは大変面白いが、このことが男性のストレス反応を理解する手がかりとなるかどうかは、まだ分からないのである。知りたいことに関して証拠が不十分で、私たちは今にも挫折しそうであった。それは科学者たちが感じる挫折感であった。結局、私たちは人間の父親行動にかかわる神経回路についてもっと学ぶことにした。しかしその時点では、残念ながら及ばぬものであった。唯一明確になったのは母性と比較すると、父性はより変化に富み、しかも生物学的に支配されることは少ないということである。結局、試案ではあるが、多くの男性は、よい父親であることを選択するのなら、よい父親になるという結論に達した。無論、母親も母親行動についての実質的選択権を行使してはいる。だが同時に自然は、授乳や子守唄を歌うことが、生得の権利として充分な説得力を持っていないという場合に備えて、いくつかの堅固で生物学的な母親行動のための後押しを与えているのである。

この考えを少し先に進めると、父親行動は生得的に柔軟な行動システムであり、おそらくは母親行動よりもハードウェアに依存しないと予想される。父親行動それ自体は、学習的要素を多く含み、外界の手がかり、とりわけ母親からの手がかりに敏感であると予想される。驚きではあるが、この考えはラットの研究によって証明されている。母ラットは非常によい母親である。しかし、母親行動をとるようになる前に、自身が子どもに対して生来持つ嫌悪の情を克服する必要がある。この理由に関しては全く誰も知らない。だが、とにかくメスのラットは赤ん坊に対して少しも愛情を示すことがないのである。赤ん坊が生まれるとすぐに父親は、メスに神経質そうに目を配り、メスが母性を感じ始めるのを待ちながら、自分の子の世話をする。メスが母性を感じると、オスは去り、実際にオスのラットの父性は終了する。しかし、そのわずかな中断の間、つまり、誰もが母ラットが母性を感じるのを待っている間、オスは赤ん坊を見守っているのである。

メスのラットと違って人間の女性は、通常は赤ん坊に嫌悪感を抱くことはない。多くの女性は、赤ん坊は大変素晴らしいものと見ており、赤ん坊にいくら満足しても満足したりないほどである。だから通常、母親の思いやりの空白時間を埋めるために、父親が必要とされることは全くない。それにもかかわらず、赤ん坊はとても手の掛かるものであり、子育ては片親よりも両親でする方がより成功するため、男性と女性の永続的なきずなが大部分において進化したのである。よい父親行動は一夫一婦婚と密接な関係があると思われる。男性は女性のために存在し、それと同様、通常は男性と女性は子どものために存在する。

けれども父親ラットがそうであるように、人間の父親は往々にして、母親から、そして社会的文脈である家族から手がかりを得る。子どもたちのこととなると、母親は恐ろしい門番となる。そして、片方の親しかいないという状況でないのならば、往々にして父親は母親の指示に従う。母親が子どもたちのことであれこれ言うときは、父親はしばしば自論を引っ込める。母親が自由になろうとすれば、父親は拘束されることが多くなる。続けて生まれた子どもが何人かいるとき、母親の関心が新しく生まれた赤ん坊に向けられているとき、母親が家の外で働いているときなど、要するに他のことが母親の心を占めており二人目の親が必要とされるとき、父親はこれまで以上に手伝うようになる。

父親はまた、母親を手伝うことができる他の女性が周りにいないと、子どもの世話を焼くことが多くなる。例えば、近くに住んでいれば子どもの世話を頼めるような親戚から遠く離れた場所に暮らしていると、父親はより活動的な親となる。女性が家の外で責任を持つような文化では、父親の手伝いはもっと多くなる。そして社会が戦争に定期的に直面しないのなら、彼らの手伝いはさらに多くなる。要するに父親行動は、その必要性の大小を決定する外的条件よって増減するのである。父性は柔軟なシステムであり、実際そうであることに感謝するかのように私たちは大きくて柔軟な脳を持っている。

ところが父親行動も、それが最も活性化している状態であっても、母親行動と同じではない。母親と比較すると、父親は授乳をしたり、オムツを替えたりといった基本的世話に関心を向けそうにない。父親はその代わりに遊ぶことに熱心になる。赤ん坊にとって父親は、母よりも刺激的で、力強く、破壊的なほどである。しかし、赤ん坊が適切に成長するには刺激的で興奮する時間を必要としているので（同じように成長に必要なものとして母親が赤ん坊に頻繁に与えているのは、心がより安まる時間であり、より興奮しないようにする時間である）、これは本当に有益なことと思われる。熱心で陽気な父親を持つ赤ん坊は、成長の早い時期でより社交的になるし、父親が目立たないでいる子どもたちよりも社会的力量を持つようになる(17)。

従って親のどちらかが、感受性の強い、応答の速い関係を子どもと持てることは明らかである。けれども父親は、母親の行動や子育てにかかわるより、広い社会的文脈の両方から自分が父親になるための手がかりを受け取り、またその両方に反応している可能性がかなり高い。生物学的な観点から、父性はバックアップシステムであると思われる(18)。

人間が思いやりのある生き物であることは明らかである。生物学的証拠及び母親と父親の行動に関係した証拠は増加しており、この考えを支持している。私たちはいかにしてこの思いやりの能力を獲得したのだろうか？　次の章で私は、思いやりが食物や性、及び安全性の要求と同じように、間違いなく私たちの脳に組み込まれていることを述べたい。

◆脚注……………………………………………………

1．ストレス反応を、免疫、成長、生殖、筋肉の動き、及び認知といった異なる別々の体の機能にエネルギーを配分する、適応的メカニズムとして考えることがある。脅威にさらされると、攻撃に対して身体を準備させるために、通常の安定した状態から資源の再配分が行われるからである。「闘うか逃げるか」反応の歴史的な起源についての議論は、Cannon（1932）とSelye（1956）の論文を参照。「闘うか逃げるか」の隠喩が、ストレス及び対処行動に関する研究をいかに導いたかということに関する展望は、Taylor（1999）を参照。私の研究において、対処行動に対する社会的関係の中心的役割に関する初期の説明は、Taylor（1989）を参照。

2．ストレス研究の性役割構造の分析については、Taylor, Klein, Lewis, Gruenewald, Gurung, and Updegraff（2000）を参照。臨床試験における女性の過少参加（underrepresentation）の議論に関してはRodin and Ickovics（1990）を参照。特に驚嘆すべき例として、痩せ薬（フェニルプロパノールアミン）の利用者の九〇％が女性であったという事実にもかかわらず、痩せ薬における即効薬検査（the testing of the active agent）の一〇〇％が男性においてなされていた（Hamilton, 1989）。

3．科学者たちは、古代の人間は間隔をかなり空けてより少数の子ども産んでいたと信じている。子どもは一人一人に対して多くの世話が必要であるため、出産には四年以上の間隔が置かれていたと思われる。そうすることによって、女性は授乳を通して連続的な栄養資源の供給が可能になり、子どもの世話をしながら同時に食料を探し求めることができたと考えられる。農業の発展に伴い、母親の食糧捜しの負担がある程度減り、できるだけ間隔を空けずに多くの子どもを産むようになり、より大きな家族が構成されるようになった（これらの問題に関する議論はHrdy（1999）を参照）。

副交感神経の調節はこの過程で重要な役割を演じている。私はこのことについてその多くを脚注に記す。副交感神経系は、「闘うか逃げるか」の交感神経の活性化に対して、反調整的に影響を与えている重要な神経系である。ストレスへの長期間の暴露によって弱められた動物もしくは人間のストレス反応を見る場合、常に、これらのストレッサに対する反応において、交感神経の調節に加えて副交感神経の機能に変化が生じた可能性を考慮する必要がある。
4．Repetti（1989, 1997, 2000）と Repetti and Wood（1997）を参照。この問題に関する別の見方については、仕事後遺症効果（work spillover effect）に関する研究を参照。特にこれらの研究では、男性は女性よりも仕事から家庭環境へと自分のストレスを持ち込む場合が多いことが分かっている（Bolger, Delongis, Kessler, and Schilling（1989）及び Whiting（1975）を参照）。
5．Luckow, Reifman, and McIntosh（1989）より引用。同様にこの知見に対しては、本質的に文化を超えて証拠があることにも注意（Edwards（1993）及び Whiting and Whiting（1975））。
6．人生の初期経験によってＨＰＡの機能が作られると文献にはある。Meaney とその共同研究者たちは、幼児期に優しく撫でたりして刺激すると、人生全体にわたるストレッサに対する行動的、神経内分泌的な反応が減少することを発見した。だがそれとは対照的に、長期間のストレス（通常は母子分離）に暴露されるとストレス反応は増大する（Anisman, Zaharia, Meaney, and Merali（1998）; Liu et al.（1997）; Meaney et al.（1996）; Ladd, Owens, and Nemeroff（1996）と Suchecki, Rsenfeld, and Levine（1993）も参照）。動物モデルにおける幼少期のストレスと、その発達に対する影響を調べるのに用いられる研究パラダイムで、最もよく見られるのは母子分離パラダイムである。それは子どもを巣から出して、一定期間おいてまた巣に戻すという方法である。この過程において、子どもだけでなく母親も高いストレスを被ることになり、その結果、両者のストレス・ホルモンは劇的に増大する（例えば、Levine, Wiener, and Coe（1993））。幼少期に病気がちであること（susceptibility to illness）も影響を受けている可能性がある。例えば、Bailey and Coe（1999）は、アカゲザルの子どもが、母子分離によって腸内細菌叢（intestinal microflora）のバランスが損なわれ、日和見バクテリア感染（opportunistic bacterial infections）にかかりやすくなってしまう可能性があることを発見した。また、母子分離によって、ガン、及び毒素の副作用への感染（suceptibility to the ad-

verse effects of toxin）といった、潜在的な死亡原因となるものの多くにさらされることが増大する（Ader and Friedman（1965）; Schreibner, Bell, Kufner, and Villescas（1977））。この理由づけを人間の子どもに拡張することについては、Chrpita and Barlow（1998）; Flinn and England（1997）; Hertsgaard, Gunnar, Erickson, and Nachmias（1997）を参照。

7．現在、多くの研究において、母子が再会した時の母性的接触によって両者の苦痛が減じられることが示されている（例えば Coe, Mendoza, Smotherman, and Levine（1978）; Mendoza, Coe, Smotherman, Kaplan, and Levine（1980）を参照）。子どものストレス反応は、母子分離によって強められ、かつ（あるいは）脅威となる出来事の後の母性的なかかわりにより減少することを示唆する研究として、Gunnar, Gonzalez, Goodlin, and Levine（1981）; Kuhn, Pauk, and Schnberg（1990）; Mendoza, Smotherman, Miner, Kplan and Levine（1978）; Pihoker, Owens, Kuhn, Schanberg, Levine（1988）; Wang, Bartolome, and Schanberg（1996）がある。この心を鎮めかつ心を安める過程が、どの程度身体的接触に依存しているかは完全には分かっておらず、特に人間に関してはそうである。だが、発達に対する身体的接触の重要性は、Tiffany Field の未熟児の赤ん坊に関する独創的研究をみることによって十分に納得できる。Field とその共同研究者たちは、一五分のセッションを三回、五日から一〇日間のメッセージ・セラピーを受けた未熟児が、そうでない未熟児よりも三一％から四七％の間で体重が増加したことを示したのである（Field, 2001）。適切な動物の子どもの発達における身体的接触の重要性は、Harry Harlow とその共同研究者たちが行った子ザルに関する草分け的研究においても示されている（Harlow and Harlow, 1962）。注意を向けられることがほとんどなく、またスキンシップも剥奪されている孤児の研究において、発達初期にスキンシップが剥奪されると、永続的な悪影響（adverse effects）をもたらすことがはっきりと示されている（Carlson and Earls（1997）; Spitz and Wolff（1946））。それは動物の実験的研究において見られる悪影響とよく似ており、その例として海馬及び前頭皮質におけるグルココルチコイド受容体結合部位（binding sites）の数が減少することがあげられる。

母性行動とオキシトシンの関連性及び、母性行動とストレス反応の減少の関連性についての議論は、Carter, Williams, Witt, and Insel（1992）; Drago, Pederson, Caldwell, and Prange（1986）; Fahrbach, Morrell, and Pfaff（1985）; Gibbs（1986）; Martel, Nevison, Rayment, Simpson, and Keverne（1993）; McCarthy, Chung, Ogawa, Kow, and Pfaff（1991）; McCarthy, McDonald, Brooks, and Goldman（1996）; Panksepp, Nelson, and Bekkedal（1999）; Uvnas-Moberg（1996; 1997）; Windle, Shanks, Lightman, and Ingram（1997）; Witt, Carter, and Walton（1990）を参照。オキシトシンが母性行動（人間の母性行動を含む）で演じている正確な役割は、まだ分かっていない。オキシトシンは、母親の匂いの手がかり（maternal odor cue）への早い条件づけを促進するが、非社会的刺激に対する条件づけは促進しない（Nelson and Panksepp, 1998）。このことは母性的な気配りに対してオキシトシンが重要であることを示している。動物研究では、オキシトシンは母性行動の発動に影響を与えているようである。例えば、メスのラットがオキシトシン拮抗剤（オキシトシンの通常効果を遮断する）を投与されると、メスのラットは母性行動を示さなくなる。ところが、メスのラットにすでに母性行動が表われていたのなら、オキシトシン拮抗剤は母性行動に何ら影響を及ぼさない（Witt and Insel, 1991）。オキシトシンの効果を理解するのに動物モデルに頼り過ぎると、このようなジレンマがつきまとう。すなわちオキシトシンの効果は、これらのホルモンの受容体がどこにあるかによってかなりの程度決まってしまう（Insel, Winslow, Wang, and Young, 1998）。

8．Kendrick, Keverne, and Baldwin（1987）; Kendrick and Keverne（1989）.

9．子どもに向けられる母性行動及び、防御行動における内因性オピオイドペプチドの重要性に関する動物研究からの証拠として、Kendrick and Keverne（1989）; Martel, Nevison, Rayment, Simpson, and Keverne（1993）; Panksepp, Nelson, and Bekkedal（1999）があげられる。妊娠後期や乳を飲ませている間にベータ・エンドルフィン系が活性化することにより、母親とのきずなから解発される肯定的な感情が促進されている可能性がある。さらに、オピオイドの活動が化学的に減少することにより、子どもの安全性が脅かされる場合に匹敵する状態が引き起こされている可能性がある。例をあげると、ある研究では、アカゲザル、マカクの母親あるいは子どもにオピオイド受容体遮断薬（ナルトレキソン：麻薬拮抗薬）を投与すると、愛情行動や分離と再会の後の抱擁が増加した（Kalin, Shelton, and Lynn, 1995）。同様に、オピオイド遮断薬であるナルトレキソンを子どものマカクに投与すると、母親との接触を求めたり、毛づくろいを求めたりするようになった（Mrtel, Nevison, Simpson, and Keveme, 1995; Schino and Troisi, 1992）。

10．動物では、ホルモンは母性行動の維持よりも開始に重要である。もちろん、それらのパターンは種特異的ではある。人間の母親では、妊娠期と誕生期で確実に生じるホルモンの変化がある。しかし、養育行動の心理学的反応はホルモンの変化に一致しない。妊娠によって生じる生理的変化とホルモンにかかわる変化、そして出産直後の時期、これらは子どもという複雑な刺激に対して母親を敏感にさせることによって、母性反応の開始を促進させていると考えられる。一度、母親が子どもの養育を始めたら、母性行動は、世話を引き起こすために子どもが送る信号をはじめとして、養育経験そのもの、母親自身の選好、及び子どもの特性によって維持されると考えられる。とりわけ母と子どもは（第三章で述べるように）、妊娠期に始まり、出生後に強まっていく愛着のきずなを例によって形成する。愛着のきずなは、子どもと養育者との間で進化してきた複雑な相互作用的な行動プログラムと関係している。母性行動はまた、悲嘆の発声（泣き叫ぶこと、あるいは赤ん坊が発する他の音）にも関連している（例えば、Zeskind and Collins（1987）を参照）。母性養育システムの総合的な文献に関しては、Corter and Fleming（1990），Fleming, Ruble, Krieger, and Wong（1997）; Maestripieri（1999）、及びRsenblatt（1990）を参照されたい。

オキシトシンは母性行動の開始に必要なのだろうか？　Russell and Leng（1998）は、オキシトシン遺伝子を破壊した遺伝子組み換えマウスの研究を行い、その母性行動に対する影響について調べた。そして出産と母性行動の両方が、オキシトシンがなくても生じることをつきとめた。オキシトシンが出産、母性行動、授乳、性行動、及び生殖腺機能に影響を与えていることを示唆した幅広い証拠があることから、著者たちはこの結果に驚きを隠しきれなかった。Russell and Leng はその考えられる原因の一つとして、これらの行動の生起と維持にかかわるメカニズムにおける冗長性をあげている。

11. 少なくとも動物の中には、オキシトシンは社会的認識、つまり、ある動物が以前に特定のパートナーに出会ったことを覚えていることにとって重要である可能性がある。Ferguson とその共同研究者たち（2001）は、この点を調べるのにオキシトシン遺伝子を破壊したマウスを使用し、そのマウスが以前に出会ったパートナーに対する社会的認識のサインを全く示さないことを発見した。しかしながら、最初の出会いに先立って外因性のオキシトシンを投与されると、たとえオキシトシン遺伝子が破壊されたマウスであっても、社会的認識はできたのである。著者たちは内側扁桃体（medial amygdala）のオキシトシン受容体の活性化が、マウスの社会的認識に対して必要にして十分な条件であると論じた。

12. Adler, Cook, Davidson, West, and Bancroft（1986）; Altemus, Deuster, Galliven, Carter, and Gold（1995）また、次の文献も参照されたい。Chiodera 他（1991）; Dunn and Richards（1977）; Light, Smith, Johns, Brownley, Hofheimer, and Amico（2000）; Lightman and Young（1989）; Suh, liu, Rasmussen, Gibbs, Steinberg, and Yen（1986）; Uvnas-Moberg（1996）。

13. Jezova, Jurankova, Mosnarova, Krska, and Skultetyova（1996）. Taylor 他（2000）も参照。

14. 例えば、Clarke-Stewart（1978）; Spelke, Zelazo, Kagan, and Kotelchuck（1973）; Yogman（1990）を参照。哺乳類については Suomi（1977）を参照。

15. Wynne-Edwards と彼女の共同研究者たちは、男性女性のどちらでも出産直前には黄体刺激ホルモンとコルチゾールが高濃度であること、さらに、出生後は性ホルモン（テストステロンあるいはエストラジオール）が低濃度になることを見いだした（Storey, Walsh, Quinton, and Wynne-Edwards, 2001）。このことは、母親になることと父親になることの生物学的基盤には、いくつかのホルモンの共通性があることを示唆している。父親になること、及びそれと黄体刺激ホルモンとの関係についての哺乳類における考察は、Mota and Sousa (2000) 及び Ziegler and Snowdon (2000) を参照。

16. Carter (1998); Panksepp (1998).

17. 父親行動に関する参考文献は Clarke-Stewart (1978); Lamb (1977); Pedersen (1980); Pedersen, Rubenstein, and Yarrow (1979); Spelke, Zelazo, Kagan, and Kotelchck (1973); Yogmar (1990) を参照。哺乳類については Suomi (1977) を参考にされたい。安全な家族とは仲間あるいは一族の存在によって特徴づけられており、その中にいる母親たちは、子どもの世話に関して高い質のものをより多く提供できると思っているし、そう望んでもいる。逆に、仲間や一族がいない母親たちは、より劣った養育行動を示すようである。重要な点として、女性が帰宅したとき、自分の子どもたちの世話を非常によくするという Repetti (2000) の知見は、主として両親が揃っている家族の母親から得られたものである。Repetti が低収入の独身の母親の行動を調べてみると、仕事でのストレスが多かった日は、愛情深い母性に満ちた世話よりも閉じこもる傾向が強いことを発見したからである。

18. 父性をバックアップ・システムと述べることについて、私は離婚した父親、とりわけ独身の父親の心証を害するつもりはない。米国では、父子家庭の数は過去二〇年間で劇的に増加しており、約六〇万世帯から現在では二二〇万世帯を超えるまでになっている。父子家庭は米国の全世帯数の二・一%となっている（ちなみに母子家庭は七・二%である）。この統計は米国においては増加傾向を示している。もちろん、この統計が世界全体を反映していると見なすには疑問が残る。

第三章
思いやりの生物学

ラドヤード・キップリングは、豹の斑点がどのようにしてできたかとか、サイがその皮をいかに獲得したかといった動物界に存在する不思議な現象について、奇抜な説を記述した優れた物語作家である。著書である『なぜなぜ物語（Just So）』の中で、キップリングは個々の動物を特徴づける形態を取り上げ、牧歌的で、巧妙で、好奇心をそそる寓話に仕立てて披露している。

ゾウがその長い鼻をいかに獲得したかに関するキップリングの物語を紹介しよう。ある日、一匹の赤ん坊ゾウがノドの渇きを癒すために川へと降りて行った。そのゾウが水を飲むためにかがみ込むと、空腹のワニがそのゾウの鼻に噛みつき、水の中に引きずり込んで食べようとした。そのとき優しいニシキヘビが現れ、その助けによってその赤ん坊ゾウは引き戻され、結局そのワニはあきらめざるを得なかった。だが、その格闘の結果、小さなゾウの鼻は長くなったのである。初めは、ゾウはその長い鼻を嘆いたが、すぐにその鼻が地面から草をつまみ上げたり、果実を木からもぎ取ったり、ハエを叩くのに便利なことに気づいた。ワニはまもなく自分の行為が、意に反して必要とされていたことに気づいたのである。なぜなら、ひとたび長い鼻のゾウがその便利さを見せた途端に、他のゾウが皆、長い鼻を欲しがったのである。

　子どもにとって『なぜなぜ物語』は、動物界の非常に面白い形態の起源を扱った幻想的な物語であり、まるで美味しいお菓子のようなものである。しかし科学者にとっては『なぜなぜ物語』のようだと評されることは懸念すべき批判である。それはでっちあげられた根拠のない仮説であることの簡潔な表現であるか、あるものの起源に関する荒っぽい作り話と評されるに等しい。しかしながら、本質的には科学者はキップリングと同じように、固有の特徴がどのようにして生じたのか、なぜ他とは異なる過程で発達してきたのかを理解しようとしているのである。人類がチンパンジーの進化過程から外れた六〇〇万年前には、私たちは誰一人としてそこにはいなかったのである。私たちは私たち自身の本質が何なのか、そしてなぜそのように発達したのかということについて、化石記録からの知識に基づいた推測を行っている。私たちは物事が変化したり継承される理由を示す進化の理論とそのメカニズムを導き出した。しかし、私たちのもっている理論は未だ物語の域を出ず、時として、私たちが確固たる根拠に基づいているかさえ知ることは難しい。私たちが痕跡だけが残っている状況下で、私たち自身の起源を再構築しようとする際には、ラドヤード・キップリングの仕事にもう少し感謝し、科学者のジレンマに敬意を表するべきだと思うので、前置きとしてこれを述べた。

　ゾウの長い鼻は非常に便利で、このこと自体はゾウの進化の原動力となっている。人間に振り返ってみると、他の動物との違いとなる最も顕著な特徴は、私たちのもっている大きな頭脳である。例えば、ゾウやカバのように大きな動物ほど、その体のわりに持っている脳は小さくなる。特に、思考や計画性や決定といったことを実行する重要な働きがある前頭葉は、体の大きさに比して小さくなる。この大きな脳によって生み出されたものは、コンピュータの発明、相対性理論の構築、そして人類の進化に対する理解である。そしてその進化を示す適切な見本こそ、人間が獲得した大きくて複雑な脳である。では、人間はなぜそのような大きな脳をもつことになったのだろう？

人間の巨大な脳の起源に関する仮説は科学の歴史上、数多く提唱されてきた。例えば、必要な栄養量を満たすために必要とされたのか？　あるいはそうではなくて、技術的な必要性が脳の発達を促したのか？　いくつもの可能性が検討されたが、残念ながらどれも証拠が不十分であった。そんな議論の末に、科学者たちは一つの答えに落ち着いた。すなわち、大きな頭脳とは本質的に社会脳である。私たちは自分のニーズと周囲の人のニーズを調整することで生活している。他の動物は鋭い牙や爪といった武器をもっており、自然に溶け込む色や素早く逃げる速さといった脅威から身を守るための能力をもっている。デズモンド・モリスが指摘したように、人間は走って逃げることができないため捕食者からうまく身を守れず、体毛がないために衣服なしでは暖かく過ごすこともできない裸のサルである。私たち人間の種としての成功は、明らかに群れをつくる習性のおかげなのである。私たちは共同で生活し労働することで、何千年にもわたる進化を経て大勢でいることの安全性を知ったのである(1)。

しかし、実際に社会脳の進化を引き起こしたものは何かが論争の種となった。男性の科学者はこのような議論の中心であり続け、その結果彼らの説明によれば、脳の発達は男性の活動のたまものであると結論づけた。男性は狩猟活動を他の男性と一緒に協働する必要があった。そして、狩りの成功率を上げるという難題に大きな脳が応じることで、それほどまで大きな脳に（ある話によれば男性の脳だけが）進化したのである。

自然淘汰説によれば、いくつかの理由により大きな頭脳を持つハンターが成功し、生き残ることになる。タンパク源が確保できればそれだけ生き永らえ、より多くの子孫を残す機会につながる。狩りの技術が改良され、食糧源が確保されればされるほど、より大きな社会集団を維持できるようになる。人間は産まれてくるすべての子どもたちを養うことができれば、より多くの子どもたちを仲間にすることが可能となり、その種は繁栄する。自然淘汰の理論によれば、性選択も同様に優れたハンターに有利に働く。家族の待つ家に獲物を持ち帰ることができる男は、女性にとって性交の相手として魅力的な候補であるので、一人または複数の女を選択することができる。そして、その結果として、彼らはより多くの子孫を残し、彼らの大きな頭脳の遺伝子を子孫に継承することができる。

進化論の父であるほかならぬチャールズ・ダーウィンがこの考えを一八七一年に最初に提唱し、彼の考えは数十年ものあいだ定説となっていた。ダーウィンによれば、男性は女性よりも厳しい淘汰の脅威にさらされおり、それは男性が非常に多くの重要な仕事を任されているからだと述べている。つまり、いくつかの例をあげると、狩りであったり、競争相手を追い払うことであったり、パートナーを惹きつけるためにいろいろな魅力を活用することであったり、子孫や仲間を守るといった仕事である。ダーウィンはこれらの仕事が、「高度な知的能力、すなわち観察力や判断力、創造性、想像力の助けを必要とする。

そしてこれらの偉大な能力は成人男性である限りずっと試され、淘汰され続ける」と結論づけている[2]。

結果としてダーウィンは、男性は「深い洞察力や判断力、想像力を要求することであっても、あるいは単なる五感や手先を利用するだけのことであっても、男性が着手するものならどんなものであれ女性よりも高い水準」を手に入れたと結論づけている。そして、その結果、「男性は根本的に女性よりも優れた存在となった」としている。ダーウィンはまた、子どもたちが両親から進化の遺産を譲り受けることはよいことであり、さもなければ、次々と世代が進むにつれて男児がますます賢くなっていく一方で、女児がどんどん遅れをとってしまうことになるからだといっている[3]。

狩猟に基づいた理論は非常に男性優位の理論であり、それ故に巨大な社会脳の仮説においても一定の役割を果たすのももっともである。しかしながら、おそらくそれは先人の主張よりもずっと小さな役割に過ぎない。ジャレド・ダイアモンドが『銃・病原菌・鉄』の中で論じているように、人間の社会集団が急激に巨大化したことは、狩猟技術（ついでにいえば、採集技術）の発達によるというよりもむしろ、家畜の飼育と穀物の耕作により継続的な食料の供給が可能となったことによる。この視点は、一部の科学者たちが主張しているほど、狩猟が人類の進化の中核にあるものではないことを示唆している。というのも、狩猟は失敗に終わることも多く、従って、狩猟によって動物性のタンパク質が継続的に供給されることは決して保証されてはいない。性選択の根拠、つまり、狩猟に成功する者がパートナーを獲得し、繁殖するより多くの機会を得るという説もまた、ここ数年は旗色が悪い。狩猟採集社会では大きな獲物は公平に等しく分配されてきたと思われるので、狩猟に成功した者のパートナーや子孫が、必ずしもその成功者の後に残りの食物を与えられるわけではなかった。[4] これらの矛盾する事実は、巨大な社会脳に関する狩猟論に、いくつかの欠陥があることを示している。

しかし議論を続けよう。なぜならば、この説明は頭脳の発達を引き起こす要因は何かという、いくつかの興味深い疑問を抱かせてくれるからである。社会脳に関する初期の理論において、男性は攻撃的で、利己的で、他者を犠牲にして個人的な財産を蓄えるために、巧みに社会環境を操作する存在と考えられてきた。科学者は巨大な頭脳が生み出す技術のなかでも極めて巧妙な策略であったり、虚偽の供述、嘘、そして社会を操作するその他の技能の必要性をとりわけ強調してきた。このような説明を男性的な特徴であるからといって、男性が欺瞞や虚偽やその他のマキャベリ的な技能を独占していると言うつもりはない。むしろ、社会脳仮説がつくられる背景となった男性の役割、つまり、狩猟し、敵から身を守るために同盟を形成し、パートナーとなり得る魅力的な仲間をライバルから引き離すといった役割は、他者を出し抜いたり、騙すことで目的を果たすのである。従ってそのような巧妙な技能は、社会脳の初期の科学的な説明として重要な位置を占めてきたのである。

だが、これらの技能は生存のために重要であるかもしれないが、その一方で、そもそも頭脳は他人を欺き巧みに操作する策略を練るために進化してきたわけではないだろう。もしそうであるならば、お互いに戦術的に殺し合って相手を完全に滅ぼしてしまうだろう。社会生活にみられる思いやり的な側面を無視すれば、私たちは、いわば半分の頭脳しかもたないことになる。男性が狩りのため外に出ている時に女性は何をしていたのかを考えると、彼女らが担っていた役割も同様に巨大な社会脳を必要としたことがすぐに分かる。子育てをし、食物の採集を順序よく整理し、子どもの世話をし、子どもの注意を引きつけ、お互いに仲間を守るために結束する。そして、多くの場合、これらのすべてのことを同時に行うために本質的な社会的能力を必要とする。[5]

喜ばしいことに、社会脳に関する現在までの知見は、これらのより温かく、より思いやりのある側面も含めた仮説に変わってきている。科学者は今や、人間が種として成功した原因である頭脳の発達には、私たちが本来備えている養育性、つまり親子のきずなや協力、その他の優しさのある社会的な関係性が重要であると考えるようになっている。なるほど確かに、周囲と協力し社会的な調和を促進する能力によって、明らかに生存するのに有利になる。もし、例えば、戦争に勝つことよりも戦争を避けることを優先すれば、生殖年齢まで生存する可能性は高くなるのである。

それではなぜ、私たちはこのような巨大な社会脳を獲得したのか？　私はそのような社会脳が狩猟や用心深い自己防衛だけに貢献するのではなく、他者の欲求を思いやり、それと同様に、自分自身の欲求にも他者から確実に応えてもらうことに貢献すると考える。この説を支持する事実が、驚くほど幼少の時期にみられている。乳児は社会性を獲得するために準備された生活を開始する。誕生後一時間以内に、乳児は頭を後ろにそらして自分を抱きかかえている人間の目と顔を覗き込もうとする。誕生後数時間以内に、母親の声の方向に顔を向ける。妊娠期間に形成された社会的な結びつきがすでに準備されており、それを基に他の結びつきも構築されることになるのかもしれない。数時間後には、乳児は大人の表情を真似ることが可能になり、その後すぐに、他者と感情的な交流が可能となる。このような驚くべき能力を証明するために、科学者は乳児に笑顔やしかめっ面や驚いた表情のクローズアップした写真を見せ、それらの写真を見ている乳児を撮影した。その後、専門の観察者にその写真を見せてその乳児が何を見ていたのかを推測してもらった。大抵の場合、乳児は自発的にその写真の表情を真似るので観察者は乳児が何を見ていたのか判断できるのである。乳幼児は世話をしてくれている人に自分の欲求を伝えるために、この驚くべき精巧な生来の感情的なコミュニケーションのシステムを用い、思いやりを呼び起こし、[6] そして、これらの相互作用によって乳幼児の活発な脳の成長が活性化されるのである。

このようなコミュニケーションはこれだけではない。生物学的に組み込まれたプログラムが存在し、それによって母親と乳幼児がほんの一瞬の間に、自分たちの感情や表情を互いに同調させることが観察される。互いの感情を調整し、互いに感情の状態を適合させるために用いられる同調性は非常に際立ったものであり、他者と社会的関係を形成するための能力が生来的に備わっていることを示唆している。確かに乳幼児が養育者の真似をし、自分の感情を互いにやり取りするとき、養育者の脳の対応する領域が活性化しているという事実も示されている。[7]

このように他者と感情を共有する協調性は、誕生の時点で準備されているのだが、それは養育者との相互作用が子どもの脳の発達を促進する際に用いられる手段となっており、それによって、さらに洗練された社会的学習が可能となる。このような学習は、私たちが他の種と共有している非常に基本的なシステムに依拠している。例えば、母子間の情緒的結びつきは実際のところ動物界においても普遍的にみられるものである。それは下等動物にとって本能的なものであり、人間にみられるこれらの同様の旧い生物学的なシステムと、社会的規範と文化の双方によって形づくられるものである。大きな頭脳はこれらの規範と文化的伝統を学習するのに不可欠なものである。交尾もまた母子間の情緒的結びつきのように旧い生物学的な起源をもっているが、私たちの交尾のパターンというものもまた、社会脳によって描かれた社会的文化的な力によって形づくられるのである。私たちはその上で異なる方法でお互いを思いやるのである。私たちは病者を見殺しにするのではなく、その病気を癒し、援助が必要な高齢者の世話をする。私たちは偉大な利他的な行動の能力をもっている。これらのすべての行動は社会脳によるものである。

私たちがお互いに協力し合う多種多様な行為を思い浮かべてみよう。店が開く。バスが走っている。人が出勤する。子どもが学校に着いて車から降ろされ、教育を受け、再び車で拾ってもらう。ほとんどの人が食糧、衣服、そして住居を与えられている。私たちは独りで行うことが不可能な多くの事柄に対して、他人の援助を受けている。よちよち歩きの幼児や病者や高齢者を付き添いもなしに路上に放り出すようなことはしない。親戚や友人、あるいは福祉施設の人間がそれらの人を気にかけている。協力は規範であり、もはや私たちが気にも留めないほど当り前の技能である。私たちは看護師や教師や保育士や介護士のように、思いやりを社会の中で専門的に制度化している。私たちは、例えば軍隊や民間の警備隊にみられるように、攻撃的な側面や防衛的な側面も制度化している。しかしながら全体として、日常生活はその多くの部分をより快適な生活を手に入れるための物品や奉仕の協力的な交換に費やされている。人間の日常生活のもっとも特徴的な部分は思いやりと協力なのであり、多くの人が〈人間の本質〉としてあげる限りない自己中心性ではない。

個人的なレベルでも、社会脳は同じように機能している。社会生活においては友人関係や協力関係を築く能力や、社会的な出会いの意味を理解する能力が必要とされる。私たちが先史時代に直面したすべての問題、すなわち、狩りをし、食糧を分配し、育児を分担し、人間の捕食者やライバル集団からうまく身を守るといった問題は協調的な活動によって解決されてきた。私たちはこれらのことを達成するための一連の驚くべき技能を有している。社会的な行動様式は非常に多様で繊細であり、複雑な思考と解釈には巨大な社会脳が必要となる。私たちが瞬時に理解できる莫大な量の社会情報は常に揺らいでいる。私たちは会話の内容から他者の意図を推測している。私たちは視線を逸らす、直視する、あるいは笑み浮かべるといった非言語的なメッセージの意味を判別し、声のトーンから警告を聞きとる。習得しなければならいあらゆる社会集団に関する知識は、実に困難なものである。すなわち、誰が誰であるか、それぞれの人が味方なのか敵なのか、自分の子どもを一緒にいさせておいても安全な人なのか、その他の極めて重要な情報をすべて覚えていなければならないのである。(8)

社会生活そのもののために、私たちは巨大な脳をもっているのだろうか？　この意見について吟味してみよう。社会脳の理論によれば、社会システムが複雑になっていくにつれて脳は大きくなってきたとされている。人間の集団が大きくなっていくにつれて、より多くの課題を共同で遂行する必要があった。例えば、食糧を採集するために連係し、伴侶を選択するための規範を築き、狩りのための社会集団を形成した。社会集団が巨大化していくにつれて、これらの課題もそのすべてが急激にますます複雑なものになっていった。その結果、もし社会生活の需要が脳の進化を引き起こしたとするならば、動物界における社会システムの複雑さと、脳の大きさとの関係をみなければならない。そして、この検証は当を得ている。霊長類において、脳が大きい種ほど複雑な社会システムがみられるのである。あるいは違った視点から言うならば、社会システムが複雑なものになればなるほど、脳、特に新皮質がより巨大化しているのである(9)。

私たちは皆、それぞれが一生の間にこの極めて重要な社会的知性を習得する。それは誕生の時点では存在せず、その代わりに能動的な習得が必要になる。これらの知識はすべて何から得られるのだろうか？人間の幼児は誕生後何年もの間、自分の両親に依存している。この依存性は、他の動物の未熟な期間が比較的短期間である理由の一部としてあげられる、俊敏性や獲物を追いつめる技術を学習するためにあるのではない。むしろ未熟であるからこそ私たちはこの間に、自分のニーズを他者と調和させるのに必要なすべての技術を身につけることができるようになる。誕生時に人間の脳のハードウェアは基本的には完全な状態であるが、ほとんど、あるいは全くソフトウェアがない状態である。パソコンを箱から取り出し、電源を入れ、何らかの目的でそれを用いようとすることをイメージしてみよう。ソフトウェアをダウンロードしデータを入力するまでは、それは全く役に立たない。社会脳も同じようなものである。

私たちは皆、自分たちが生まれた独特の環境を管理するのに役立つ、特定の情報を処理するための巨大で柔軟な脳をもっている。言語はこの処理機能の大きな部分を占めており、世界を理解するために用いられる。自分たちのために世界を認知するための能力が機能するには、誕生後の長い未熟な期間を必要とする。また、これらの初期の数年間で習得する社会的知性の幅は、同様に私たちに特徴的な部分である。私たちはニューギニアの村の生活における社会規範から、ニューヨークでうまくやっていくだけの技能まで身につけるようになる。親類の中でうまくやっていく方法や、見知らぬ人の中から友人を作っていく方法を身につけることができる。そして、誰を恐れるべきかについても学ぶ。

人生初期の社会的経験から、脳の前頭部分である新皮質を満たし始める基本的なソフトウェアを手に入れる。新皮質はどのような働きをしているのか？　ほとんどの複雑な思考や計画、推論はこの領域で起こっている。自覚や思考過程の意図的な制御といった意識自体がここに属している。しかしながら、おそらく私たちの仮説にもっとも重要な社会的洞察機能もまた、新皮質の領域にある。もしこの領域が損傷すれば、記憶は障害されなくとも、社会性はひどく障害される[10]。

社会脳についての知見の多くは、外傷性の損傷や胎児期の発達異常などの、何らかの理由で脳にダメージを受けた人々に関する研究に基づいている。これは脳を知るには不十分な方法かもしれないが、重要な情報をもたらしてくれているのも確かである。もし脳のどの部分を損傷したのかが分かり、その人がどのようなプロセスを実行できないのかが分かれば、脳のその部分の正常な機能が分かるかもしれない。

神経科学者であるアントニオ・ダマシオは優れた症例報告を通して、脳の損傷が社会的行動にどのような影響を及ぼすかを指摘した最初の研究者の一人であった。左前頭葉を失った一人の男性（ここではジョージと呼ぶ）の症例はこのことをよく示している。

ジョージは決して仕事を続けることができなかった。何日か言われた通りに働くと、彼はやっていることに興味がなくなってしまい、結局はこっそり寝るか騒ぎを起こしてしまうことになった。いつもなら物分かりがよく礼儀正しくても、決まりきった手順と違うことが生じると、それがどんなものであっても、彼はすぐにイライラしてしまい、急に不機嫌になってしまった。（〈英国の近侍の礼儀正しさ〉として知られている礼儀正しいマナーをもっていたとされている）彼は性的な関心はほとんどなく、どんな異性とも情緒的な関係をもつことは決してなかった。彼の行動は杓子定規で、事務的で独創性がなく、彼は専門技術を磨いたり趣味に打ち込むようなことはなかった。報酬や罰が彼の行動を左右しているようでもなかった。彼の記憶は気まぐれで、記憶を想起できるようになったと人が期待してもすぐにできなくなってしまったり、自動車の製造過程に関する詳細な知識のような大して重要でもないことを突然思い出したりするようだった。ジョージは幸せでもなければ不幸でもなく、楽しみも苦しみもどちらも長く続かなかった。[11]

ジョージのジレンマは、社会的情報を得るだけでなく、それを活用するにも、前頭葉が極めて重要な部分であることを示唆している。彼は社会生活に関して基本的理解はしていた。つまり、彼は人の名前を覚えることができ、何のための仕事かが分かり、基本的な社会性を有していた。ジョージの抱えている問題は、実際には、少なくとも非常に長期間、彼が自分のニーズと他者のニーズをうまく調和させることができなかったことにあった。彼は彼自身と他者との社会状況に対する反応を理解できず、実際のところ共感能力はなかった。これらの特殊な障害は、将来的には明らかになるだろうが、効果的に社会生活をうまく営む能力にとって非常に致命的なものである。さらに、社会脳理論を支持するもう一つの証拠として、脳損傷を患った人に関する研究において、社会的能力として用いられる機能は前頭葉に属していることが明らかになっている。

手に入れることができる証拠は他にどんなものがあるだろうか？　私は脳にはハードウェアと同様にソフトウェアも必要であり、そのため、ハードウェアが損なわれたときと同様、もしソフトウェアがなければ、社会的知性を損なうことになるだろうと主張してきた。ソフトウェアとは何なのか？　社会的生活の初期には、脳と社会的生活とのつながりは急速に強くなっていく。この経験がなければ、いくつもの社会的相互作用もそれらに付随して生じる感情も正常に働かせることができない。身体と精神との優雅で親密なダンスであるべきものが、代わりに不器用で機を逸した調和のとれないものになってしまう。このような主張の根拠はとても悲惨な出来事、すなわち、ひどく失敗した社会的〈実験〉から得られた。

一九九〇年にルーマニアで起きた共産主義の崩壊により、何十万人ものルーマニア人孤児が個別的な世話が得られない状態で、不適切な環境下に集団で暮らしているという忌まわしい事実が明らかとなった。チャウシェスク政権の経済政策により、多くの家族は多くの子どもたちを育てることが困難か、あるいは不可能になった。そのため、子どもたちはしばしば親からレガネ（この言葉は皮肉にも揺りかごという意）と呼ばれる大きな孤児院の扉の前に捨てられた。そこでは何百人もの子どもたちに対応するために数人の職員しかおらず――職員一人で平均二四人以上の子どもを受け持っていた――そのため、ほとんどの子どもは単に食糧の配給程度の世話しか受けなかった。一九九〇年にチャウシェスク政権が崩壊したことでレガネの扉は開けられ、明るみになった事実に世界が衝撃を受けた。救援のスタッフたちが衝撃を受けたことは、いくつもの部屋を見て回ると、身体を前後に揺らしている子どもや、壁に向かって自分の頭を打ちつけている子ども、見知らぬ人がいることを無視して奇妙なしかめっ面を浮かべている子どもで溢れていた。他の子どもたちはただ大きく悲しげな目で見知らぬ人物を見つめていた。

これらの子どもの中でより正常な者は養育的な家族に養子として迎え入れられ、一部には成功した養子縁組もあった。しかしながら、多くの子どもたちは決してそのようにはならなかった。幼児期の中期までには明白になる衝撃的な事実だが、彼らは感情を失っていた。彼らは周囲の出来事に楽しみや喜びをおぼえることがほとんどなく、叱責や非難を受けても心から落ち込むことはなかった。彼らはまさに無関心なのである。このような子どもたちの大部分は身体的な暴力を受けていたわけでもなく、食事も与えられていた。折檻を受けていたわけでも性的虐待を受けていたわけでもない。彼らはただ愛情を与えられず、抱かれたことも抱きしめられたこともなく、さまざまな感情を自覚したり、感情を他者のなかに見いだす方法を教えられていなかったのである。彼らがそのような状態になっていたのは、ジョージと同じように種々の脳機能のダメージを受けていたためである。しかしながら、ジョージの問題はハードウェアの部分にあり――彼は左前頭葉を失っていた――、ルーマニアの孤児たちの問題はソフトウェアの部分にある。彼らは幼児期初期に、自分を取り巻く社会に脳のハードウェアの部分を適合させるための愛情を受けた経験がなかった。基本的な部分がないために、通常の社会生活を手に入れることができなかったのである。[12]

生活における種々の感情的な反応を形成するために、人生の最初の数年は極めて重要な期間である。もし子どもが初期の数年間に他者との間に温かく、きちんとした反応を返してくれる交流を経験することができなければ、その結果として二度と完全には修復不可能な障害を抱えることになるかもしれない。このような思いやりの形態は社会的な情緒的結びつきの形成を促し、これらの情緒的結びつきを経験していない幼児は、パートナーを見つけたり、友人をつくったり、職に就き、仕事を続けるといった人生における基本的な課題につまずきながら、思春期や成人期を迎えることになるだろう。

私は脳のソフトウェアをハードウェアに結びつけてくれる経験は、実際には非常に感情的なものであると述べてきた。なぜ、私たちはこのような感情的な情報が必要なのか？　その大きな理由は、それによって私たちが危機管理が可能になるということがあげられる。人生の初期に、私たちは自分にとって未知のものや脅威的なものと、親しみがあるものや安心できるものとを識別する方法を学習する。味方なのか敵なのか？　これは私たちが他者に対して行うもっとも原始的で、かつもっとも基本的な判断であり、それに基づいて他のすべての社会生活についての理解が形成される[13]。

私たちは本当に他者を味方か敵か、即座にかつ明確に区別できているのか？　私たちは必ずしも他者をこれらの二つのカテゴリーに分類しなければならないわけではない。多くの人にとって、ほとんどの場合、他者評価はそれほど断定的なものではない。しかしながら、社会脳は、自分にとって脅威となる存在かもしれない他者（こちらに近づいてくる一〇代の若者の集団）や、自分よりも力をもっている他者（雇用主になるかもしれない人物）、あるいは自分に危害を加えてきた人物（冷淡な態度をとる以前の恋人）に対しては、私たちが警戒し気をつけている他者の中でもより厳密な判断を可能にする。

もっと説得力のある意見を期待する人は、課題を一つ、取り組んでもらいたい。友人を一人選んでほしい。できれば社会的な慣習に全く関心のない友人であることが好ましい。その友人のことを全く知らない誰かにその友人を紹介し、その後、この知らない人物を評価するように友人に頼んでほしい。もしその友人が遠慮のない人間なら、最初に返ってくる答えはその人物に対する判断である。「彼女は非常に体調が良さそうだ」「彼はちょっと風邪気味だと思う」「彼女は好印象を与えようとしていたみたい」「私のタイプではない」。社会心理学者はこのような研究を何十も実施し、いずれの研究でも、他者に対する第一印象はもっとも重要で、評価的なものであると結論づけている。つまり、良いか悪いかや、温和か冷淡か、友好的かそうじゃないかといった判断である。もちろん、私たちは他にも多くの情報を得ているが、私たちが行う主要な判断は肯定的か否定的かに偏ってしまうのである[14]。

私たちは常に正しい判断をするわけではない。私たちはどれだけ頻繁に、他人に対しておそらく冷淡でよそよそしいだろうという軽はずみな印象をもち、その後に、本当はそのような判断を下すには情報が不足していたということに気づく経験をしているだろう？　他人に対する評価は、私たちがその人について収集する他の事実と印象が大きな部分を占めており、それらは脳に取り込まれる情報を社会脳が理解する度に、常に修正され更新されるものである。

人生の初期に他者から施される経験によって、私たちはこのような判断が可能になる。私たちは何が安心できるものであり、何がそうではないかを識別することを学習する。このような経験を通して、巨大な脳の中で社会性を司るソフトウェアを構築している。前頭葉は、体内にある神経回路と体外にある感情的かつ社会的な生活とを連合できなければ、その働きを為さない。この連合はどのようにして為されているのだろうか？

私たちの脳のもっとも原始的な部分は扁桃体の奥深くにある。前頭葉が発生するはるか以前に、扁桃体は環境を監視し、脅威になる可能性をもったものに目を向け続けさせていたのである。扁桃体は環境に何か新たなものや予想外のものが存在し、特に恐怖の兆候があるときは、常に作動している。このようなときに、扁桃体（そして脳の辺縁系にあるその仲間）は身体のストレス反応系を活性化する[15]。

ガラガラヘビは私たち人間のものと大差のない扁桃体を有している。危険が存在する際には警告を発し始め、とぐろを巻き攻撃するように監視している脳の中心部にメッセージを送る。全体的にみると、これらのメッセージはかなりまれなものである。ほとんどの場合、ヘビはただ太陽を浴びているだけで、刺激されない限りほとんど何もしない。私がかつて飼っていた愚かな犬は、私がうまくその首をつかみ引き離すまではガラガラヘビの近くで五分間近くも跳びはねたが、結局そのヘビは茂みに這って入っていく以外には何もしなかった。とぐろを巻くにはエネルギーが必要で、攻撃にはもっと大きな脅威に対して必要となるかもしれない毒を使い尽くすことになる。老練なヘビはこのことを分かっている。踏みつけたり、つかみ上げるといった愚かなことをしようとしない限り、ヘビは静観している。たとえヘビが攻撃をしても、毒を一部しか使わずに、もっと大きな脅威が現われた際のためにとっておく。若いヘビはすぐに反応してしまう。攻撃する際に、すべての毒を使い果たしてしまう。ハイキングをしている際にガラガラヘビに遭遇する機会があったら、それが年老いていることを願うことだ。

人間の赤ん坊も大差はない。人生の初期に扁桃体は多くの警告のメッセージを送る。大きな音はどんなものであれ幼児を刺激する。生後数カ月になると、見知らぬものは大きな苦痛を引き起こすことになる。しかしながら、母親や父親が安心させる体験を通して、幼児は両親から社会について学び始め、社会に適応するようになる。時が経ち、子どもは「見知らぬ人」が必ずしも危険人物ではないことを認識するようになる。代わりに、それが威圧感はあるが友好的な両親の友人を意味したり、初めて会う伯母（叔母）や伯父（叔父）であったり、生まれたばかりの新しい妹であったりするのである。子どもが新たな状況にどのように対応すればよいか判断に迷う場合、その子どもは自分の親の対応を参考にするようになる。そして、やがて親の明確な反応を模倣するようになるだろう[16]。

学習はもっと洗練される。六歳頃までには、他者の意図を推測するようになり、飛躍的に前頭葉の形成が進む。自分を傷つけるつもりがある人には動揺するが、たまたまそうなった人には動揺しない。ガラガラヘビは踏みつけるつもりがなかったことを決して学習することはなく、そのいかんにかかわらず噛みつこうとするだろう。この点で社会脳は人間に役立っているのである。前頭葉は社会情報の解釈に密接に関与してくる。最終的には、非常に複雑なメッセージも処理することができるのである。人間は他者とのやり取りの中で、間違った方向に向かい始めたときを認識できる。友情が新たな親密さのレベルに進んだときを認識できる。初対面の際に、次回会うときに歓迎されるかどうかを素早く認識できる。(17)

扁桃体が重要な働きを担っているのは明白な事実である。それは社会経験に関する感情的なメッセージを送ることで、脳のソフトウェアの形成に役立っている。環境からの合図が「危険だ」と知らせれば、扁桃体と前頭葉はメッセージを交換し、私たちを警戒態勢に入るように興奮させる。これらの経験を通して、実社会における脅威的な側面と安心できる側面の両側面に関する、これまで以上によく調整された情報を伝えることによって、社会脳は急激に洗練されていく。

従って、基本的に社会脳は脅威に対処するためのシステムといえる。人生の初期に始まり、多くの場合、生後数年間で十分で激しい感情をもたらす情緒的結びつきは、思いやりと慰めの根源である。このような関係を通して、私たちは他者との結びつきを学習する。そして、今度はそのような結びつきが同じように安心できるものになり、それらの結びつきを通して私たちは警戒すべきときと安心できるときとを識別できるようになる。

敵か味方か？　この判断は他者に対する印象よりも多くの影響をもたらす。それは身体の防衛システム――私たちのストレス・システム――を機能させるかどうかにも影響している。安全感や安心感、親近感はストレス・システムを解除する一方で、危機感はそのシステムを作動させる[18]。私たちはお互いの慰めとなる存在であり、お互いの侵略者でもあり、発達過程にある脳はそれらの識別にますます精通するようになる。人生初期の養育期における学習が欠如すると、その初期設定の状態はストレス・システムに警戒態勢をとらせる危機判断となる。脅威が迫っており、移動する時期だと扁桃体が命令をすると、すべての身体システムがそれに従い反応する。扁桃体はストレス反応への敏速な経路を示してくれる。

ここで、それがどのように機能しているかを述べる。脅威が生じると、扁桃体は脳の視床下部にあるストレスの中央制御部にメッセージを送り、交感神経の亢進とＨＰＡ系のストレス反応を上げる。そのストレスから逃れると、交感神経の亢進とＨＰＡ系の反応は下がる。最初の上昇の部分と最後の減退の部分はどちらも必要なものである。もしストレスに一切対処しないならば、身体は活力として必要な正常な防衛行動を示さない。より共通な問題としては、身体がストレスに対する交感神経とＨＰＡ系の反応を遮断することができなくなってしまう。脅威が過ぎ去っても、もし身体がすぐに正常にしっかりと回復しなければ、過活性化したストレス・システムが生物学的な損害を与えることになるだろう[19]。では、幼少期に他者から思いやりを受けると、このような問題を生じずに済むだろうか？　簡潔に応えるならイエスである。

ストレスに対する私たちの反応は、人生初期の社会的接触を通して形成される。私たちの有しているストレス・システムが先天的なものであることは確かな真実ではあるが、これらのシステムの微調整は社会経験によるものである。マイケル・ミーニーが用いた子どものラットを思い出してほしい。子どものラットが巣に戻された際に、いかに母親ラットは子どものラットを安心させ守るために多くの世話をしたか？　その結果、それらの子どもラットは生涯続くストレスに対する耐性を獲得したのである。生物学的に非常に特異的な時期に、次のようなことが起こる。幼いラットは脳の特定の部分において、HPA系のストレスホルモン（グルココルチコイドと呼ばれる）に対する受容体を通常より多く発達させたのである。このような受容体をより多くもつことは、ストレスに対するHPA系の反応がよりよく制御されるようになることを意味している。つまり、素早く起動し、素早く停止するようになるのである。[20]

行動面でも重要な報酬がある。養育的触れ合いによってよく制御されたストレス反応を獲得することで、ストレスを引き起こす対象が減少するのである。養育体験をする中で親密な存在と見知らぬ存在とを識別することを学習すると、人生の中で遭遇する多くの人間関係に対して「親しみがあり友好的だ」と判断するようになる。人生においてストレス系を作動させることが少なくなり、新奇な状況を探索する自由さを手に入れる。そして、このことはミーニー教授の用いた子どものラットにもみられたのである。母親ラットから多くの世話をしてもらった子どもラットは、このような世話を受けなかったラットに比べて、少しだけ大胆さ——例えば、新奇の縄張りに入っていこうとする——が増しており、新奇の状況に対するストレス反応は極端なものではなかった。それらのラットは歳をとるにつれて、そのHPA系は他の反応の遅い年老いたラットと違って「より若く」なるように見え、人生初期に世話を受けなかったラットに比べ問題解決能力を維持していた。つまり、迷路を走り抜け、餌がどこにあるのかを憶えていたのである。

人間はどうだろうか？　もちろん以上のことは、人生初期における愛情や世話が、その後のストレス関連障害の発症を抑制する方向に影響することを意味しているのか？　実は、正にその通りだと言ってよさそうなのである。現在ある少しばかりの科学的証拠をすべて揃えると、非常に多くのことが人間にも当てはまることが分かる。乳幼児期にストレスを経験した際に、すぐに愛情のこもった世話を受けることは、その場で安心するということだけでなく、ストレスに対する生物学的な反応を決定する制御システムがよりよく発達するという点で、生涯にわたる報酬を得ることになる。[21]

ここまでは、どのように社会脳が危険を理解し、ストレス系に警戒態勢をとらせるのかをみてきた。ここで、このような人生初期の経験の他の側面についてみてみたい。すなわち、どうやって私たちが安心や親密さの感覚を形成し、どのようにして最初のうちは恐がってしまうような経験が、社会生活の中での養育的触れ合いを通して安心できるものに変わっていくのかという側面である。[22]

私が二歳の頃、母とおば、おじはメイン州の湖の近くに夏を過ごすための小屋を借りていた。七月四日、私たちは皆で花火を観るために湖畔に下りて行った。私は一番幼く、彼らはおそらく皆で私にそれがどんなに美しくワクワクするものかを教えていた。しかし、私はその大きな音に心構えができておらず、最初の爆発で私はびっくりして泣き出してしまった。皆は私を安心させようとしたが効果はなかった。爆発が起きる度に私はますます怯えてしまった。私が落ち着くことはないだろうと分かったとき、母は私を抱いて、安全な距離から花火を観ることのできる小屋のベランダまで連れて帰ってくれた。私はそれでもなお爆発の度にびくっとしていたが、私がびくっとすると、顔を母の着ている服の中に埋め、慣れ親しんだ衣服の匂いと心を安らかにする母の声のおかげで、最終的にはもはや花火を怖がることはなかったようだ。ほとんどの人はこれに似たような経験をしている。

心理学者がこのようなありふれた経験を厳密に研究していることに驚くかもしれない。心理学者は人々の家に上がり込み、家庭生活において不可避的なストレスをどのように管理しているのかを静かに観察する。二人の兄弟（姉妹）がけんかを始めたなら、大声で叱られるのか？　殴られたり叩かれるのか？それとも、お互いが仲良くやっていける方法と、次のときにはもっと平和的な方法でお互いの違いを解決する方法を双方に考えてもらう時間として使うのか？

そして、研究者たちはこれらの子どもたちに研究室に来てもらい、彼らが新奇な状況にどのように反応するのかを見る。その結果は面白いものである。実にストレスに曝される瞬間は社会的技能を発達させるために、極めて重要な学習の瞬間なのである。ほとんどの子どもが他者に対して親切にするように教えられるが、それよりも、感情が高ぶってストレス系がズキズキとするときにどうすべきと教えられているかが、子どもたちの発達途上にある社会的技能と将来の行動にとってはるかに大きな意味をもつ[23]。

まず第一に、自分のストレスをいかに積極的に管理すべきかを学習している子どもの方が、よく他者の感情を認知できる。そのような子どもたちは状況を観察し、その状況下でその人が何を感じているかを素早く理解することができる。これは共感の前段階の重要なスキルである。彼らは、例えば二人の大人の言い合いが徐々に激しくなっているといった嫌な状況になりそうな場面を観察し、それに対する自分の感情的な反応と生物学的な反応を過剰に活動させたり過剰に刺激しないようにしながらコントロールする。(24)

騒々しく喚き散らす親に育てられた子どもは、全く異なる行動を示す。彼らは感情の理解が非常に乏しい。研究者が彼らに、医師の診察室で注射を受けていたり他者と口論しているような感情的な体験を含んだストーリーを提示しても、彼らはそのストーリーに出てくる登場人物の気持ちが分からない。彼らはストレスに対する反応としての心理的葛藤を抱くことに慣れてしまっているために、他者の中で起きそうなことに敏感なのである。彼らはほんのちょっとした憎しみのサインに対しても動揺し、怯え、あるいは怒りを示し、彼らのストレス系は過活動状態になってしまう。彼らは脅威に対して過度に用心深く、最小限のサインにも警戒を示し過剰反応をしてしまう。視床下部が働き過ぎているのだろう。(25)このような状態は、将来において社会生活と健康がうまく形成されない原因となる。

◆脚注

1．Adolphs（1999）; Baron-Cohen et al.（1999）; Brothers（1990）; Dunbar（1998）. 科学者たちは社会的知能は一般的知能とは全く違ったものであり、別の脳部位が関与していると考えている。その脳部位とは扁桃体、特に左扁桃体であり、顔からの複雑な情緒的な情報を区別し、前頭葉の領域は社会的情報の短期記憶を助けている（Baron-Cohen et al, 1999）。一九九〇年にはBrothersは眼窩前頭葉皮質と上側頭回（STG）と扁桃体の神経ネットワークが社会脳を形成していることを提唱した。fMRIを使ってSimon Baron-Cohenの研究グループは、社会的知能を必要とする課題を行うときに、STGと扁桃体と前頭葉皮質のある部位の活性が上昇することを順次明らかにすることができた。彼らはその結果がBrothersの社会脳仮説を支持するものだと解釈している。

2．Darwin（1871/1952）, p.566.

3．Darwin（1871/1952）, p.566.

4．Kaplan, Hill, Hawkws, and Hurtado（1984）. Boehm（1999）; Hrdy（1999）この問題の議論に関して。

5．一度にいくつかの仕事をすることは、男性と女性でははっきりした違いがあるかもしれない。ある科学者たちは、この技能は女性の生き残りに大変重要であり、脳の発達の性差を反映しているかもしれないと考察している。女性の脳は左右差が少なく（すなわち、女性は特にある課題に対して両側の半球を使う傾向にある）、男性に比べて両半球をつなぐ組織（内包）が厚い。例えば、女性は他人と話す時に男性に比べ脳の両側を使っている。それが、なぜ女性が社会的状況で例えば非言語的コミュニケーションのような付随的な情報を取り上げる理由ではないだろうか。Fisher（1999）は女性の一度にいくつもの事を行う能力や技能は脳の配線によるもので、これらの違いを反映しているかもしれないと述べている。

6．Field, Woodson, Greemberg, and Cohen（1982）. 一二カ月から一八カ月にかけて、幼児は話す人の行動や言葉を理解するためにその人の見つめる方向や、情緒的表現、素振りや姿勢といった手がかりを自発的にチェックしている。例えば、大人による情緒的な強い感情の表明に引き続き、二歳以下の幼児は大人の視線を自発的に追跡し、どんな状況が情緒的な反応を引き起こしたか確かめようとするだろう（Baldwin, 2000; Meltzoff and Moore, 1977 参照）。表情の認知は社会的認知の特別な側面であるようだ。人々は表情の認知には他の対象の認知とは違う脳部位を使っている（Farah, Wilson, Drain, and Tanaka, 1998; Kanwisher, McDermott, and Chun, 1997）。

遊び、特に早期の母親との遊びは情緒的、社会的技能の発達を促す手段と考えられている（Stem, 1983）。Pellis と Iwaniuk（2000）は霊長類同士の遊び時間の変動の六〇％は、出生前の脳の発達程度によって説明される。これは遊びが出生後の脳の発達に重要であるという議論と矛盾しない。

7．サルの研究（Harlow and Harlow, 1962）とヒトの研究（Spitz and Wolff, 1946）は、母親との密接な接触や養育者との生活は正常な大人の行動にとって重要であることを示している。例えば、反社会的な母親に育てられたサルや生まれて最初の半年間他のサルから隔離されたサルは、大人になって彼らの社会行動に破綻が見られる。彼らの性的反応は不適切となり、恐怖や異常な攻撃行動を示す。他のサルと正常に交流することができず、子どもを持ったメスは、少なくとも最初の子どもにとってまずい母親になる（Halow and Harlow, 1962）。一九五〇年代から一九六〇年代にかけて精神分析家の John Bowlby による研究で、このような現象をもたらすメカニズムとして愛着（attachment）を同定した。彼は主な養育者の行動を制御するために進化した生物行動システムとして、愛着を発見した。幼児は未成熟で生まれ、長期の注意深い世話が必要であるので、彼らは泣いたり、擦り寄ったり、すがりついたり、その他の行動で彼らの必要なものを養育者に知らせる。Bowlby によれば、このシステムは生き残りのために進化した。Harlow と同じように Bowlby は幼児期に他の人に安全な愛着を形成できなければ、大人になって他人と親密な関係を作る能力の発達が障害されることを示唆している（Bowlby, 1969; 1988）。

母親と子どもの協調の要因である最も顕著な例の一つは、母親が研究者から固い顔を保ちながら赤ん坊を見て、いかなる情緒も悟られず、赤ん坊の表現に反応を示さないように指示された時に認められる。最初赤ん坊は不満を表したり、素振りでコミュニケーションをとろうとするが、それから母親の表現を避け、最後にはこれらの努力は荒々しい反抗に変化して、泣き出したり、その他の素振りになる。それは彼の共鳴する相互作用の関係に、母親に戻るように誘っているようである。

8. 心理学者のNalini Ambadyの研究グループ（1993）は、人々は数秒間の非言語的行動の断片の観察から、複雑な判断を非常に正確に行っていることを見いだした。ある研究によれば、AmbadyとRosenthal（1993）は、大学生は三〇秒間の教授の非言語的行動をみて、その学期の評価を正確に予想できたことを報告している。

9. 霊長類の新皮質の大きさは子どもの期間の長さに比例しているが、懐胎期間や養育に費やす時間や生殖期間の長さには比例しない。この点は子ども時代の社会的学習のソフトウェアプログラムが脳の発達に影響を与えることを示唆している（Dunbar, 1998）。

10. いくつかの用語を明確化。前頭葉皮質は中心溝（脳を主に垂直に分ける線である）の前のすべての部位を指し、しばしば代わりに新皮質という単語が使われる。ヒトやサルのような進化的に新しい種にのみ存在する。それ故、新皮質といわれる由縁である。前頭前野は前頭葉皮質の前半分である。

11. Damasio（1994）, pp 57-58.

12. Carson and Earls（1997）. 長期にわたる損傷に関する証拠は、Gunnar（2000）参照のこと。ある研究者は、これらの剥奪された若者の一部に見られる体ゆすり、頭を打ちつける、リストカットなどの自傷は、自己治療システムが変形したものであり、脳のオピオイドシステムを活性化する痛みと関連している（Perry and Pollard, 1998）。脳内のノルエピネフリンの低値は、自己損傷や反復行動に伴っているかもしれない。興味深いことに、母親を剥奪されたサルは似たような変な行動を行い、体をゆすり、自分を抱きしめる行動、指しゃぶり、自分の頭を叩く、自分に噛みつくなど、ローマの孤児に見られる行動によく似た行動が見られる。

13．印象の形成を評価する議論として、Taylor, Peplau, and Sears（1999）を参照。敵か味方かの区別の重要性の別の証拠として、恐ろしく怒った顔は直に注意が向けられ、親しい顔や中立的な顔より正確に認知できるという事実がある。脅しの利点は生き残りに有利な点である（Ohman,Lundqvist, and Esteves, 2001; Taylor, 1991 陰性情報を享受する利点に関する総説）。

14．Taylor（1991）. 自動的な認知過程に関する精力的な研究は、入ってくる刺激が良いものであれ悪いものであれ、ほとんどが無意識的に分類する傾向があることを記している。これはいかなる認知の努力や気づきの過程もいらず、急速に起り、結果として入ってきた刺激に近づくか逃げるか適切な傾向を示す（Chen and Bargh, 1999）。

15．Adolphs（1999）. ヒトの脳における情緒の制御についての私の説明は、前頭前野と扁桃体の間の対話として簡略化し過ぎである。実際、述べているように、ヒトの情緒は眼窩上皮質、扁桃体、前帯状回といくつかの互いに連絡している部位からなる複雑な神経回路で行われている（Davidson, Putnam, and Larson, 2000）。

16．Le Doux（1996）は、脳は基本的に情緒的な臓器であることを示唆している。科学者たちはかつて、合理的な思考に依拠していると思われていた道徳的理由でさえも、今では明らかに情緒に頼っていると考えている。この評価の証拠は、道徳的ジレンマに悩んでいるヒトでは、情緒的過程に関与する脳部位に活性化が見られるという事実からきている（Helmuth, 2001）。

17．ウィスコンシン大学の心理学者である Richard Davidson の研究グループは例えば、前頭前野は情緒的な反応の経時変化を制御していることを、扁桃体と前頭前野の強い相互作用によって証明した。彼らの知見は、前頭前野は通常扁桃体を抑制し、情緒的反応の時間経過を短め、特に強い情緒からの回復に時間がかかることを見いだした。これらのパターンは新奇で、特に脅威的な刺激に対する強い情緒的ストレス反応を制御するために、幼児期に学習された種類の高位の皮質過程を維持している一般的なモデルからなっている（Davidson, 1998）。

18. 単にヒトに出会う（あるいはいかなる刺激も）ことは、次の出会いにはよりよい反応を導く。この慣れの効果は鶏からヒトまで多くの種で見られ（Zajons, 1965; 1968; 2001）、たぶんなじみのある刺激で起る恐怖反応の減弱を反映している。実際、慣れは入ってくる情報がいかに処理されるかの基本的な決定因子である。人々が入ってきた情報がなじみのあるものと感じれば、あまり考えることなく、自動的に情報を処理するだろう。反対に入ってくる情報になじみがなければ、人々はより分析し、機能的に情報処理を行うだろう（Garcia-Marques and Mackie, 2001）。

19. ストレスホルモンは情緒的な覚醒状態で放出され、記憶過程もまた影響される（McGaugh,Cahill, and Roozendaal, 1996）。

20. Liu and colleagues（1997）; Meaney et al, 1996.

21. この章の総説として Repetti et al（2002）及び Perry and Pollard（1998）を参照。早期の両親と子どもの相互作用の結果と、それに引き続く社会行動の要因となる情緒的技能は「情緒的知能（emotional intelligence）」としてまとめられている（Goleman 1997）。情緒的知能は、自分自身と他人の情動をモニターできる能力のことである。それによってさまざまな情動を区別し、その情報に従って自分の考えを決定し、他人への行動を起こす（Mayer and Salovey, 1993）。

22. Repetti et al,（2002）.

23. Repetti et al,（2002）; Eisenberg, Fabes, Shepard, Guthrie, Murphy, and Reiser（1999）.

24. Repetti et al,（2002）. 情緒的、社会的技能の発達に対する家族の相互作用に関する研究の多くは家庭に向けられ、両親と子どもがどのようにお互いが関係しているかを探るとともに、学校などの外部の環境での子どもの行動を評価することが行われてきた。その研究の成果として、情緒の発達に家族の相互作用の重要性が示された。例えば、Dunn, Brown, Beardsall（1991）は三歳の子どもの母親と兄弟への気持ちについての会話は、後の他人が表明する感情の認知能力を予見できることを発見した。Feldman, Greenbaum, Yirmiya（1999）は、遊びの中で母親との共感を経験した子どもは、二年後に優れた自己コントロールを獲得し、その後の気質や母性行動、ＩＱのような自己コントロールに発展することを見いだした。多岐にわたる研究から、抑うつ的な両親との生活や虐待を経験したり目撃した子どもは、彼らの情緒を制御する術に欠ける危険性が高く、ある報告では、そのような危険児に対して特別な介入が必要だといわれている（Pepetti et al. 2002 総説）。社会的な競争に対する陰性感情を調節する能力に関する証拠もまた多数存在する。情緒の調節に長けた子どもは、互いの関係に関して社会的に有能である（Fabes, et al. 1999）。Eisenberg and colleagues（1996）は、他人への共感を表明したり感情移入ができる子どもは、教師に社会性があると見なされると報告している。社会的、情緒的な技能は、ストレスフルな状況を統制するために重要であるという議論を深める動物研究がある。例えば、Gust, Gordon, Hmbright, Wilson（1993）は、友好的な行動や脅威の程度を評価できる社会技能を持つ rhesus サルは、そのような技能のないサルより、出来事に対するＨＰＡ系の反応が低いことを見いだしている。Sapolsky（1990; Sapolsky, 1998）は、olive サルで高い社会技能とストレス反応の低さに関連を見いだしている。

25. Repitti et al.,（2002）総説として。Davies and Cummings（1995）例として。母親の精神病理（例えばうつ病）は幼児期の社会的、情緒的発達を阻害するかもしれない。それは、後の情緒的苦痛に関連した生物学的システムに障害をもたらすかもしれない（Dawson, Hesal, and Frey, 1994）。

第四章
良い養育、悪い養育

すべての人が理想的な養育者であれば、子どもは健康に育つだろう。実際、多くの家庭ではそうなのである。しかし、健康に育てられた子どもは一見して分かるわけではない。科学者として、私は健康に育てられた子どもに対して、「なんて素晴らしいグルココルチコイド受容体だ」とか「あの遺伝子発現はすごい」と言ってあなたを喜ばせることはできない。健康に育てられた子どもは、情緒の不安定さやストレスに対する不適応の兆しが認められず、全体としてうまく機能している様子がうかがえるだけである。私ができることは、人生の早い段階で望ましい養育を受けられなかった子どもたちの問題を指摘することで、望ましい養育者のもとに子どもが健康に成長することを証明することである(1)。

知人のマイクについて話そう。彼の若い頃の環境はストレスが多かったが、それほど極端というほどではなかった。彼は世間では一応成功したと見なされるよい家庭の出身だったが、望ましい養育に欠けた家庭でもあった。マイクは良くも悪くもない生徒で、中くらいの成績のために毎晩父親から延々と説教された。食事をしながら父親はマイクの能力を皮肉り、努力が足りないことを叱り、彼の生活を惨めなものにした。彼の三人の姉妹は、このような日々の虐待を受けることはなかった。というのも父親は娘たちには特に期待せず、彼女たちをほったらかしにした。誇りを持たせたり、世話を施すことはなかったが、侮辱することもなかった。マイクの父親は悪い人ではない。彼は息子に対する誇りのために、マイクはもっとできると信じ、直接愛情を表現する代わりに非難したのである。しかし、そうすることはマイクに対して逆の効果しか生まなかった。

毎夜、父親は彼に小言を言った。マイクはうつむき、黙々と食べ物を口に運びながら、何も特別なことは起こっていないと自分に言い聞かせた。食事の間に父親が子どもを叱るのは、普通のことだという態度をとった。この虐待の度にマイクの顔色は悪くなり、彼の傷心と困惑が見て取れたが、それでも平静を装っていた。

しかし、彼はその不幸を別の方法で表現していた。彼は集めた昆虫を箱に入れ、太陽光線を集める虫眼鏡で焼いた。彼は妹たちが出かけた時に妹たちの好きなおもちゃを壊し、彼女たちが帰ってきた時に気づくように、ベッドの上にその破片をばら撒いた。彼は学校では自分より年下の子どもをいじめた。

私はマイクについて長年それとなく観察していた。彼は四八歳だが、現在までに、人生早期のストレスの多い生活のために病気を示し始めているようである。最近私は彼に会ったが、私の直感はいい線をいっていると思っている。彼は重度の高血圧である。彼の人生について多少調べてみると、彼は高校卒業後いい大学に入ったが、三学期で退学した。それは勉強ができないためではなくて、授業に出て課題をやることを止めてしまったからである。彼は最終的に夜間学校に通って三三歳で学位を取るまで、いろいろな仕事を転々とした。彼はほどなく結婚したが、妻は彼の志の無さにイライラを募らせた。そして、彼は時々理由もなく妻を叱り、妻の料理の仕方から駐車の仕方に至るまで何事にもけちをつけた。これらの不当な仕打ちは彼女を怒らせたばかりでなく、怯えさせた。彼女は彼が身体的な暴力を振るうようになる前に離婚を決めた。

マイクが子どものころに経験したストレスが、彼の現在の感情と内科的な問題に影響したのだろうか？ 私はそう思う。マイクのこの悲劇的な話は、私が「危険な」家庭環境と呼んでいるものの重要な二つの側面を示している。それは直後に起こる感情的な苦痛と、マイクのたどった人生の軌跡である。

肉体的な虐待が子どもに悪いというのは、たいていの人が理解できる。われわれは皆、その影響をある程度分かっている。[2] しかし最近、子育て期間中の些細で不適切な態度でさえ、同種のダメージを長い期間与えることが分かってきた。私の言う危険な家庭では、子どもは温かさや愛情のある養育を受けることができず、その結果、通常早期の子育てで生物学的に培われる、感情的な能力を形成することが困難になる。[3] 子どもはほったらかしにされたり、手厚い身体的な愛情や温かさを受けられないと、うつ病や不安障害などの感情的問題や健康問題の発症の危険にさらされる。冷酷で敵意のある両親に育てられた子どもは、抑うつ的だったり怒りっぽくなるというのは納得できることであり、この危険な家庭がもたらす感情面に対する有害な影響が大変大きいことは容易に理解できる。[4] しかし、これらの家庭が慢性の病気の原因になるという事実はやや意外である。[5]

私の危険な家庭に関する関心は全く偶然に始まった。それは、どのようなストレスのある環境が、「一皮剥けば」実際の健康の危険要因になるのかに関して調査した時だった。二つの大学と一緒に、多くの適切な心理学的研究や医学的な研究を吟味した。もちろん厳しい家庭や無秩序な家庭は子どもにあるダメージを与えるだろうとは思っていたが、危険な家庭が生み出す有害な結果には全く注意を払っていなかった。(6)

最も注目すべき研究の一つが、われわれの多くが所属する保健組織である広域南カリフォルニア健康維持組織のビンセント・フェリッチの研究グループによって行われた。家族背景の情報を集める過程で、フェリッチたちは健康維持組織のメンバー約一万三五〇〇人に、子ども時代に家庭環境が厳しかったか、無視があったか、頻繁に衝突があったかについて質問した。質問の中には、どのくらいの頻度で侮辱されたり、罵られたり、困らされたり、損傷を負うほどの身体的な暴力を受けたか、性的虐待を受けたか、問題のある飲酒者や薬物依存の人がいる家庭で育ったかという質問が含まれていた。調査された人の半分以上の人が、子ども時代に少なくともこれらの条件の一つを経験しており、これらの危険な家庭がどんなにありふれたものであるかが判明した。それからフェリッチらは、回答者がどんな病気や障害にかかったかについて、彼らのカルテを調べた。その結果は極めて妥当なものだった。

混乱や無視のある家庭で成長した人は、大人になるとより多くの健康問題が生じていた。彼らは一過性の抑うつに陥りやすく、自殺企図しやすく、薬物やアルコール、性感染症の問題をより多く抱えていた。注目すべきことは、彼らは心臓疾患、糖尿病、慢性気管支炎、肝炎、癌にも罹患しやすいことだった。驚くべきことに、危険な家庭の影響は、科学者が研究対象の病気に対して用量依存性の関係と呼ぶものであったことである。すなわち危険な家庭ほど、これらの病気にかかる可能性が高くなる。しかし、危険性が低くても問題の徴候は明らかにあった[7]。

その理由は、単に病気や悩みのある人が自分の子ども時代にストレスが多かったことを思い出すためだけなのだろうか？　危険な家庭に関する科学的な証拠のなかには、それを支持するものもあるかもしれない。しかし多くの研究において、研究者が実際に家に行き、親と子どもがどの様にお互い影響しているかを検討した結果、家庭環境自体がその問題の独立した要因であるという証拠が得られた。別のケースでは、研究者は大雑把な家族背景の報告について早期の子ども時代の出来事に関する詳しい二次調査でそれを確認している[8]。

しかし、誰でもそうであるが、科学者は自身の目で見た証拠に最も納得する。そこで私と学生たちはこれらの経過を独自に確かめることにした。われわれはストレスを研究するために大学生を集めた。最初にわれわれは、精神的な問題（うつ病など）や健康問題（高血圧など）があると診断されている人はすべて除外した。つまり、全く健康な集団を研究の対象とした。われわれはこれらの若い成人を個別に研究室に招き、まず小さいころの家庭生活が明らかになるような質問からなる、完璧なアンケート用紙を用いて調査した。数日後面接のために呼び出し、家庭背景についてもっとしぼった詳細な質問をした。これら学生の多くは、ほんの最近家を離れたため、彼らの経験は極めて鮮明なものだった。彼らの多くは時々口論したり、うるさい下の兄弟と時々けんかしたことを認めながら、幸せな家庭生活を元気よく述べた。しかし、別の学生は快適には見えず、明らかにどこか家と別の場所へ行きたがっていた。これらの若者は家から離れたことで安心しているように見え、家を離れたことを熱心には語らないように見えた。配慮ある調査によって、われわれは慢性の衝突や混乱した無秩序や無視の話を彼らから引き出した。

次に、学生にわれわれの精神生理学の研究室に来てもらい、ストレスを負荷し、心拍数、血圧、ストレスに対するコルチゾールの反応（コルチゾール値はＨＰＡストレス系がどの程度働いているかの指標となる）を測定した。われわれが負荷したストレスの一つの例は学生に、ビデオテープでの録画下で、イライラした研究助手に「もっと急いでください」と急かされながら、四，九八五から七ずつなるべく早く逆算させることだった（これを一分か二分してみれば、この課題が容易なことではなく、あなたを非難する人がいる前でやることを想像したら、どんなにストレスがかかるかすぐに分かるだろう）。

それからわれわれは、保護的な家庭で育った学生の反応と「危険な」家庭で育った学生の反応とを比較した。どの指標においても、危険な家庭で育った学生の反応が悪かった。彼らは治療を必要とするほどではないものの、より保護的な家庭で育った学生に比べて明らかに不安や抑うつや反抗反応が認められた（治療を必要とする人は、負荷するストレスが大き過ぎるために、彼らがコントロールできなくなる可能性があることから、この研究から除外した）。危険な家庭で育った学生の生理的反応や神経内分泌の反応も悪かった。二人の若い男性は高血圧症の境界であり、学生のうち数人は通常、心的外傷後ストレス障害に罹患した患者と同程度のコルチゾールのストレス反応を示した。危険な家庭で育った若者は、ストレス反応を制御するのが困難であることはすでに報告している。そのストレス反応は、時により重篤な精神と肉体の健康障害の基礎となる可能性がある。

彼らは通常の健康な大学生であるということに注目すべきである。彼らは誰も子どもの頃に性的あるいは身体的虐待を受けていない。家出や薬物中毒の経験もなかった。彼らの「危険な」経験はすべて通常の家庭で起こる範囲、例えば、口げんか、緊張、愛情不足、混乱、無視などに過ぎなかった。[9]

この様な証拠をわれわれはどのように理解すべきだろうか？ それは若者の心理学的、生物学的なスナップ写真としての特徴を最もよく現していると思う。その写真はこれらの学生がどこから来て、どこへ行くのか、ある程度教えてくれる。彼らはすでに人生早期の痕跡を示しており、将来にわたる心理学的、生物学的な軌跡、すなわち、保護的な家庭で育った若者は健康的であり、混乱や衝突のある家庭に育った若者は比較的健康的ではないという軌跡を辿っている可能性が十分にある。

私は幼児期の子育てが子どもたちに与える多大な影響について発表してきたが、過去一〇年の間に発表された、自明と思われる考えに対する多くの反論に注目している。一九九八年ジュディス・リッチ・ハリスは、子どもの個性に与える親の影響は比較的少ないと結論付けた行動遺伝学者たちの主張を広く紹介している。[10] 行動遺伝学者たちの結論と、見かけ上正常な家庭の負担が子どもにあるダメージを与えるという私自身の証拠の食い違いを、どう理解すればいいだろうか。行動遺伝学者たちの主張にも妥当な点はある。しかし、よい親は必然的によい子どもを持ち、悪い親は必然的に悪い子どもを持つのではないかと尋ねられたならば、答えはノーである。幼児期の子育ての影響は次に見るようにもっと複雑だと考えられる。[11]

危険な家庭に関する研究で生じる最も不思議な疑問の一つは、なぜこれらの家庭はさまざまな有害な結果と関連があるのかということである。危険な家庭は、子どもが持ちうるほとんどすべての問題を生じさせるという証拠がある。心の健康は、体の健康と同様な影響を受ける。危険な家庭は抑うつばかりでなく、攻撃性も引き起こす。これらの家庭の子どもは不健康な習慣（子どもの時に喫煙や飲酒をするなど）をもち、ストレスの処理が下手で、友だちはほとんどいなかった。大人になるまでに彼らは慢性の病気を持つ割合が多く、悪化するのも早かった。通常、抑うつなどの一つの病気を考える時、その病気には糖尿病や心臓病などの他の病気とは区別される独特の病因があると考える。従って、危険な家庭がなぜそのような広汎な脆弱性を生み出すかについての説明が必要である。

この驚くべき傾向への一つの答えは、子どもの頃の悪い養育は、子どもがもともと持っている傷つきやすさと相互作用があるということである。すなわち悪い養育は、その傷つきやすさを増幅させる可能性があり、その傷をより悪化させると思われる。もし子どもが攻撃性に関して問題があるとすると（遺伝的に受け継いだものかもしれないが）、危険な家庭ではこれらの攻撃的な傾向が表面化するのかもしれない。もし子どもが心臓病を遺伝的に受け継ぐ危険因子を持っているとしたら、厳しい家庭環境が常に子どもにストレスを与え、それに伴って心拍数や血圧が変化することで心臓病の危険性を増すかもしれない。うつ病になる危険のある子どもは、危険な家庭の無視や混乱をうまく対処できなかったならばうつ病になるかもしれない。従って、本質的には危険な家庭に付随する多くの危険性は、悪い養育と潜在する弱さとの相互関係にあると理解するのが妥当である[12]。

危険な家庭の中で露呈する障害は、遺伝と環境の相互作用であると考えられる[13]。遺伝と環境の相互作用とは、遺伝的な危険性が実際観察される表現型として現れるには、遺伝的な危険性と家庭環境の両方が必要であるということを意味する。愛情に満ちた養育をされた保護的な家庭では、遺伝的な危険性は最小限に止まるか、全く現れないかもしれない。高血圧の傾向のある母親と、高血圧の危険のない母親のいずれかに育てられた、高血圧の遺伝的危険性のある子どものラットを思い出してもらいたい。後者の場合、ストレスに対して血圧が上昇する子どもはほとんどいなかった。危険性に関してこれは人間の家庭についても同様である。

科学者たちは多くの心理的、身体的病気は、遺伝と環境の相互作用の結果であることにだんだん気づき始めている。だからといって、この過程の遺伝の役割を軽視するつもりはない。いわゆる過度の攻撃性の遺伝的素因は、子どもが非常に攻撃的になる可能性を増加させるだけでなく、その子どもと他の家族が受け継ぐ遺伝子を共有しているために、攻撃的になる危険を促進する環境で育つ可能性も増加させることになる。[14] 従って、この相互作用における遺伝の潜在力は確かに大きい。しかしその一方で、家庭環境は明らかに欠くことができない要素である。

子育てにより影響をうける問題の一つに、極端な内気がある。遺伝的な原因が考えれるが、非常に内気な子どもは赤ん坊の時に気難しく、子どもの時に怖がりである。[15] しかし子どもがどう育つかは、養育方法によって大きく違ってくる。

私がエミリーに出会ったのは、彼女が七歳の時だった。いや実際には、彼女には出会っていない。なぜなら彼女は母であるリンの後ろに隠れて、必死で母親のスカートを掴んでいたからである。彼女は私がリンとおしゃべりをしている間、数回私のほうをちらっとのぞいた。驚いたことにリンはエミリーの行動が変わっているとも、注意すべきこととも思ってないように見えた。私はエミリーが変わった子どもだと思い、母親はなぜその行動を注意しないのかと不思議に思った。

リンはとても多忙で、彼女は娘の行動を謝ることも、注意することもしていないことが分かった。エミリーは心理学者が言うところの恐怖により抑制される気質を持っており、彼女のような子どもは他の子ども以上に、感情や社会生活をコントロールする手助けが必要となる。多くの人は社会的状況では内気になるが、エミリーが見せた引っ込み思案の恐怖は遺伝的な基盤を持つことが多い。この気質を持つ他の子どもと同様に、エミリーは大変活動的な扁桃体を持っていた。通常、内的な用心はすぐに興味や関心に変わり、新しい状況に反応するのであるが、新しいことはエミリーをより長い間怖がらせた。その結果、エミリーのストレス系は新しい状況に同じように過度に反応した。親はどのように対応すべきだろうか。

エミリーのような子どもが人気者で社交的な大人になる可能性は低いけれど、夫や友人とともに趣味を分かち合う人生を送れる大人になるように努力する熱心な親がいれば、その見込みは十分にある。幸運にもエミリーの母親であるリンはそういう親であった。

内気な子どもを叱って、知らない人に会わせ、社会性を得させようと思い、下手に負担をかける状況に置くことは、このジレンマを解決する方法ではない。次の一〇年間リンがやったことは、エミリーの感情の技術を徐々に育て上げ、潜在的にストレスのある新しい状況でも恐怖で凍りつくことなく、どうやって切り抜けるかを学ぶ手助けをしたことである。彼女は娘を他の母親や子どもたちと一緒に遠足に連れて行った。それは、例えば動物園など活動自体がとても魅力的で、エミリーが人前を気にすることなく活動を楽しむことができる遠足だった。強いテニス選手になる生まれつき備わった運動能力や、陸上競技への強い関心というエミリーの長所をリンは育てた。スポーツを通してエミリーは社会的状況で自身の恐怖よりも活動に集中することができた。エミリーは次第により社交的なチームメートと交流し、他の人とより快適に過ごし始めた。

リンは、会話のきっかけとなる質問の仕方や、その答えを聞くのに十分きめの細かい注意を払うこつをエミリーに教えた。話し相手に彼ら自身のことを尋ねれば、その相手はあなたが控えめで話し下手であることに気づく前に、通常しばらくたわいのない無駄話をするだろう。母に言われて、エミリーは友だちが訪問してきた時に話すことをリハーサルした。最初の日、エミリーは会話にためらいが出た場合に使う質問のリストをバッグの中に用意して出かけ、記憶を新たにするため数回いいタイミングでトイレに行った。

エミリーはパーティーに出席するよりも読書が好きで、おそらく人生を通して社会的な機会を恐れただろう。しかし私が最後に彼女に会ったのは彼女が一六歳の時だったが、彼女は私に温かく挨拶し、友だちを紹介し、それから二人は楽しそうに去って行き、その様子は明らかに友人関係を楽しんでいた。

リンが実践した養育によって、エミリーは持っていた遺伝的な気質を改善することができた。今回の様な母娘関係を外部から見る人は、どうしてこの母親は子どもに関心を持ち過ぎるのか？　彼女は子どもにかかわり過ぎだ。彼女はその子に部屋を与える必要がある。彼女はその子を内気にしている。と思うかもしれない。事実その様なことはよくある。気質的に危険性のある子どもの母親は、子どもには何か特別なことが必要であるとしばしば気づく。端から見れば過度に心配し過ぎた行動の様に見えるが、それは子どもの恐怖をより減らし、子どもが将来にわたって獲得すべき技能を獲得する手助けであり、子どもの気質を調整する努力なのかもしれない[16]。

エミリーの様な話は、養育の重要性を議論する鍵となる。この事例は人の興味をそそる基本的な経過の単純な例だが、証拠が必要である。しかしわれわれは、エミリーの様な遺伝的な危険性を持つ子どもに対して、子どもが保護的なまたは非保護的な母親を持つように、コインを投げてどちらかに振り分けるわけにはいかない。でも、動物研究でそれを行うことができる。セロトニン濃度が高いかまたは低いサルを使ったある興味深い研究として、説得力のある養育の事例を紹介しよう。

セロトニンは神経伝達物質で、体中の神経情報の流れをコントロールするのに役立っている。セロトニンは人の行動や感情にも影響を与える。例えば、セロトニンが少ないと人はよくイライラしたり、気分が晴れなかったりする。慢性的にセロトニンの量が少ない人は、衝動的に怒りやすい傾向がある。このようにセロトニンの量は、人間の社会的行動を理解するのに重要である。

いくつかの違った遺伝子がセロトニンをコントロールしている。その中の一つが、5-HTTトランスポーター遺伝子で、恒常的にどのくらいの量のセロトニンが循環しているのかに影響を与える。多くの遺伝子は対立遺伝子、すなわち遺伝子の交互の形態をもち、5-HTTトランスポーター遺伝子は二つの多型がある。一つは長い形態で、通常正常なセロトニン量を維持するものと、もう一つは短い形態で、低いセロトニン循環量と関係している。アトランタのエモリー大学の霊長類学者のJ・D・ヒグリー・スティーブとスオミの研究グループがアカゲザルを使って行った研究は、ちょうどこの短い対立遺伝子がもたらす行動を明らかにしている[17]。

乱暴したり、追いかけたり、さまざまな攻撃的なふざけ行動は、正常なオスのアカゲザルの子どもの特徴である。これらの行動は若いサルに、受け入れ可能な攻撃の限界を学ぶ機会を与えており、この意味では、この行動は子どもの頃の発達に極めて重要と考えられている。しかし、5-HTTの短い対立遺伝子を持ったサルは興奮しやすく、ふざけ行動をする代わりに、乱暴は肉体的なダメージになるまで、時には自分が傷つくまでエスカレートする。しかし、5-HTTの短い対立遺伝子がこのような結果を招くかどうかは、これらの小さなサルがどのように育てられるかに大きく依存している。

ヒグリーとスオミの研究グループは、この衝動的な攻撃の危険性を遺伝的に持ち、仲間と一緒に育てられたサルと自分の母親に育てられたサルを選んだ。仲間と一緒に育てられたサルは生れた直後に母親から離され、六カ月間育児室に入れられ、その後同じ年齢の他のサルたちと一緒に飼育された。これらのサルはお互い強い関係を形成したが、仲間は上手くお互いを育てないし、少なくとも母親ほど上手くは育てない。生物学的に攻撃的な素因を持った(すなわち5-HTTの短い対立遺伝子を持った)サルが母親に育てられた場合と比べ、仲間と成長した場合に何が起こっただろうか。その違いは劇的だった。

短い5-HTT対立遺伝子を持つ仲間と育ったサルは、成長してからさまざまな行動障害を示した。彼らはすべての攻撃的な行動、すなわち脅す、追いかける、噛みつくという行動がより多く見られた。彼らは、成長する時に生じる衝突を抑制する能力がほとんどなかった。例えば、彼らは服従や口づけ（なだめるジェスチャー）や、通常戦うと決めた時に見せる怯えたしかめ顔のサインを示さなかった。短い対立遺伝子を持った仲間と育ったサルは、噛みつかれたり切られたりした傷跡が多いので、一目で識別できた。彼らは他の危険なこともした。通常サルは木から木へと注意深く移動し、危険な跳躍を避けるが、これらのサルは木から木へ不必要に危険な跳躍をする傾向にあった。

彼らの社会生活の異常は他の面でも認められた。小さなサルの仲間は結局、彼らを避けるようになった。毛づくろいは仲間関係を示すサルの作法であるが、これらのセロトニン濃度の低いサルにはどのサルも毛づくろいをせず、彼らの毛づくろい行動も少なかった。彼らは単独行動が多く、集団の階層の底辺に落ち、そこにとどまった。

対照的に、遺伝的に危険性を持ちながらも思いやりのある母に育てられたサルは、正常のセロトニン濃度に達した。仲間からの攻撃や結果として起こる拒絶に屈すると言うよりは、彼らは自身の衝動性を、サルの群れの中で受け入れられる建設的な自己主張に変えた。彼らは支配階層のトップに上がり、そこにとどまった。言い換えれば、母親の養育が遺伝の効果を逆転した。養育が行動の遺伝的な素因の効果を完全に逆転することはありそうもないが、少なくともそのような危険性を和らげることが明らかになってきている。

思春期になると、危険な家族からの脱落はより危険な形態を導くきっかけとなる。子どもは突然大人の様になるが、時々狂人のような行動をとる。一〇代の若者は社会生活を自分でコントロールできるようになるので、タバコやアルコールや薬を乱用し始めるか、または手を出さない。彼らは性的成熟を抑えた態度で過ごすか、ふしだらに過ごす。環境に没頭することでストレスを処理するか、ひきこもることで処理する。親を悩ませようと思う仲間のグループを見つけるか作り出す。制御された礼節で新たな興味を試す自由を持つ一方で、車を衝突させたり、意識がなくなるまで飲酒したり、はたまたそれとは別のやり方で生と死の境を試す自由を彼らは持っている。

危険な家庭で育った子どもはしばしば危険な傾向を持つ一〇代の若者になる[18]。彼らは喫煙し、薬をやり、早い時期にセックスをし、しばしばこれらのすべてを行う。本当に一〇代の若者について特筆すべきことは、これらの行動が一連の行動として現れることである。悪い仲間に悪い行動と、そんなに驚くことじゃないと思うかもしれない。しかし、仲間は最初からは集まらない。思春期に一緒に過ごす人は、大学時代に部屋を探すように運次第で決まるものではない。あなたは友だちを選び、友だちはあなたを選ぶ。危険な家庭で育ち、未熟な社会性と感情の技術と仲間から拒絶されて思春期に到達した子どもは、同じような友だちに引き寄せられる[19]。

しかし、なぜこれらの問題行動のすべてが問題になるのだろう。この質問を逆に考えてみよう。一〇代の若者の幾人かが喫煙し、飲酒し、いろいろな相手とセックスし、薬に手を出すのか考える代わりに、なぜ多くの若者はそうしないのかを考えてみよう。結局、飲酒や喫煙や薬やセックスなど、これらの行動は快楽の分かち合いを供給するのである。

温かく愛情のある家庭で育ち、これらの誘惑を回避した若者は、この質問に対して典型的に三つの答えを持っている。一つ目は、彼らがこれらの行動の結果について心配していることである。愛情ある家庭で育った一〇代の若者にとっては、保護されていないセックスによる病気の危険性や違法な薬の所持による逮捕の恐怖が、不気味に立ちはだかることになる。彼らは薬、アルコール、喫煙、乱交により多くのものを失うことを知っており、彼らは特にその危険を冒そうとは思わない。

愛情ある家庭で育った若者は、親が詮索するのを好まない。自由は増えるにもかかわらず、親は若者がすることについてたくさんのよいアイデアをまだ持っていることを知っており、親をがっかりさせることの不愉快さや具合の悪さを望まない。危険な家庭で育った若者は、最初から子どもの活動をチェックしない親を持つことがしばしばあり、そのため問題行動に気づかれる可能性が減る。ある程度、これらの若者は気づかれることに関心が少ない。親の愛や愛情や尊敬は、彼らがすでにたくさん持っているものではなく、そのためそれらを守ろうという気持ちを欠いている。[20] ボブ・ディランが書いているように、「何もなければ、失うものは何もない」のである。

しかし、危険な家庭で育った若者と違って愛情ある家庭で育った若者は、これらの行動をそれほどまで単純に楽しんでいない。この違いは重要である。現在物質中毒の研究をしている科学者は、アルコールや薬の乱用やふしだらな性交をすることは、単に乏しい社会性や感情の技術の埋め合わせのための方法であるだけでなく、危険な家庭のしつけの結果の一部である生物学的な調整不全の埋め合わせとしての自己治療の側面もあると考えている。

その原因は何か。危険な家庭で育った子どものストレス系は、危険な信号に対して適正に反応しない。結果的に彼らは他の若者と違い、ストレスに対して同じような覚醒パターンを示さない。ある場合には、彼らの覚醒レベルはいつも、より高い。これら「危険な」若者は他の人が経験する、近づくストレスフルな出来事へ徐々に気づくことはない。その代わりに、彼らはストレスが起こった時に、ストレスの原因に対して強い衝撃を受ける。彼らはストレスがないときでさえ、他の若者が感じるほどいい感覚はない。彼らは病気ではないが、漠然と多くの時間、快適でも休まることもなく、イライラしているのである[21]。

危険な家庭で起こる早期の生物学的な調整不全は、子どものストレス系の発達だけでなく他のシステムにも影響し、それらの中には気分に関連する神経伝達物質も含まれる。例えば無情な家庭で育った子どもは、セロトニン活動のパターンが混乱するかもしれず、それはイライラした抑うつ気分や他の気分障害の引き金となる。陽性な気分に関連する神経伝達物資であるドーパミンは、危険な家庭で育った子どもでは供給不足かもしれない。われわれが現在得ている証拠のほとんどは動物の研究からのみであるが、それは確実に支持されている。人生の早期に愛情ある世話を奪われた動物は、ドーパミンとセロトニンの活動が恒久的に変化している。アルコールや薬を使用したりセックスすると、少なくともこれらの循環している神経伝達物質のレベルは上昇するので、少なくとも一時的には、これらを使用する若者は気分がよくなるだろう[22]。

支持的な家庭で育った若者は、薬や喫煙や飲酒が彼らにとって快適と感じることはないので、彼らが「そんなことはしない」と言う時、彼らは本気でそう言っているのである。これらの物質は危険な家庭で育った若者にとっての実感とは違う体験を彼らに与え、危険な家庭で育った若者が物質乱用から得る「ハイ（high）」な報酬を同じようには体験しない。「ハイ」というのは、彼らには奇妙に感じるのかもしれない。

乏しい養育による人生早期に横たわる軌跡は、われわれが見てきたように精神的な健康と生物学的なストレス反応に影響を与える。それは記したように、問題行動や物質乱用傾向を含む若者のさまざまな問題も生み出す。子どもや若者のこれらの一連の問題は、関連が明らかにされている病気の危険性をどのように増すのだろうか。これらの病気は、体のシステムに対する長期間の過酷な慢性の軽減できないストレスのために起こる。これらは乏しい養育により助長され、加速された老化からくる。[23] つまりこれらの生物学的体系は、すり減るのである。

太古の人間の歴史においては、潜んでいる捕食動物が攻撃してくる時には、危険に対して素早く反応する必要があった。時々われわれは今でも、例えば近づいてくる車から飛びのいたり、危害を加える犬から逃げたりする時のように、素早く反応することが必要である。けれども、われわれが現在の生活で遭遇するストレスの多くは、戦ったり逃げたりする早急な肉体の動きは要求されない。隠喩的に逃げるとは、例えばテレビの前で一杯やりながらひきこもることであり、戦うとは激しい言葉のやり取りを含み、肉体的なものではない。しかしながらわれわれの肉体はこのことを分かっておらず、代わりに激しい戦いや急いで逃げる準備をしてしまう。

これらのストレス反応は太古の人間には適していたけれど、現在われわれが遭遇する脅威には役に立たない。本物のコブラを見て驚くことで、体の体系を覚醒させるのは理にかなっている。インディージョーンズを見ながらコブラを見て驚くことはわれわれにスリルを与えるが、体の観点からは、それは資源の浪費である。もちろん、インディージョーンズはその場限りの驚きであり、体への効果は長くは続かないが、われわれが習慣的に受けるストレスによる体への影響は根本的に違う。

その場その場の緊急事態に対する短期間の反応の代わりに、ストレス反応が多かれ少なかれ持続するストレスへの長期間の反応になると問題が大きくなる。[24] 例えば、毎日の夕食を恐れていたマイクについて考えてみよう。繰り返されるストレス系の活性化は、生物学的によくない。戦ったり逃げたりする反応は近づいてくる車から飛びのくのにはよいが、罵倒する父や口論する両親や混沌とした家庭生活に対処するには適当ではない。大人になってそのダメージはさらに悪くなり得る。企画を仕上げたり、昼食時も働いたり、反感を持った顧客の相手をしたり、残業をしたりするプレッシャーを受け続けていると、同じホルモンが出るが、体が覚醒したり予期するだけで、肉体的な行動やエネルギーの大爆発は伴わない。われわれの多くが出合うストレスは慢性的でひどく、われわれがストレスに直面すればするほど、体には悪い影響がある。

何が起こっているのだろう。戦ったり逃げたりする反応は、心拍数や血圧を上昇させるが、それはストレスに対する完全に正常な短期間の反応である。しかし、これが繰り返しあるいは持続的に起こる時、血管はすり減って裂け、結果的に動脈壁の損傷を招く。プラークはこれらの損傷に沿って形成され、血管壁の損傷が強ければ強いほど、心臓は狭くなって弾力性を失った血管を通して血液を送り出すためにより働かなければならない[25]。これは高血圧や心臓病の基礎を築く過程である。精神分析医は衝突のある家庭で育った子どもたちを研究し、早くも八歳には心臓病の危険因子を示すことを明らかにした[26]。

長期間にわたって繰り返しあるいは慢性にＨＰＡストレス系を活性させることは、同様にダメージを与える。長期のＨＰＡ反応と関連するグルココルチコイドは最初はわれわれを助けるが、もしグルココルチコイドが持続的に体の中を流れたら、活性化される系は弱まる。持続的にＨＰＡを活性化させると免疫不全を引き起こし、これは抑うつや記憶障害や他の思考過程の混乱や悪化の原因となる[27]。

グルココルチコイドが脳を激しく攻撃し続けると、海馬と言われる部位の神経が萎縮し始めて死滅し、引き続き起こる神経の再生の過程、つまり神経が新しく置き換わることが阻害される。短期間であれば、ストレスによるこれらの影響は注意や記憶や学習を妨げる。これはストレスのある家庭で育った子どもが、しばしば学業に問題がある一つの理由となる。間断ないストレスがあると海馬は萎縮し、記憶は衰え、明確に考える能力に関して永久に苦しむことになる。孫息子が学校でどのように過ごしているかを一五分間に三度尋ねる祖父は、この種のダメージを示している[28]。危険な家庭で育ったり人生を通して他の慢性的なストレス状況にさらされた人は、これらの問題が早期に出現する。

ストレスは糖尿病の基礎にもなる。グルココルチコイドはストレスへの体の反応として遅れて放出され、一定時間の身体的な激しい活動後にエネルギーを新しく供給するために、食欲が増加し、食事を得るような活動を促進する。これはわれわれが戦ったり、捕食動物や敵から逃げる場合に、人間の歴史の早い段階からあるよい適応である。いったん落ち着くと、消費した資源を新たに供給するために、食べ物を探すだろう。しかし、ストレスがレポートの提出期限であれば、この反応に見合う身体的なエネルギーを消費していないにもかかわらず、ポテトチップの袋に手が伸びるだろう。もし、ストレスが理由でグルココルチコイドが常に高いが、その間走ったり、逃げたり、戦闘に従事したりしなければ、インスリンがグルコースを取り込む活動は不活発になる。インスリンの量は増え、インスリンとグルココルチコイドはともに腹部の脂肪を増やし（これがズボンが入らなくなる理由である）、心臓の動脈にプラーク層をつくる。この生活が長年続くと、心臓病や高血圧や糖尿病やそれら三つが合併した状態になるだろう。典型的には高齢になって見られるこれらの慢性の病気は、危険な家庭で育った人により早く見られる。それは乏しい養育やストレスの早期の蓄積によって生じた結果としての、加速された老化といえる。[29]

免疫系も全く同じように働く。短期間のストレスへの反応では免疫系は活性化され、戦う準備をする。しかし長期間のひどいストレスでは、免疫系はすり減ってしまう。感染と戦っている細胞の数は減り、戦いに疲労するようになる。傷を癒す物質は傷に到達するのが遅れ、治癒に時間がかかる。疲労した免疫系は風邪やインフルエンザや癌にさえかかりやすくする。[30]

なぜ癌のリスクが増加するのだろうか。理由の一つは、危険な家庭で育った子どもはこの危険性に関与する一〇代の時に、悪い健康習慣をつくりあげてしまうことである。喫煙はおそらく最も明瞭な例だろう。なぜなら喫煙は肺癌（他の肺疾患や心臓病も同様）を促進し、アルコールや薬の乱用や足りない食事も同様にある種の癌の危険性に関与している。

しかし、危険な家庭は潜在的に癌の発症に関与する。危険な家庭で育った子どものストレス系は、より頻繁により長い期間働いているので、免疫系は結果的に調整機能が下がり、それはいわば本来の機能よりも効果が落ちることを意味する。この経過は癌の原因ではないが、免疫機能が持つ監視機能を弱める。その結果癌は根づき、気づかぬうちに成長し始める。ストレスの高い背景で育った子どもは癌に弱いだけでなく、若いうちから病気を進行させやすく、癌の進行はより早くなる[31]。

人生を通してわれわれはこれらすべての病気にかかりやすくなる。年をとるにつれ、われわれの血圧は少しづつ上がり、動脈は少し詰まり、おそらく少しの皮膚癌を持ち、グルコースの反応はかつてのようではなく、体重は増える。われわれの多くがこれらの変化は病気ではなく、正常な老化の徴候であると考える。これらは確かにありふれたことであるが、病気の過程が始まる最初の徴候でもある。われわれの多くは、医者が糖尿病や高血圧と診断するところまではいかない。医者は検査結果をみて、患者が心配するのを考えて、熱心にチーズを食べるのを控えたほうがよいが、糖尿病のために食事療法をしたり、高血圧のコントロールやコレステロールを下げるために内服治療をする必要はないと提案する。われわれの多くが、最も一般的な心臓病や癌や梗塞の一つが診断される形で嫌な頭角を現すまで、これらの病気の初期の徴候のみを抱えながら生きている。一方ある人はこれらの病気にかかり、同時に複数の病気にかかる。乏しい養育を受けた人々にとってこれらの問題はより若い時に出てくる[32]。

どんな人がそうなるのだろうか。危険な家庭は、内気や攻撃性のような精神的な危険性を持った子どもにとって特に悪影響を及ぼす。それは生物学的な脆弱性を持つ子どもにとって、最も侵襲的に作用する。その脆弱性は遺伝に由来し、心臓病や高血圧や糖尿病やある種の癌はすべて家系に受け継がれる。あるいはその脆弱性は人生早期に獲得された危険性、おそらく早産のために正常な発達ができなかった生物学的システムであることもあれば、時には発癌物質や有害化学物質への暴露かもしれない。時々脆弱性の原因が分かるが、多くの場合は分からない。

つまり、ストレスシステムが働き始めるすべての生物学的過程は、短期間の課題をうまく処理するのに役立つが、持続し、あるいは繰り返されることで、どの系でも生命を脅かす病気の基礎となる脆弱性を生み出す。われわれが捕食動物から逃げたり、危害から逃れたり、挑戦者を迎え撃ち、自然災害に対処するのに役立つ戦いや逃走反応は、家庭の衝突やひどい貧困や他人を惨めにさせる他のストレスに対しては全く適していない。よい養育を受けると、新しい状況に対するストレス反応は、あったとしても正常で短期間である。不適切な養育を受けると、子どもはこのダメージをより早く蓄積する[33]。そして、早期の不幸はわれわれが老化と考えている過程を加速させる。われわれが十分に長生きしたらかかるであろうすべての病気、例えば心臓病や高血圧や糖尿病や癌は、危険な家庭で育つとより早期に始まり、より速い経過をたどる。

養育には実際に強い力がある。保護的な養育環境があると、子どもは日常生活の営みや、新しい、潜在的な課題に直面した時に必要となる感情や社会の技術を発達させる。それがないと子どもは、最初の挑発に対して闘うか逃げるかの覚悟をするような、過剰に働くストレス系を持つ子どもに成長する。用心深い敵意や神経質な不安は他人との関係の間に静かに広まり、遺伝子や早期の生活に由来する潜在する危険性はずっと高くなる。しかし、心や体の健康の軌跡は最初の数年間には現れない。

◆脚注

1．この章の内容は主に次の三つの論文から引用した。Repetti, Taylor and Seeman（2002）: Taylor, Repetti and Seeman（1997）; Taylor, Sage and Lemer（2002）.

2．米国では年間三〇〇万人の子どもたちが虐待を受けている。そのうち一四〇〇人が両親や他の家族の手にかかり死んでいる。その他の一万八〇〇〇人が虐待により永久に身体障害になり、四万人以上の子どもたちが不具になるのを避けるために緊急の医療（骨折の整復など）が必要である（U.S. Department of Health and Human Services, 1999）。虐待を研究している科学者は、死亡数や恒久的な障害の数の統計は過少報告であると信じている。子どもの虐待は、大人になってうつ病やその他の精神障害の発症率を著しく増加させる。虐待による早期のストレスは、神経生物学的変化のうちＨＰＡ軸系とセロトニン系の発達に影響を与える（Kaufman, Birmaher, et al, 1998; Kaufman, Plotsky, Nemeroff and Charney, 2000）。交感神経系とＨＰＡ軸系の機能亢進状態はおそらくＣＲＦの分泌過多によるものであり、子ども虐待による永続的な変化である（Heim et al, 2000; Cicchetti and Carlson 1989 参照）。

3．Repetti Taylor and Seeman(2002). Jane Goodall は Gombe でのチンパンジーの研究で同様のパターンを観察している。冗談好きで、感情が豊かで忍耐強く支持的な母親は子どもを、打ち解けた気質で、近所の人とうまく付き合える大人に育て上げる。反対に粗野で面倒を見ず冗談も言わないような母親は子どもを、すぐに緊張し具合が悪くなる大人に育てる。親が良くなったり悪くなったりする要因はなんだろうか？　この問題はこの本ではそれとなく扱っているだけなので、この問題にさらに興味がある読者のために文献を示しておく。基本的には否認や虐待がほとんどない温かい子育ては堅実な（神経症的でなく、不安も少ない）性格の両親からもたらされる。彼らはよい養育環境で育ち、母親役を経験したことがあり（年下の兄弟や子守の経験）、妊娠中や出産後に比較的ストレスのない環境で過ごしている（妊娠中や出産後の問題は子どもの気質を悪くする可能性がある）。またよい気質の子どもを持ち、ストレスが低く、社会的支持に恵まれた環境で子育てをしている（Blesky, 1984）。反対に否認傾向があり、虐待が見られる子育てでは、その親は不確実で神経症的であり、思いやりに乏しい環境で育ち、妊娠期間中や出産後にストレスが多く、社会的支持の少ないストレスフルな環境で生活している（Maestripieri, 1999）。ストレスの多い環境と、その人の親から学んだことに焦点を当てたい。子育てに影響する信頼できる気質の違いがあるのは明らかである。ラットでさえある母親は子育て行動が多く、子育て行動が乏しいラットもいる（Liu et al, 1997）。Ladd and colleages（2000）参照；Sapolsky（1998）動物研究の観察から。

4．情動の発達の結果としての精神病理についての欠陥の証拠は多岐にわたっている（Lzard and Harris, 1995; Repetti et al, 2002 の review）。不従順、約束不履行、攻撃性は、育児における強制的で否定的な要求や身体的罰による子育てにより現れるようである（Martin, 1981; Patterson, 1986）。これは現代の西欧社会ばかりでなく、世界中で認められる（Rohner, 1975; . Dodge, Pettit and Bates 1994）。

Ladd and colleagues（2000）は、初期の介護者と幼児のきずなの質は人生を通じて挑戦する個人の能力に影響することを示した。彼らのモデルはラットの研究に基礎づけられており、重要な介在変数として情動の制御過程の性質がある（特に不安・うつ様症候）。彼らは、早期の母親からの分離は不安と恐怖行動に影響し、それは成長するとよくなるが、遺伝的な脆弱性と早期に獲得された脆弱性の相互作用であることを発見した。それは人生早期の不快な出来事に伴っており、これらの障害の多くの原因となっている。動物モデルが人間のデータとこれほど対応する証拠はまれである。動物モデルの実験的精度が高く、人間と同様の関連性の証拠はこの議論の正しさを強めている。

5．私は温かい養育的な育児スタイル（決して過保護ではない）をよい育児方法として話していきたい。精神的、身体的な観点からそのような判断は防衛的である。しかし、進化論的観点からそのような性格づけは無意味である。一般的に育児スタイルには妥協のための取引がある。より拒絶的な母親はより子どもを生むことができるが、より防御的な母親は幼児の生存可能性を増加させる（Fairbanks, 1996）。

6．Taylor, Repetti and Seeman（1997）.

7．Felitti, Anda, Nordenberg, Williamson, Spits, Edward, Koss, and Marks（1998）; Russek and Schwartz（1997）; Walker, Gelfand, Katon, Koss, Von Korff, Bernstein, and Russo（1999）. 一二二五人の女性を対象とした調査で、Walker の研究グループは子どものころの虐待の有無と身体的健康、機能的能力障害、健康危険行動、通常の健康行動、医師による診断名との関係について調べた。子どものころに虐待を受けた女性は全般的な不健康、身体的情緒的障害、身体的不調感、健康危険行動など広い領域にわたる身体的不調が認められた。多種の虐待を受けた女性は最も深刻な健康問題を抱えていた。

8. Repetti et al,（2000）. これらの方法論的問題とこれらの観察研究の総説について参照。

9. Taylor, Sage, and Lerner（2002）.

10. Harris（1995; 1998）.

11. 例えば O'Cornnor, Deater-Deckard, Fulker, Rutter, and Plomin（19ς8）を参照。

Johnson, Cohen, Brown, Smailes, and Bernstein（1999）は小児期に虐待を受けたことが証明できる人は、大人になって虐待や否認を受けなかった人より人格障害と診断される割合は四倍になることを見いだした。これらの関連は親の精神医学的問題を調整した後でも依然として有意であり、このことは子どもの精神病理の説明に関する遺伝的な関与の重要性を減じるものである。

12. Repetti et al（2002）の総説を参照。養育者の精神病理が幼児の精神発達に悪い影響を与えるという多くの報告があり、早期の感情的な相互作用のパターンはこれらに強い影響を与えるという証拠が蓄積されている（Trevarthen and Aitken, 1994）。

早期の悪い養育により凝集する弱さは、妊娠期間中や生直後に経験された問題も原因となる。Adrian Rein の研究グループは米国の四〇〇〇人の少年たちを、生直後と一八年から二二年後の二回調査している（Raine, Brennan, and Mednick, 1994; Raine, Brennan, Mednick and Mednick 1996）。彼らは最初、どの少年が胎児の時（例えば子宮の細菌感染）及び周産期（例えば低体重）に生物学的な危険にさらされていたか調査した。その後新生児期の環境を、家族が安定しているか、母親と父親の犯罪歴を含めて調査した。最後に母親に子どもを望んでいたか、流産を意図したか、養子に出すことを考えたかなどに焦点を当て、母親の赤ん坊に対する態度を調査した。それから少年が一二歳になった時点で犯罪記録を調べ、少年たちを四つのグループに分けた。すなわち出産にのみ問題があったグループ、社会的環境のみが悪かったグループ、生物学的にも社会的にも問題がなかったグループ、生物学的リスクも早期の家庭での拒否のどちらもあったグループである。妊娠中か出産時に問題があったグループと出産に拒否的だった母親を持つ少年のグループは、どちらの問題もなかった少年たちより多く暴力的な犯罪にかかわっていた。しかし、生物学的リスクと劣悪な環境のどちらも持っている少年たちは、一八歳の時点で窃盗や暴力的犯罪の頻度は二倍であった。彼らの両親が調和の取れた結婚生活を送り、家庭の雰囲気が養育的であれば、生物学的なリスクを背負った子どものリスクはやや改善する。

13．単一の遺伝子は人のほとんどの行動を決定しない。その代わり、ほとんどの行動は環境因子と複数の遺伝子の相互作用によっている（McGuffin, Riley and Plomin, 2001）。フェノタイプは適応的可塑性を反映し、違った環境で彼らの適応を最大限になるように介入する。

14．より困難な気質の子どもは一般的により反応しやすく、同じ程度の養育により反応の少ない子どもと同じような効果があるとは思えない。これは保護的な養育が困難な気質の子どもたちにとって特に重要であることを意味している。しかし、同じような気質の母親が養育を施すことも難しいのである（例えば Easterbrooks, Cummings, and Emle, 1994 の考察を参照）。

行き過ぎた虐待や否認する家族が子どもの感情障害や薬物依存の要因となる証拠は、遺伝的要因とは独立した因子として家庭環境の病理性を統制した研究で最近 Johnson らによって確認された（2001）。O'Connor, Deater-

Deckard, Fulker, Ruter and Plomin（1998).

危険な家庭の環境は遺伝的因子と獲得された脆弱性の相互作用であるという考えは頑健さや回復力をもたらし、人生のより困難なストレスからの防御になるかもしれない。Anisumann の研究グループ（1998）は、この点を示唆する研究を行っている。彼らはストレスに高い反応（神経内分泌系の指標で）を示す系統と低い反応を示す系統のマウスを選抜した。高い反応を示すマウスの系統と低い反応を示すマウスの系統を入れ替えてそれぞれの母親に養育させると、低い反応の母親の養育はこれまでどおり保護的であった（例えば、成長したマウスは低いストレス反応を示し、ＨＰＡ機能も正常になった）。より興味深いことは、低い反応性の子どもマウスが高い反応性の母親に育てられた結果である。それらのマウスは反応性の高い母親の育てられた悪い影響が認められなかったことである。彼らは彼らの遺伝的資質によって守られていたようである。

15．Kagan（1997）; Kagan, Snidman and Arcus（1992）. Jerome Kagan の研究グループは新奇の出来事に対する行動反応に関する研究の前衛である。彼らは辺縁系、特に扁桃体の覚醒閾値の低さが極端な臆病さの遺伝的な特徴であることを明らかにした。それは子どもの臆病さの要因であり、成長しても極端な社会的回避の原因となる（Kagan, Reznik, and Snidman, 1988）。臆病さは脳の右前頭葉の非対称的な脳波の活性化と対応している（Schmidt, 1999）。Klain のグループは（1998）はコルチゾールレベルと右前頭葉の非対称的な脳波の活性化が相関することを見いだしている。すなわち、非対称的な脳波の活性化とコルチゾールと恐怖の素因は互いに関連していることを、少なくとも動物研究で明らかにした。

16．エモリー大学の Steven Suomi は、遺伝的に極端に臆病なアカゲザルでも特に耐性のある母親に育てられれば仲間と平均以上の関係を結ぶようになり、これはエミリーの母親とエミリーの行動と同じ効果といえる（Dess, 2000）。一般的にストレスに対する高いＨＰＡ反応性があるサルがストレス反応性の低いサルに育てられた時、大人になって低いストレス反応性を示す。しかし、ストレス反応性の高い母親に育てられれば、遺伝性に基づく反応性が現れる（Suomi.1887; 1997）。

17・Higley の研究グループ（Higley, Mehman, Higley, Femald, Vickers, Lindell, Taub, Suomi and Linnoila, 1996; Higley, Mehman, Poland, Taub, Suomi, and Linnoila, 1996）はレーズスサルにおいて、高いセロトニン代謝回転とセロトニンレベルの低さは、攻撃性や危険な行動や若死と関連があることを見いだしている。Mehman の研究グループは髄液中のセロトニン代謝産物（５ＨＩＡＡ）が高いオスザルは社会的競争心が強く、より遅く社会グループから移動する傾向にあり、一方、５ＨＩＡＡが低いサルは競争的でなく、若くして群れを離れることを報告している（Lesch et al. 1996; Fahlke, Lorenz, Long, Champoux, Suomi, and Hgley, 2000）。攻撃性と暴力は感情の統制の失敗を表している。一部は前頭前野の影響であり、そこはセロトニン神経の投射を受けている。前頭前野の異常な活性化は、衝動的な暴力を示す人に認められる（Davidson, Putman, and Larson, 2000）。人の攻撃性とセロトニンの関連に関する研究として Brown etal,（1982）; Brown, Goodwin, Bllenger, Goyer, and Major（1979）; Coccara, Kavoussi, Trestman, Gabriel, Cooper, and Siever（1997）; Coccare, Kavoussi, and Hauger（1995）; Manuck, Flory, McCffery, Matthews, Mann and Muldon（1998）;Pine et al,（1997）を参照。

18・一連の問題行動及び複数の青年の問題行動の間に、互いに強い関連があるという理論に関する文献には Biglan, Metzler, Wirt, Ary, et al,（1990）と Jessor and Jessor（1997）がある。Barns, Reifman, Farrell, Dincheff（2000）; Barrera, Cassin, and Rogosch（1993）; Campo and Rohner（1992）; Caspi et al,（1995）; Denton and Kampf（1994）; Diblasio and Benda（1990）; New comb, Maddahian and Bentler（1986）; Shedler and Block（1990）; Small and Luster（1994）; Spoth, Redmond, Hockaday and Yoo（1996）; Tuner, Irwin, Tschann, and Millstein（1993）; Wills and Cleary（1996）参照。研究者たちは、それらの行動は青年期に起る脳の変化に関係しているかもしれない。青年早期の顕著な脳の変化のうち

前頭葉皮質、辺縁系領域とドパミンの出力はストレスに敏感で、薬物や強化刺激に対する動機を制御している。これらの発達に伴う変化は、青年期の物質依存の原因かもしれない（Spear, 2000a; 2000b）。これらの変化により生じた危険に青年が屈服するかは、早期の家庭環境により影響を受けているようである。

Mossの研究グループ（1999）は物質依存傾向の世代間の伝達モデルを示している。特に、物質乱用障害のあった両親に育てられた兄弟はこの状態に対していつもＨＰＡ（特にコルチゾール）の低反応で対処し、ＨＰＡの低活性は慢性ストレスに対する適応として彼らを物質依存に駆り立てるかもしれない。

19．大人になってからのロマンチックな関係を発展し維持する能力への早期の社会技能の影響を評価するために、心理学者であるRand Congerの研究グループは二〇〇人近い子どもに対して、最初七年生の時と二〇歳になった時に調査を行った。養育的で愛に満ちた家庭で育った子どもたちはそうでない子どもに比べて、一〇年後に強いロマンチックな関係を持つ傾向にあった。前者はストレスや葛藤や不安全に対する対処に優れていた。

20．Peterson（1998）はCapaldi,Crosby,L. and Stoolmiller（1996）の中で報告しているWolls and Cleary（1996）。

21．葛藤に捕らわれて野蛮な環境に成長した人々は、脳のセロトニン機能の長期にわたる変化を示すかもしれない。動物の研究から、セロトニン系の反応性の低下はニコチンやアルコールの強化作用ばかりでなく、攻撃性や衝動性と強く関連している（Higley et al, 1996a;1996b;Stanford, Greve, anc Dicken, 1995, 人に関連した証拠）。すなわちこれらの知見は、セロトニン系の変化は危険な家庭出身の人が問題行動と物質依存の問題の両方の危険に直面する理由かもしれない（Matthews, Flory, Muldoon and Manuck, 2000）。

22．Coplan et al.（1998）参照。これらの過程の説明に相当する動物モデルとして。海馬と皮質のセロトニン受容体の数に及ぼす母子分離の影響に関する動物研究の証拠（Vazquez, Van Hoers, Watson, and Levine, 2000）。Koob, Sanna, and Bloom（1998）もまた参照。喫煙とアルコール依存、薬物依存はセロトニン活性の増強と有意な関連があることが示されている（Balfour and Fagerstrom, 1996; Jaffe, 1990; Ribeiro, Bettiker, Bogdanov, and Wurtman, 1993; Stahl, 1996; Valenzuela and Harrism 1997）。物質依存はセロトニンの機能不全と関連するうつ気分や敵意を活性化するという証拠がある（Stahl, 1996）。

23．虐待による外傷後ストレス障害は、ノルエピネフリン、エピネフリン、ドパミン、コルチゾールレベルの制御不全が関係している（Heim, Newport, Miller,and Nemeroff, 2000; Lemienux and Coe, 1995）。

24．これらの生物学的システムに関する私の考えの多くは、Bruce McEwen の研究グループの研究によっている（McEwen, 2002; McEwen, 1998; McEwen and Seeman, 1999; McEwen and Steller, 1993; Seeman, Singer, Rowe, and McEwen, 1999; Seeman, McEwen, Rowe, and Singer, 2001）。McEwen の考えは、われわれの生理的なシステムを活性化させる日常の多くの出来事はストレスフルな経験ばかりでなく、遺伝的な素因との相互作用、個人的な習慣（ダイエット、運動、物質依存）、行動的・生理的反応のパターンを作る発達時の環境を反映して体を消耗するというものである。消耗の原因のすべては成熟前から始まる。Cohen の研究グループによればストレス反応はかなりな程度安定していて、循環系や免疫系や内分泌の反応性は互いに関連しながら比較的均一である。

25．心拍数や血圧の急激な増加は繰り返す強いストレスで経験されるが、動脈の内皮細胞を傷つけ、動脈の内壁部分に血漿中のリポ蛋白の滲出を促す（内皮細胞の透過性を高める結果として）。分化物質の遊離により平滑筋細胞の新生を促し、これらにより動脈硬化が進行する（Clarkson, Manuck and Kaplan, 1986）。

遺伝的あるいは獲得された脆弱性により反応しやすい生物学的システムを持つ人々は、ストレスに対して過敏に反応するが、その結果これらのシステムは可塑性を失い、反応が鈍くなってしまう（Cacioppo et al, 1995; McEwen, 1998）。

26．Allen, Mathews, and Seeman（1997）.

27. ストレスはいくつかの重要な皮質の神経伝達物質の活性を変化させ、副腎ステロイドホルモンの毒性の暴露は特に小児期に、特に皮質・辺縁系のこれらの神経伝達システムに永続的な変化をもたらす。すなわち海馬や帯状回など、グルココルチコイド受容体の密度が高い部位でそれが認められる（Benes, 1994）。この機序を通して、生後早期のストレスへの暴露は注意や学習に関連のある前帯状回と海馬の神経回路の変化を引き起こす。Kaufman の研究グループは抑うつを示す虐待を受けた子どものＨＰＡ機能不全を見いだし、慢性ストレスを与えた実験動物と同じであることを報告している。Gold, Goodwin and Chrousos（1988a; 1988b）もまた参照のこと。

28. 霊長類におけるグルココルチコイドの神経毒性に関する証拠は Uno らの研究グループの研究による（1994; Benes, 1994; Sapolsky, 1992a）。海馬の加齢についてのグルココルチコイドカスケード仮説はかなり多くの研究で支持されている（McEwen, 1999; McEwen.de Leon,Lupien, and Meaney, 1999）。

29. ある体重オーバーの中年の人は臀部が重く、ある人は腹部が重い。多くの男性がよく使う言葉で、大きな腸とかビール腹とか言われている。これらのタイプを科学者は、西洋梨型とりんご型とそれぞれの体系から呼んでいる。りんごにしろ梨にしろ、どちらも健康にはよくないが、二つを比べた場合にはりんごのほうが悪い。男性、女性を問わず中年期を通して過重な体重は健康問題、特に冠動脈疾患のリスクが高くなる。腰と臀部の比（科学者はりんご型指数：apple-ness と呼んでいるが）は耐糖性の障害、インスリン抵抗性、悪玉コレステロールの上昇、善玉コレステロールの低下、血液のフィブリノゲンの上昇と強い関連がある。これらすべての因子は冠動脈疾患や遅発性糖尿病のリスクを増加させる（Epel, McEwen,Seeman, Matthews, Castellazo, Brownell, Bell and Ickovics, 2000; Larsson, Svardsudd, Welin, Wilhelmsen, Bjorntorp, and Tibblin, 1984）。

30. カテコールアミンは免疫関連の変化に影響する（Benschop, Rodriguez-Feuerhahn and Schedlowski, 1996）。異常な育児をうけたレーサスサルは免疫機構に永続的な影響があることが分かっている（Coe, Lubach, Schneider, Dierschke,

and Reshler, 1992; Lubach, Coe and Erchler, 1995)。

31. Sephton, Sapolsky, Kraemer, and Spiegel（2000）は平坦で異常なコルチゾルリズムは乳がん患者の早期の死亡率を予見すると報告している。Sapolsky and Donnelly（1985）はラットである種の腫瘍を発現させた時、繰り返しストレスを与えた時、ストレスによるグルココルチコイドの分泌により増殖のスピードが上がると報告した。この仮説を検証するために、彼らは若いラットにストレスを与えた後グルココルチコイドを投与すると、老齢ラットのshut-off 問題を再現することができ、若いラットの腫瘍の成長が早まった（Cole, Naliboff, Kemeny, Griswold, Fahey, and Zack, 2001. ストレス反応とＨＩＶウィルスの増殖との関係の類似として）。

32. Chalmers and Capewell（2001）; 身体的疾患と精神的疾患の合併は成人に対する文献で確立されている（Cohen, Pine, Kasen, and Brook, 1998）。Repetti et al.（2002）の総説も参照のこと。境界性人格障害と物質依存性障害はこの分析から期待されるように高い合併率を示す（Trull, Sher, Minks-Brown, Durbin, and Burr, 2000）。Kessler et al, 1994; Knopman and Colleagues, 2001; Vanhanen and Soininen, 1998 もまた参照のこと。

33. Seeman, McEwen, Rowe, and Singer（2000）. 母親による養育の健康面への影響は、人生の非常に早期に見られるかもしれない。例えば、母親の養育行動は腸内細菌の量に影響を与える（Bailey and Coe, 1999）。感染性下痢の多くは幼児の主な死亡原因の一つである。腸内細菌叢の適度なバランスの維持は重要である。他の研究でも、母子関係は緊密で同調しているので、母親がストレス下にあると子どもは喘息の危険にさらされる（Wright, Cohen, Carey, Weiss, and Gold, in press）。

第五章

友だちと他人からのささやかな援助

家庭は肉体的・精神的な健康にとって重要であるが、人生で起こる出来事にとっても重要である。私たちはストレスに満ちた時期に友情をはぐくみ、パートナーを見つけ、お互いを慰め、子どもを育てているが、私たちをこの社会的な活動へ駆り立てる心の奥深くに潜む社会的な性質に気づくことはほとんどない。人間だけがこの活動を行っているのではない。この社会的な本能は疑いなく霊長類と多くを共有する遺伝子によって継承されたものである。霊長類は自分を守るためのきずなとして、ほとんどの場合は血縁を頼りにしているが、一方で彼らは群れをなし、友情をはぐくんでいる。人類も同様に可能な時は血縁を頼りにするが、共通の利益を得るためにまったくの他人や友だちを頼りにすることもある。しかし、私たちはグループを作って生活することによって単に数による保護以上の多くの利益を手に入れている。人類を含む多くの種の研究において、お互いの交流を楽しむ生活は健康と長寿をもたらしていることが証明されている。社会的なきずなは強力で、両親が幼児期に施す思いやりと匹敵するくらいの利益をもたらすのである。

これらの過程は受精と同時に始まる。妊娠した瞬間から胎児は社会的な活動を始める。現実として、母親の社会的な環境は胎児の社会的な環境である。はっきりとは分からないが、成長する子どもは母親が行うことや母親に起こるすべての出来事に常に居合わせて影響を受けている。母親が仕事に行く時は、胎児も一緒について行く。母親が音楽を聴き、食事をし、夫とけんかをするとき、成長過程の乳児はそこにいる。そして母親と乳児がこの重要な時期に他人からサポートを受けるかどうかは、その子どもがいかに育つかにとって非常に重大な問題である。

母親がストレス下にある時（例えば貧困、虐待、恐れ、失業など）、ＨＰＡ（hypothalamic-pituitary-adrenal axis：視床下部——下垂体——副腎系）系が亢進し、ＣＲＦ（corticotropin-releasing factor コルチコトロピン放出因子）と呼ばれているホルモンを放出する。ＣＲＦは胎児の適切な成長に必要であるが、高過ぎると問題が生じる。高レベルのＣＲＦは胎児に今が出産の時期であるというシグナルとして働く。これは通常は妊娠九カ月の終わりに起るＣＲＦの作用である。しかしＣＲＦのレベルが早い時期に高過ぎると、胎児は未熟児として生まれたり、出生時に低体重となることがある[1]。たとえ胎児が九カ月の妊娠期間を正常に過ごしたとしても、高レベルのＣＲＦは胎児にとって危険因子となる可能性がある。もしここのホルモンが成長中の傷つきやすい海馬を損傷すれば、胎児の集中力、記憶力、あるいは気質に影響を与えるかもしれない[2]。この仮説に関する驚くべき証拠をイスラエルの七日間戦争に見ることができる。

一九六七年の春、イスラエルは一四の隣国の軍隊によって包囲攻撃された。当時、戦える年齢のほとんどの男性は兵役に志願した。この状況により多くの若い妊婦は深刻な戦時下でのストレスだけでなく、夫のサポートがないという状況に置かれた。この妊婦の子どもたちにどんな影響が起きたのだろう？結局、子どもたちはおおむね正常だった。しかし、戦争前に生まれた子どもと比べて戦時中に生まれた子どもは活発さに欠けていた。戦時中に生まれた子どもは、より内気で怒りっぽく、過敏だった。また歩行開始や、話し出すのが少し遅く、トイレット・トレーニングに時間がかかった。成長すると、何人かはより繊細で困難に直面すると動揺することが明らかになった。仲間と比較すると、戦時中に生まれた子どもは攻撃的で反社会的だった。明らかな母親からのストレスホルモンの増加と父親からの社会的なサポートの欠如は、中程度だが永続的な障害を子どもたちに与えた[3]。

科学者たちは多くの努力を払い、母親のどんな問題が危険因子となるか検討している。心理学者のクリスチン・ダンケル・シェッターの研究グループはこの問題に率先して取り組み、特に日々のオーバーワークや他人からの援助不足といったストレッサーの集中砲火に直面し、自暴自棄になっている低収入の女性のケースに焦点を当てている。この女性たちのCRFレベルはおそらく慢性的に高いため、早産の可能性とそれに付随した問題は十分に起こりそうである[4]。

ダンケル・シェッターのグループは、有害な出生の転帰に対して保護的に作用する共通した一つの因子を見つけている。それは社会的なサポートである。すなわち、父親や妊娠中の母親の家族や友だちからの支えは母親のストレスレベルを下げ、早産や低体重出産の危険率を低下させる。陣痛のあいだに励ましてくれる人からの支えも重要である。それによって出産のスムーズな進行や合併症の有無が影響される[5]。私たちは成長初期の社会的な環境から重大な影響を受けている。環境からの資源や支えがあれば、私たちの子育てはよりよい結果をもたらすだろう。

人類の思いやりは玉ねぎの構造に例えることができる。最も内側の層には母親や他の誠実な保護者がいる（それは多くの場合、父親である）。そのすぐ周りには社会的なサポートを提供する家族や親しい友人がいる。それを包んでいるのは、思いやりのある頼りになる資源を与える隣人や大きなコミュニティーである。それぞれの層は中心に近い層を守っている。一番重要なのはよい子育てを可能にする援助的な環境を提供することであり、もし必要ならさらなる子育ての資源をも与える。この点をはっきりさせるために、とてもよく似た共通の問題、つまり攻撃性の調整という問題をもった二人の子どもを例にあげよう。しかしこの二人の少年は、彼らがいた社会的な背景によって全く異なる育ち方をした。両方とも実際のケースである。

それは私のカブ・ボーイスカウトの指導者としての短く平凡な経験であった。私はプライドが高く、手に負えないわがままな八歳の少年たちを受けもった。彼らはどんな方法を使っても、ほとんど言うことを聞かない少年たちだった。私たちの仕事はもっぱら、「スーパーグルー（瞬間強力接着剤）」となり彼らを椅子に着席させることだった。しかし本来の目的は果たせないまま、いたずら者が後ろでくすくす笑う状況で終わっていた。私たちの自然散策はとても騒がしかったため、近所の人は自分たちが悪戯をされているのかと心配して家から飛び出してくるほどだった。しかし本当に私たちを困らせたのはアレンだった。

アレンは気分をコントロールできなかった。他の子どもがたまたま彼に衝突したり、押したりすると、すかさず相手の肩を乱暴に押したり、叩いて仕返しをした。そしてアレンの仕返しに反応した不幸な子どもは、無限の怒りを受けた。彼は自己抑制がきかず、叩いたり、殴ったり、蹴り続ける間、私たちのうちの二人は彼を犠牲者から身をもって引き離した。私たちはアレンをグループから外し、座っておくように命じて、距離を保つことができる分別のある一人の少年と課題をさせた。しかしどんなに脅したりおだてたり時間を置いても、彼の行動を変えることができなかった。

アレンは暴力の爆発を制御できなかったが、その一方で多くのよい性質を持っていた。彼は賢く、社交的で面白かった。しかし容易に残忍な行動をとり、カブ・ボーイスカウトの指導者や他の子どもを怖がらせた。何度もアレンの攻撃で邪魔をされる疲れるミーティングの後で、アレンの母はできるだけ彼に注意を払うように頼まれた。彼が他の子どもを攻撃する度に母親は彼を端のほうに連れて行き、彼がしていることは悪いことであり、なぜやめる必要があるか、穏やかに理性的に彼に説明した。それは彼女がそこにいる間はうまく機能したが、彼女が立ち去ると長く続かなかった。

私たちのボーイスカウトの活動は張り詰めた緊張の中で続いた。指導者は毎回のミーティングの前に精神安定薬を服用していた。毎週アレンに対して何ができるか、そしてどうやったら隊の外で彼をおとなしくさせるかを話し合った。不幸なことにアレンのボーイスカウトに対する興味はなくなる兆しをみせなかった。そしてどの母親も指導係を敬遠するようになり、アレンと一緒に隊の活動に参加する子どもの数も減少し、ついに隊は解散した。

アレンはこのままずっと、暴力の道を進むのだろうか？　それは疑わしい。彼の父親は有名な弁護士で、アレンと同様のいくらか衝動的な攻撃性を持っているが、それは学校のミーティングで他の両親を怖がらせたり、学校のサッカーの試合でサイドラインから小さな子どもを脅すくらいの言語的なレベルに保たれている。彼の攻撃性は鼻につくが、それも魅力と成功によって相殺されている。アレンもたぶん同じようになるだろう。彼のＩＱは高く、家族は協力的で、これらの特質によって、彼は自分の行動がゆくゆくは招くかもしれない刑務所の判決文から逃れられるだろう。

しかしながら同じような攻撃的な傾向をもった子どもが、周りを非難するような敵意をもった人に育てられる時は、その見込は暗い。サイエンスに掲載されているスティーブについて、生まれつきの傾向や環境が里親の攻撃性によって増幅された時に起こる悲劇的な例として紹介しよう。

スティーブが大きな問題を起こす兆候は、もしそれが分かる人が世話をしていたら、もっと早い時期から認められただろう。アルコール中毒の一〇代の母親のもとに生まれ、虐待的なアルコール中毒の継父に育てられたスティーブは母親と同じように多動であり、短気で、よちよち歩きの幼児としては反抗的だった。

一四歳で学校を中退したあと、スティーブは一〇代をけんかや盗み、薬物を摂取し、ガールフレンドを殴って過ごした。彼の母親は、彼女にインタビューした調査員によると、「息子の行動の問題に気づいているようには見えなかった」という。スクールカウンセリングや保護観察士、子ども保護サービスによる会議も大惨事を妨ぐことに失敗した。一九歳の時、調査員による最後のインタビューの数週間後、スティーブは最近彼を見限ったガールフレンドのもとを訪れ、彼女が他の男といるところを見つけ、彼を撃ち殺した。同じ日に彼は自殺を試みた。現在彼は仮釈放もなく、刑期を務めている。(6)

アレンと同様の攻撃性を持つスティーブは、環境によって事態が悪化した最悪のケースである。問題はしばしば幼児期に始まる。それは困惑した未熟な母親が、柔らかくてぬいぐるみのように眠っている子どものイメージを、現実の悲嘆にくれた短気な幼児によって劇的に否定されたと気づく時期に始まる。そんな子どもに対して、叩いたり、罰を与えるなど、虐待したい誘惑は大きい。この緊張を感じるのに年齢や経験は関係ない。もしあなたが貧乏で、仕事がなく、複数の子どもを育てていたり、もしくはただ大きなストレス下にあれば、このような子どもにとって事態はもっと悪くなる。

しかし、よりよい両親の連携や社会資源やよい教育が生物学的な危険性を取り除くとき、そんな子どもに何が起こるだろう？　アレンの母親は、アレンが誰かを攻撃することなく話し合うのを助けるため、カブ・ボーイスカウトに来て、困難な状況で理想的な母親がするべきことを正確に行った。彼女はアレンの激情をなだめるために、数を一〇まで数えさせ、怒りを落ち着かせた。彼女はアレンに、彼を怒らせた状況は彼の誤解によるものであったということを、彼が分かるように手助けした。彼女は説明した。「あなたにぶつかった少年はたぶん偶然ぶつかっただけで、あなたを攻撃したのではなかったのよ」。彼女は注意深く、忍耐強く彼を怒らせた状況を通して彼をしつけた。そして時の経過とともに、彼は自分自身をコントロールする方法を学んだ。アレンの母親はカブ・ボーイスカウトの期間だけでなく、長期間にわたって実際にアレンのしつけに成功した。一六歳になるころには、アレンは極めて模範的な高校生になった。もちろん、彼は教室で他の生徒の邪魔をしたり、学校の駐車場で時々けんかに巻き込まれたが、多くの場合、彼は自分の攻撃性を彼に役立つ場所であるサッカー場に限定した。

スティーブの母親が怠慢にみえる一方で、アレンの母親がまるで母性愛の完璧な女神のようにみえる理由は何だろう。アレンの母親が行って、スティーブの母親が行わなかったことは、ほんの小さなことだ。息子がうまくいって成功するようにかかわる夫や、多くの組織されたスポーツを伴うコミュニティーや、しっかりとした宗教や文化的な伝統、アレンが乱暴になった時に介入する近所の人や、問題を理解して彼の母親が埋め合わせたように彼の味方になる人々、数回のチャンスを与える学校、家庭内で物質依存の問題がなかったこと、家庭で身体的虐待の歴史がなかったこと、同じコミュニティーに住んでいる親族、感情のコントロールについてアレンと話し合うカウンセラー等々である。アレンのケースで究極的に証明されたように、社会的な環境は遺伝的な素因を一生の資質となるように変更し、スティーブにとっては人生の処罰となるように働くのである。

早期の家庭での生活が遺伝的・後天的な危険性の影響を弱めることができるように、隣人や学校などの社会的なサポートによっても同様に、影響を弱めることができる。たとえアレンのように支持的な家庭で育たなかった子どもでも、中流や上流の社会で生活するという環境的な有利さは、子どものエスカレートしていく問題のサイクルに対してなんらかの保護的作用をもたらす。地域（コミュニティー）はどのように保護的な影響を与えるのだろう。

一つの方法は、地域が提供する仲間を通してである。貧しい地域に住んでいるリスクの高い子どもは、逸脱傾向のある仲間の影響を受けやすい可能性があり、一方で中流階級の地域に住むリスクの高い子どもは、そのようなルートに乗りにくく、人生の逸脱を思いとどませる仲間に囲まれる。隣人は環境が安全であるか監視し、規則を破る者を素早く思いとどまらせる役割を果たす。地域はよい学校、青年期のグループ、組織されたスポーツ、役割の雛形などの建設的な機会を与える資源を子どもに提供して、目標に向かい遂行する態度を身につけさせる。あなたが今まで想像もしなかったやり方で、私たちの集合的な地域に根ざした思いやりは子どもたちがどのように成長するかに大きな影響を与えている。[7]

社会的な世界というものは、言うまでもなく保護的であり、その点は何十年も前から明らかにされてきた。一八〇〇年代後半、社会学者であるエミール・デュルケームは、自殺の重要な危険因子は社会的な統合の欠如であることを発見した。他人とのきずながないと人々は自爆する。家族や親しい友人とのきずなは精神的な健康にとって保護的であり、社会的な孤立は心疾患、癌、脳卒中、事故、自殺などすべて死の原因の危険を増加させる。[8]

この重要な問題を示した最初の研究の一つは、疫学者であるリサ・バークマンとレオナード・サイムによって行われた。彼らはカリフォルニアに住む七〇〇〇人近い居住者を九年以上追跡し、長寿や早世の要因を特定しようとした。彼らは人々がよい健康習慣を持っているかどうか、自分自身をいたわるかなどの明白な要因を見つけた。しかし同時に結婚しているか、親しい友人や親戚と連絡を取っているか、教会や市民グループなど公式のグループでの交友を維持しているか、ブリッヂやポーカークラブ、ボーリングリーグなどの非公式なグループや他の余暇の社会活動に参加しているかという要因も見いだされた。

九年間の追跡の結果、彼らは社会や地域のつながりがない人は、社会的な関係をはぐくんだり維持している人よりもすべての原因で死にやすいことを発見した。家族や親しい友人とのつながりは、特に健康にとって保護的であった。研究者が社会的なつながりの重要性を、他の健康に影響を与えると知られている要因、例えば、アルコール消費量、十分な睡眠、適切な食事をとることや喫煙と比べ、社会的なつながりは少なくとも同じくらい健康に影響を与えることを発見した。最初、この影響はかなり不思議に思えたが、よくみるとそこには確かな生物学的根拠がある。密接で社会的な私たちの関係は、実際潜在的な資源である。一〇〇以上の社会的な研究によって、家族、友だち、地域など他人とつながりを持つ人は、より幸せで、健康的で長生きであることが分かっている[9]。

いかに社会的な結びつきが強力か、カーネギー・メロン大学の社会学者のシェルドン・コーエンの研究グループによって、風邪ウイルスに関するやや強引な実験で簡潔に示された。コーエンと同僚は健康な地域のボランティアを募集し、大金を払い、ウイルスに浸された綿球で鼻粘膜の内側をこすり、故意に風邪やインフルエンザに暴露させた。それから誰が病気になり、どのくらいひどくなるかを観察した。

ストレスを多く経験している人は少ない人より病気になりやすく、かかった風邪やインフルエンザはより重症だった。しかし社会的なつながりが多い人はウイルスに暴露されても病気になりにくく、たとえかかったとしてもすぐに回復することができた[10]。

一緒にいようとする私たちの傾向は、ストレス下で特に強くなる。これはたぶん、何もない時代に私たちが身につけた一番大きな進化的な適応である。社会的な性質であるこの側面は、よく仕込まれているように思える。霊長類では脅威によってしっかりとしたきずなが作られる。われわれと近接な動物であるチンパンジーについて考えてみよう。チンパンジーは融通のきくグループで生活している。グループは時には一〇〇頭かそれ以上になる。しかしグループのメンバーは余暇の時間の多くを他の群れで過ごし、夜になるとグループに戻ってくる。日中は多くのチンパンジー、特にメスは単独の（群れない）食料調達者である。それぞれ食物を集めるための個人的な縄張りをもつ。その縄張りによって食物資源をめぐる競争的な小競り合いが最小に保たれている。群れずに食料を調達することは、捕食動物がいない広い環境の中だけで可能である。しかし、もし環境がより安全を脅かすようになったら、社会的なスタイルもそれに合うものに変わるだろう。実際、捕食者の危険が高い場所では、メスのチンパンジーは単独のスタイルをあきらめ、グループでの食料調達方法にする。例えば、象牙海岸にあるタイの森では、ヒョウが多く、単独での食料調達は簡単にねらわれるため、チンパンジーは代わりにグループでの食料調達を選択している。さらに彼らは食べ物を分け合い、他者の利益を守り、友情をはぐくむ。これはありふれた脅威によって強まるきずなを示す野生のメスのチンパンジーにとって、優れた行動である。同様にギニアの丘で人間はチンパンジーの領域をこの数十年にわたって侵略してきた。そのためにタイの森と同じように、グループでの食料調達が慣例となった[11]。

大災害の時は人間も同じである。共有された脅威によって素早く確実に人々は固く結びつく。一九九四年一月一七日、ロサンゼルスは大地震に見舞われ、多くの人々が傷つき、建物が倒れ、交通が分断され、生活を怖く不自由なものにした。さらに、精神に強烈な印象を与えるのに十分な一一〇〇回以上の震度の余震が続いた。地震の余波への対処は大変厄介である。巨大な力が去った後、ガス漏れを確認して、家を点検すると新しく壊れたり剥がれた個所が見つかる。そして落ち着いてきたら、別のショックがある。それにもかかわらず、生活はのろのろと進んでいくのである。

地震の二、三日後、私は贈り物を買う必要があり、客足はまばらでいたとしても緊張していると想像しながら、思い切って近くのショッピングセンターに行った。驚いたことに、そこは元気な人でいっぱいで、その中の二、三人だけが買い物をしているように見えた。ほとんどの人は外でゆったりくつろぎ、暖かい日差しの下で日向ぼっこをして、見知らぬ人が一団となっておしゃべりをしていた。それはさながら即興のパーティーのようだった。

カプチーノのショッピングカートは明らかに一年で一番の仕事をしていた。人々はホットドックやブリトーや点心やピザ、他のフードコートが提供するものをかじっていた。私はこの穏やかで好ましい集団の間を歩いていると、歩調がゆっくりとなり、自分の用事にはあまり関心がなくなった。確かに私の表情が変わった。私の挨拶にまるで友人のように挨拶を返す見知らぬ人もいた。

一瞬、余震がショッピングセンターを襲った。誰もまるで、凍った枠に閉じ込められたかのように、動かなかった。余震は二～三秒で終わり、興奮した会話が交わされた。会話は笑いや冗談や祈りのしぐさにより、前よりも生き生きとしていた。私はたぶん予定していたよりも一時間以上長くそこにいて、本当に甘美な感情を覚えて立ち去った。

共通の脅威の状況下で直ちに築かれるきずなは、人々に全く見知らぬ他人への慰め、助け、世話をもたらす[12]。私が地震で経験したことは、このきずなのとてもよい例である。自然災害のような個人的なものでなくても戦時下での個人的なものであっても、共通の敵を発見することにより強い社会的なきずなが結ばれる。それは人々が他人の味方として振る舞うようになるための最もてっとり早い方法である。

全くの見知らぬ人が他人に慰めや献身や援助を施すことができるという考えは、長年にわたり科学者にとって手つかずの問題であった。私たちは皆、この種の「医療」を施すことができるということが理解されるまでにしばらく時間がかかった。実際に強烈なストレスにさらされた時に私たちは、他人への施しがいかに自然に発生するかを経験する。

人々はもちろん何世紀もお互いに支え合ってきた。しかし通常、家族の一員のように親しい人や司祭や年長者のように、そうするように権限を与えれられた人によってこの役割は行われてきた。しかしこの能力を持つ人は、私たちの体験を十分に共有している専門家だけではない。私たちはこの見知らぬ人の世話をするという概念を、芸術の域まで昇格させた。

専門的技術は、あなたが経験したいと思っていることを唯一知っている誰かからもたらされるという考え自体、全く基本的な考えであり、今でもそれは機能している。心理学者は、あらゆる努力を払ってきたが、問題のある飲酒者を助ける方法に関して、アルコール中毒者匿名会（AA）よりもはっきりと効果のある治療法をいまだ見いだしていない。人々が体重を落とすのを助けるという点では、体重を減量する人の支持組織（Weight Watchers）や同様の組織が多くの十分に科学に基づいた介入とほぼ同様の効果をあげている。ピアカウンセラーは大人が想像しがたいほどもがいている青少年を助けている。

平均的な人の専門技術を利用することは、支持グループの考え方でもある。この問題解決の新しい試みにおいて、同じ問題を経験している人々のグループは、お互いに援助と助言を与えることができる。さらにそれぞれのメンバーが互いに必要としているものを引き出す。この過程が私たちの思いやり関係を特徴づけるきずなの原則となる。災難を分かち合うことで、お互いの結びつきが生み出される。支持グループの表向きの目的は感情的な快適さを与えることだが、たぶん癒しを共有することも行っている。それは大した驚きではない。他人を世話することによってもたらされる慰めがストレスシステムを解放し、ほとんどすべての生物的なシステムに有益な効果があることをわれわれは随分前から知っているのである。

スタンフォードの心理学者のデビッド・スピーゲルはこの分野の権威である。一九八九年に彼の研究グループは有名な英国の医学雑誌であるランセットに、科学界のサポートグループに対する考えを劇的に変えた論文を発表した。多くの内科医はサポートグループを患者によい感情を与える手段と考えていた（おそらく時間をとらせる個人的な問題を処理する手段とも考えていた）。そして内科医はサポートグループとして、特におしゃべりな人たちを患者に推薦した。しかしスピーゲルの業績により、内科医たちはサポートグループによってさらに重要な何かが起こるということを教えられた。

スピーゲルは進行した乳がんに侵され、長くは生存しないと予想される女性を登録した。これ自体は革新的だった。なぜならサポートグループは通常、生存者を精神的に十分に健康に戻るのを助ける資源として考えられていて、延命効果はないと考えられていたからだ。これらのグループが末期の病気の患者に利益を及ぼすかどうか観察するために、スピーゲルは一五人の小さなグループに属している何人かの患者と、一方で比較条件としてグループに属してない群を設けた。すべての女性は当然のことだが、医学的なケアを受け続けた。

女性たちは一年を通して週に一時間半、グループに参加した。グループでの討議は、精神科医やソーシャルワーカーや乳がんと戦ったことのあるセラピストによって指導された。しかしその大部分において、女性たちは会話の流れを調整されただけだった。話し合われた話題は幅広く、病気の生命に及ぼす影響から、治療の肉体的な副作用やそれに打ち勝つ方法にまで及んだ。女性たちは他の人々から孤立している感情が大きくなっていることを共有し、いかにして医者とともに自分に自信をもっと持つかを話し合った。彼女たちは生きることの意味や、逆説的に癌がいかに自分たちにその意味を悟らせるのに役立ったかを話し合った。グループのメンバーが亡くなった時はともにその喪失を直視した。

一年が過ぎた後、スピーゲルと同僚はこの女性たちに何が起こったか観察するために、追跡調査した。スピーゲルは劇的な結果に驚いた。グループに参加した女性は参加しなかった女性に比べ、二倍長生きしていた。それは平均で一年半近く長かったのである。

単に仲間の患者と話すことがどうして延命効果をもたらしたのだろう。その理由の一つとして、癌がもたらす問題を話し合うことで、介入を受けた女性たちの不安や落ち込みが減ったことによるのかもしれない。グループの他のメンバーからアドバイスを受けると、痛みをよりコントロールしやすくなる。不安や抑うつや痛みは、免疫システムの機能に悪い影響を与えるすべてのストレスシステムを活性化させる。サポートグループに参加した結果として、これらの問題によりうまく対処した女性は、病気の進行が遅くなった可能性がある。なぜなら抑うつや不安や痛みがうまくコントロールされてない女性よりも、免疫システムがしっかりと機能するからである[13]。

もちろん、どんなグループに参加してもこれらの肉体的、精神的な利益を得るというわけではない。不安と抑うつを減らし、メンバーが痛みをコントロールする手助けとなるような本当に支持的なグループが、寿命を延ばす可能性がある。しかしグループが他の方法で効果があるかどうかにかかわらず、グループのメンバーは情緒的に利益を受けるかもしれない。例えばあなたが死への苦しい旅に乗り出したときは、道中なんらかの温かい仲間付き合いを持つことが大切である。

社会的な結びつきが健康を維持したり改善したりすることができるという考えに対して、時々懐疑的な考えに直面することがある。なぜならそれは科学というより、まじないのように思えるからだ。だからそこに科学を導入しよう。なぜ社会的なサポートが治療にいいのだろう？　科学者はその効用のいくらかを理解していることは確かである。支持的な人々が周囲にいるほうが、ストレス反応がより低くなるので、交感神経の活性化による「闘かうか逃げるか」反応が抑えられ、ＨＰＡ系の活性が低下することを多くの研究が証明している。その結果、交感神経とＨΓＡ系の両方から影響を受ける免疫システムがよりうまく働く。ある心理学者や生物学者は、社会的なサポートはなにかもっと別の利益をもたらすと考えている。すなわち社会的なサポートはストレスを減らすだけでなく、神経内分泌のもたらす恩恵を増強しているかもしれないことを示唆している。[14]

この神経内分泌の効用の源の一つは、オキシトシンである。それは社会的なサポートによる結果と原因の両方のように見える。少なくとも何らかの脅威に直面した時に、オキシトシンはすぐに減少する。私たちがオキシトシンの効果について分かったことによると、オキシトシンはストレスの多い状況で人々と動物をお互い仲間になるように仕向ける生物学的な要因の一つかもしれない。「親和欲求」ホルモンとして、オキシトシンは人々を他人との接触を求めるように導く。それは仲間との交流場面で分泌される。そのため、悲劇の直後の時期にみられる結びつきの情緒的な体験に影響を与えるかもしれない。柔らかく手で触れることでさえ、オキシトシンの放出を活性化させる可能性がある。そのため抱擁、マッサージ、他の愛情のこもった肉体的な接触などのストレスを減らす恩恵により、ストレス反応はより穏やかになる可能性がある。[15]

成長ホルモンは社会的なサポートをもたらす、もう一つの神経内分泌ホルモンである可能性がある。成長ホルモンのストレスに対抗する役割に関する証拠は、ローマの孤児のような置き去りにされた幼児の研究の副産物的な成果である。世話をする人の愛情のこもった関心を受けたことがない小さなな赤ん坊は、成長しそこなって死ぬかもしれない。「成長不足」は異化ホルモン（例えばストレスホルモン）と、同化ホルモン（例えば成長ホルモンやインシュリン）の不均衡に特徴づけられる複雑な障害である。人生早期のストレスホルモンの過剰な分泌によって、成長ホルモンの分泌が抑制される可能性がある。また同様に成長の問題をさらに悪化させる、消化された食べ物からの栄養分を利用するときの問題を引き起こす可能性がある。この種の育児放棄を生き延びた幼児には、しばしば肉体と精神の発達においてさらなる重大な問題がある。そして彼らのストレスシステム、特にＨＰＡ系は目立った異常を示す。成長ホルモンが高レベルであることは、暗に神経内分泌（のプロフィール）がよりよい状態にあることと関連づけられる。実際に心理学者であるエリサ・パネルの研究グループよる研究では、病気や離婚や家族の死などの人生のトラウマに直面しそれから回復した女性は、成長ホルモンが高い。このような証拠から、科学者は次のことを学んだ。すなわち成長ホルモンは、成人の好ましい社会的な体験によって影響を受け、その社会的なサポートの利益に対する強力な役割に注目が集まっている[16]。

脳のオピオイド（もしくは内因性のオピオイドペプチド）の増加は、社会的なサポートの効用にも関係しているかもしれない。オキシトシンと社会的なつながりの間に二つの道があるように、ＥＯＰｓと社会的なつながりの影響の間も同様に二つの道がある。ＥＯＰｓが低いレベルであると動物は社会的なきずなを求め、よい社会的なきずなによりＥＯＰｓは分泌される。この過程が他人との社会的なきずなを求める生物学的な仕組みを与えているかもしれない。ＥＯＰｓは確実に報酬である。調査研究で動物がある特定の場所や特別なにおいに接することで多くのＥＯＰｓの分泌を経験すると、ＥＯＰｓの効果が終わった後もその場所や匂いをより好むようになる。

ＥＯＰｓはストレスホルモンの強度を減らすことで、直接ストレスホルモンに影響を及ぼしている可能性さえある。動物が社会的に孤立しているとき、ＥＯＰｓのレベルは低下する。その動物が再び仲間に加わったとき、ＥＯＰｓのレベルは通常に戻る。それと同時に幸福感としか表現されないような情緒的な状態になる。神経科学者のジャーク・パンクセップは、ＥＯＰｓが穏やかな形態の社会的嗜癖の鍵かもしれないと提案している。それは仲間付き合いに反応してオピオイドの放出があることで、仲間付き合いの必要性が維持されることになる。今までのところ、この考えに対して動物での証拠しか集まっていない。また、人間の仲間付き合いが作り出す幸福感や、孤独や分離に直面した時に仲間付き合いを希求する感情にＥＯＰｓが関与しているどうかはまだ分かってない[17]。

オキシトシンや成長ホルモンやＥＯＰｓはほぼ間違いなくバソプレッシン、ノルエピネフリン、プロラクチンやセロトニンなどの他のホルモンのサポートをいくらか受けている。例えば、草原ハタネズミのオスでは、バソプレッシンはつがいの結びつきを促進する。そしてオスの草原ハタネズミがストレスを受けた時はつがいの一方に向かう。バソプレッシンとノルエピネフリンは社会的な記憶において重要な役割を担っている。それは誰が味方で誰が敵か覚える能力である。高いレベルのセロトニンは社会的な信頼や他の人とつながっているという感情と関係している。プロラクチンのレベルは養育や悲しみに反応して人間と動物の両方で変化する。これまで列挙したもので、私たちの社会的な振る舞いを調節する手助けをするホルモン、特にストレス下におけるホルモンを論じつくせているかどうかは、まだ分かってない。これらのホルモンは一緒に働くのだろうか、もしくは社会的な支持の健康的な恩恵を提供するために一方を支持するのだろうか、もしくはストレスホルモンを下げる社会的なサポートができるようになることが利益のすべてなのだろうか？　これらは次の一〇年で社会的な行動の神経調節について答えを探すべき問題である。[18]

私はあなたに社会的なサポートの科学の最先端を解説してきた。しかしながら、ホルモンの役割の理論のいくつかは、まだ推論に過ぎない。私たちが知っていることは、社会的なサポートのある人々は「はつらつとした」ストレスシステムを持ち、結果として大部分の慢性病に対してよりよい防御ができる。[19]前章では、危険のある家族の子どものストレスシステムが、支持的な家族の子どものシステムと比べてどのように「ふけて」みえるかについて述べた。友だちや親戚に支持されていると感じる人々にとって、同様の原理が働いている。バート・ウチノとジョン・カシオッポの研究グループは、この点に関する上手い研究を行っている。前章でも述べたように、人々は年をとるにつれて、心血管系システムの機能の確実な変化によって、通常は最終的には高血圧や心臓病になり得る。ウチノの研究グループは、社会的なサポートはこれらの年齢に関係する変化を抑制するかもしれないと結論付けた。この結果を調べるために彼らは、高齢の男性と女性に問題を話すことのできる人が少なくとも一人はいるかどうか尋ねた。結論を支持するように、研究者はこのような相談相手を持っていると答えた人は、大部分が加齢による有害な影響を認めない「若々しい」心血管系システムを持っていたことを見いだした[20]。若さの源は、孤独を好む泉には見られない。それは一人の人から別の人へ伝えられるサポートの水流のようなものである。

心理学者が社会的なサポートを研究し始めたとき、アドバイスや感情的な支えなどの他の人が与える現実的な利益が強調されていた。友だちや家族は、家族の誰かが死んだあとには食べ物を運んでくる。あるいは、あなたが傷ついて自分自身で行けなければ医師のところへ連れて行く。あなたはそこで経験した不安を話す。例えば、五歳で学校に通い始めることや四〇歳の時に離婚したことなど。そして他の人々はあなたが感じていることを理解する手助けをしてくれる。友だちや家族は大小織り交ぜて、さまざまな問題についての情報を与える。どこで新しい電気器具をもっとも安く手に入れるかや、友情や恋愛関係を上品に終わらせる方法などを。

しかし実は心理学者はおそらく、社会的なサポートのこれらの特別な働きの重要性を過大評価して、他人と単純につながっているという重要性を過小評価してきた。あなたを気遣う人がただそこにいるとき、例えば、新聞を読んだり、台所でダラダラするなど、あなたはお互いに話したり何か役立つことをしない時でさえ、それは甘美なものである。あなたが病気であなたが眠れるように家族が寝室のドアを閉めようと思ったとき、家の中の心地よい打ち解けた声を聞くことができるようにドアを開けたままにしたいと思うだろう。私たちは気づかぬうちに、誰かの生態を調整しているのである。

科学者は最近、正確に次のことを発見した。「目に見えない」社会的なサポートは実際の社会的なサポートよりも身体・精神的な健康とってよりよいかもしれない、ということだ。人々は友だちや親戚に迷惑をかけることを好まない。そして、誰かの助けをあてにする必要がある時、恩に報いるための責任と罪悪感を体験する。それはそのサポートが彼らに与えてくれた恩恵の価値を下げることになるかもしれない。しかし他人がそこにいると知っているだけで、ストレスが減るのである。なぜならたとえ利用しなくても、利用できると知っていることで安心するからである[21]。

この点を示すために、心理学者のシェリー・ブロードウエルとキャサリーン・ライトは既婚男性を研究室に連れてきて、家でどのくらいのサポートを感じているかについての質問票を埋めさせた。それぞれの男性はそれから、いくつかのストレスの多い課題を課せられた。例えば、暗算で難しい計算をするなどだ。家族から多くのサポートを受けていると答えた男性は、家族のサポートがより少ないと答えた男性より、ストレスの多い課題に対する血圧の反応が低かった。このことは、家族はたとえそこにいなくてもサポートを与えていたということを示している！　ただ幸せな家庭にいることが、男性のストレス反応を低く保ったのである[22]。

他人は心豊かな配慮のある慰めの源である。ストレスがあるとき、他人は私たちを穏やかにする。人生の早期にもし私たちが幸運なら、両親はこの安心感の根源であり、子ども時代から青年時代にかけて私たちは、両親と甘美な関係を築き、われわれの社会環境の中で安らぎを得る。ほとんどの場合この安心感を与える他人は家族や友だちのように私たちに打ち解けているが、見知らぬ人も同じように安心感を与えることができる。共同体に悲劇、例えば竜巻やハリケーンや洪水が起きたとき、通常生存者は互いに強いきずなで結ばれることに気づく。そんなにたくさんの友だちや世話してくれる人々が自分にいると知らなかったにしても。支持的な人々が周りにいると、ストレスシステムはより弱く反応する、そしてもしすでに作動したとしても、安心できる人々がいるとすぐに収まる。

誰がストレスシステムを鎮め、身体・精神的な健康を保つために思いやり、安心できる社会的なサポートの源を提供するのだろう？　次のいくつかの章で示すが、その答えは特にしばしば女性である。女性は子どもの世話をする人であるだけでなく、男性や他人の世話をする人でもある。女性は他の女性との結びつきから多くの社会的なサポートを得る。そして男性との結びつきから利益だけでなく情緒的な健康も得る。例えば、シェリー・ブロードウエルとキャサリーン・ライトによる研究は、ちょうど私が述べたように既婚の男性と女性を含んでいた。男性のストレス反応は、家での支持的な関係を述べた後では低かった。しかし、女性のストレス反応はそうではなかった。一方で、男性は男性との結びつきによって得る身体と精神の健康は限定的なのかもしれない。実際男性との結びつきは、多くの危険を強めるようにも見える。しかし男性は女性との結びつきから多くの情緒的で健康に関係する利益を受け取ることができる。(23)

この意味深い真実が垣間見えるにつれて、ロチェスター大学の心理学者であるラド・ウィーラーの研究グループによる孤独に関する研究での発見が注目されるようになった。彼らは他の誰もが一二月の休暇のため家に帰るようなときに、試験を完全なものにするために大学に残っている学生に注目した。休暇の季節はうつや孤独の者にとってどんな場合も傷つきやすい時期である。そして家族から離れてストレス下にいることは、ただこの問題を悪化させるだけである。どの種の経験がこれらの危険を防ぐかを見るために、ウィーラーの研究グループは学生にどうやって、また誰と休暇の日々を過ごし、この期間にどんな感情を経験したかを記録させた。

学生がどの程度孤独かを最も強く決定する要因は、休暇の間居残っていた女性とどのくらい接触して日々を過ごすかだった。男性であれ女性であれ、学生は女性と一緒に過ごす時間が長ければ長いほど、より孤独感が少なかった。ほとんどの場合、男性と過ごす時間は男性もしくは女性の学生の精神健康に何も影響がなかった[24]。この発見は孤独な大学の学生に特有のものではない。ストレスの多い時もない時も、そして人生の至る所で、私たちは女性の思いやりから恩恵を受けているのである。

◆脚注

1. Hobel, Dunkel-Schetter & Roesch（1998）．以下も参照。Hobel, Dunkel-Schetter, Roesch, Castro & Arora（1999）; Sandman, Wadhwa, Chica-DeMet, Dunkel-Schetter & Porto（1997）.

2. この問題に関する動物の研究は以下を参照。Coe, Lubach, Karaszewski & Ershler（1996）; Reyes & Coe（1997）; Roughton, Schneider, Bromley & Coe（1998）; Schneider, Coe & Lubach（1992）. 成長する幼児に母親の情緒的な状態が与える重大な影響についての例として、母親のうつ病が新生児に与える影響に関するLundyら（1999）を参照。

3. Meijer（1985）.

4. Catalanoと Serxner（1992）; Ericksonとその同僚（2001）。Wadhwa, Culhane, Rauh & Barve（2001）.

5. Dunkel-Schetter, Gurung, Lobelと Wadhwa（2001）; Feldman, Dunkel-Schetter, Sandman & Wadhwa（2000）. 以下も参照。Collins, Dunkel-Schetter, Lobel & Scrimshaw（1993）; Kennell, Klaus, McGrath, Robertson & Hinkley（1991）; Oakley, Rajan & Grant（1990）; Sosa, Kennell, Robertson & Urrutia（1980）.

6. Holden（2000）, P.580.

7. 例えば以下を参照。Brooks-Gunn, Duncan, Klebanov & Sealand（1993）; Klebanov, Brooks-Gunn & Duncan（1994）; Kupersmidt, Griesler, DeRosier, Patterson & Davis（1995）; Malmstrom, Sundquist & Johansson（1999）; Mayer & Jencks（1989）. 身体的に安全でない地域に住んでいる子どもは、より安全な地域に住む子どもより友だちが少ない。なぜなら両親が守ろうと努力するため子どもを家の中にいさせようとするからだ。それにもかかわらず、そのような努力は社会的な発達をひずませるかもしれない（Lavrakas, 1982; Medrich, Roizen, Rubinと Buckley, 1982）。

8. E.G., Berkman, Leo-Summers & Horwitz（1992）; House, Landisと Umberson（1988）; House, Robbins & Metzner（1982）. 私たちのほとんどは「友だちはよい薬である」と理解している。しかしこれが本当であるという程度は、十分には

正しく認識されてないかもしれない。社会的な孤独や社会的な結びつきがないことは、病気の危険因子として、高血圧、肥満、運動不足と同じくらい重大で、喫煙の危険因子とほぼ同じである（House とその同僚、1988）。会員のネットワークの一員であることで、普通は精神的な健康に対するストレスの多い人生の出来事の衝撃は緩和されない。そして会員の一員であることの精神的健康への影響は中程度である。しかし、情緒的なサポートやサポートを受けることができると気づくことが、私たちの精神と身体的な健康の両方において、強力なよい影響を与える（例えば Kessler & McLeod, 1985）（Knox & Uvnas-Moberg, 1998 も参照）。

9．Berkman & Syme（1979）．以下も参照。Holahan & Moos（1981）; House, Landis & Umberson（1988）; Seeman（1996）. Berkman と Syme の研究では、社会的な結びつきと死亡率の関係は、健康に影響すると知られている累積的な習慣の指標と同じように、研究の初めの自己報告の身体的な健康状態や社会経済的な状態や喫煙、アルコールの平均消費量、肥満、運動などの健康に関する習慣や健康サービスの利用と独立していた。

10．Cohen, Doyle, Skoner, Rabin & Gwaltney（1997）.

11．Sugiyama（1988）; Boesch（1991）.

12．身体的、神経内分泌的な結びつき基礎を理解する入門として Diamond（2001）を参照。見知らぬ人に反応して世話をする大人は、両親と子どもの間で経験されるのと似ていないわけではないいきずなに頼っているという考えは、心理学の世界において支持を得ている（Feeney & Collins, 2001; Mikulincer & Shaver, 2001 も参照）。

見知らぬ人ときずなを作る能力は人間に特別なものではないが、たぶんより特徴的な本質の一つであろう。霊長類の多くには同程度の能力はない。例えば、母から離されたサルは社会的なグループにおかれると、すでに他のサルを知っていても、母と離れている間相当なストレス反応の増加が見られる。もしそのグループのサルが見知らぬサルだったら、苦しんでいるサルのストレス反応がただ悪化するだけである（Levine, Weiner & Coe, 1993）。

多くの人間の幼児には見知らぬ人を怖がる期間があるが、すぐにおさまる。多くの大人によって子どもを育てる社会では、この見知らぬ人に対する不安は実際にはないだろう。幼い子どもでさえも短期間のわずかな苦痛を伴うが、新しい世話をする人や先生や親しくない子どもと素早く結びつく。

13. Spiegel & Bloom（1983）; Spiegel, Bloom, Kraemer & Gottheil（1989）. 以下も参照。Ell, Nishimoto, Mediansky, Mantell & Hamovitch（1992）; Goodwin, Hunt, Key & Samet（1987）; Reynolds & Kaplan（1990）; Turner-Cobb, Sephton, Koopman, Blake-Mortimer & Spiegel（2000）. サポートグループは、決してすべての病気への治療法ではないが、潜在的に不治の病では特に進んでいる。最近 Goodwin ら（2001）は、癌患者のメタ解析で Spiegel と Bloom（1983）が見つけたことを再現できなかった。再現できなかったことにより、初期の発見が否定されたわけではなく、むしろ社会的なサポートが病気の結果に影響を与える多くの因子の一つに過ぎないことが示された。時々、時にはしばしば、社会的なサポートは他のより重大な病気の結果に影響を与えるものに打ち勝つのに十分でないことがある。

14. 私はここに同僚（Taylor, Dickerson & Klein, 2001）との発行された論文について書いた。以下も参照。Seeman & McEwen（1996）; Roy, Steptoe と Kirschbaum（1988）; Uchino, Cacioppo と Kiecolt-Glaser（1996）.

15. Carter, Williams, Witt & Insel（1992）; Insel（1997）; Popik, Vetulani & VanRee（1992）; Uvnas-Moberg（1997; 1998; 1999）.

16. 例えば以下を参照。Epel, McEwen & Ickovics（1998）; Malarkey とその同僚（1994）.

17. Taylor, Dickerson & Klein（2000）。例えば以下を参照。Jamner, Alberts, Leigh & Klein（1988）; Martel, Nevison, Simpson & Keverne（1995）; McCubbin（1993）; 動物と人間の EOPs と社会サポートの関係に関するエビデンスについて Verrier & Carr（1991）.

18. Biondi とその同僚（1986）; Taylor, Dickerson & Klein（2000）; 動物研究でのセロトニンと社会的な行動に対する議論についてInsel & Winslowも参照。

19．Seeman, Berkman, Blazer & Rowe（1994）.

20．Uchino, Holt-Lunstad, Uno, Betancourt & Garvey（1999）.

21．Bolger, Zuckerman と Kessler（2000）; Taylor & Turner（2001）も参照。

22．Broadwell & Light（1999）.

23．Fontana, Diegnan, Villeneuve & Lepore（1999）; Glynn, Chritenfeld & Gerin（1999）; Kirschbaum, Klauer, Filipp & Hellhammer（1995）; Seeman, Berkman, Blazer & Rowe（1994）.

24．Wheeler, Reis & Nezlek（1983）.

第六章

助け合う性としての女性

私の祖母リジ・エラは結婚後間もなく、近所の女性で構成されたキルティング同好会に入り、その付き合いは彼女が死ぬまで続いた。当然ながら、私はそのグループがどのような付き合いをしていたのか直接知らないし、なぜそれほど長い付き合いになるくらい、メンバーに満足を与え得たのかも直接聞いたことがない。しかし想像として、一九九五年に作成された映画『How to Make an American Quilt』に描かれたようなもの、つまり豊富な物語や罪の告白や、それほどひどくはない裏切りやちょっとした争いを通して、幼いメンバーへの教訓に充ちたこの映画のような状況ではなかったかと思う。……違うかもしれないが。

私の母の世代になると、彼女たちは「メンバー制（the Coterie）」と名付けた集まりを友だち同士六人で作り、月に一回持ち回りで集まることを一五年間続けた。ある夕刻、メンバーが私たちの家に集まったが、母が腕によりをかけたそのときの食事は大変素晴らしいものだった。食事が済むとみんなはおおの持参した布を取り出して、編んだり、仕上げたり、修繕したりしながら喋り、笑い、残りの数時間を過ごして九時半か一〇時に帰っていった。

世代を超えたこのような習慣は、私の世代には受け継がれなかった。われわれはキルティングも裁縫も衣服の修繕も熱心にはしなかった。私たちの場合、最初の集まりはケンブリッジのマサチューセッツでの職業をもった婦人の集まりで、遠方の温室栽培の植物を買うためのものだったが、本当の楽しみは買い出し旅行に先立って土曜の午後に行われる食事、ワイン、談笑にあることに気づくのにそう時間はかからなかった。従って、われわれの集まりの中で植物を買いにいく部分は、遠からず抜け落ちることとなった。それにもかかわらず、われわれが自分たちを「the Cambridge Ladies Garden Club」と名付けたのは、あるメンバーの母親が市民活動に参加することを嫌っていたのに対して、このような（市民運動らしくない）名称にすれば彼女の矛先がこちらに向かないだろうと思われたからである。

カリフォルニアに移ったとき、このようなおいしく食べ語らう集いで心癒される午後のひとときがないのが寂しくて、新しい知人数名にこれと同じような何らかの集まりに興味はないだろうかと問いかけてみた。その結果、六人のメンバーで三週間に一回の集まりが始まり、その後二〇年間続くことになった。われわれは親睦のために集まり、また結婚、離婚、再婚、子どもの誕生や養子縁組、それにその間六度訪れたお互いの親の死に際しても、お互い顔を合わせる関係になった。地震、火事、家の新築のときにもその会合が開かれた。また、仕事の昇進、降格、転職などの際にもよく話した。成年期のほとんどを共に過ごしたと言っていい。

このように、必ずしも私のケースのように正式で定期的な集まりに限らず、同性で集まり日常の必要を満たすというのが女性の行動である。われわれの近所の女性たちは「茶飲み話（the Coffee Klatcsche)」という名のグループに属していたが、それはもともと小さい子どもを持つ親が、デイケアなどがなくてよちよち歩きの子どもたちが触れ合う機会がないために集まりだしたものだった。そこでは子どもたちを遊ばせながら、子育てについて語り合ったり、子どもの指しゃぶりやおねしょの問題、夫の育児への参加や自分たちの時間をどのように作るかなどの相談事を持ち寄ったりした。子どもたちが幼稚園に行く最初の日は皆が悲しい気持ちで迎えたが、それは子どもを学校にやるのに心の準備ができていないためではなく――むしろそれは皆十分過ぎるぐらい覚悟ができていたのだが――、「茶飲み話」が消滅することが耐えられなかったからだった。それで解散することはやめにして、その後数年間にわたりこのメンバーで集まりを続けた。

親密な友だちがいる女性は誰でも、集うことの喜び、愉快さ、そして親睦がいかに必要不可欠であるかを知っている。女性は、面識のない人とのデートがどんなに恐ろしいものか物語ったり、けしからん夫への疑いを共有したり、信じがたい若者についての意見交換をする。彼女らは一緒に成功を祝い、不遇の時には慰めをさがし、職場の嫌な奴への対処法を考える。女性は自分の人生を切り開いていくために大丈夫であるという保証を求め、大概はそれが達成される。女性の友情は精神的な健康を維持するために是非とも必要なものであり、このことがこの本で言いたいことの大きな部分を占める。

しかしながら、女性がお互いの仲間付き合いを好むのは、それにより実質的な利便を得る目的だけではなく、女性同士の友情のために進化の過程で選択された形質である。女性と子どもは、女性が互いにむつみ合うがために、文字通り世紀を超えて生き延びる。われわれの最も固執すべき必要性（つまり食物と安全）と最も肝心な仕事（すなわち子どもを世話し、社会の集団を維持すること）は、このようなきずなを通して満たされ達成される。女性の友情についての私の視点は新しく、また議論を引き起こす可能性があるが、私は広く受け入れられるものと考えている。

女性が他の女性たちと結束することは、何十万年いやおそらく何百万年にわたって続いてきた。われわれは原初の女性同士の結束の様態についてはほとんど知り得ない。それについてのわれわれの知識は、原初の人々がどのように生活していたかに思いをめぐらせることと、今に至るまで生き延びている狩猟──採集社会の人々の生活ぶりから得られる。大昔の女性は、地面を掘り返して根菜、イモ類、その他の栄養となる食物を採集する役割りであったことを知っている。そういう食物採集行為においては互いに助け合っていたと考えられ、彼女らは個々孤立の道は選ばなかっただろうし、そうすることで食物採集源をめぐる葛藤は低いレベルに保たれていただろう。現在もそのような生活を営んでいる部族を参考にすれば、ある程度の食物の共有はその当時も行われていたし、特に血族間では子どもを共同で育て、それぞれの女性同士、土地を掘って食物を獲得することができるようにお互い助け合っていたと推測できる。[1]

人類が農耕を始めると、これは今の時代にも続いているように女性たちは共同で農作業をし、語らい、歌い、笑ったが、それは捕食動物にこちらは大勢いる（ので手ごわい）と知らせることでもあった。村の広場で仲間と一緒にもろこしを精製しているオートボルタ（訳者注：Upper Volta: アフリカ西部の共和国）の Dogon 族の女性たちから、感謝祭のごちそうを用意している騒々しい親戚の女性や女友だちに至るまで、女性たちは皆に栄養を供給するために一緒に食事を準備する。そして、彼女たちは人生の中でいろいろな出来事に際して語り合いながら、縫い物をし、編み物をし、繕い、キルトをする。それが彼女たちがやっていることである。

先史時代の先祖の行動様式が、現在の女性のグループ活動と関連するだろうか。確かに、彼らが現在身につけている行動様式の一部は、われわれにとってなじみの薄いものだろう。最近のベストセラーを話し合うために読書クラブに集まり、お金の運用のために投資クラブに参加し、パートナーが付き合わないときには観劇会に参加して楽しむ。しかし、別の集まりはすでに広く存在が明らかになっている。それは、(婦人による)慈善裁縫奉仕会や、もっとも広範に行われている「お母さんと私(the Mommy and Me)」という、よちよち歩きの子どものための集まりである。われわれの祖先は今のような表現をとらなかったにせよ、おそらくこのような集まりの意図を理解し、それが女性の集まり独特のものであると認識していた。

人生のどの時期にも女性は男性に比べ、より親密な友人を求める傾向にある。小児期の早い時期に女の子は男の子たちよりも親密な友情で結ばれ、より広い範囲のネットワークを独自につくりあげる。男子グループよりも、女子グループはよりたくさんの秘密を共有し、生活の細かいことまで知り、お互いに対して共感や感情をより多く表現する。また、男子のグループよりもお互い寄り添って座り、体の触れ合いを多くもつ。女性は問題をお互いに打ち明け、助けを求めまた理解してもらうことを望む。男性の場合、それは比較的少ない(2)。

このような一緒につながりたいという女性の傾向は、われわれが想像するよりずっと以前からもっていただろう。というのは、雌性が互いに仲間を作り楽しむことを求めるのは人間に限らず、他の動物にも見られるからである。心理学者のマーサ・マクリントックは動物におけるメスの性ホルモンを研究しているが、ノルウェー・ラットの奇妙な現象を報告している。すなわち、単独で飼うための飼育かごが足りなくなって平均で五匹のメスを一緒に住まわせたところ、一匹ずつ飼育かごに入れていた時よりも四〇％も長生きしたのである。この驚くべき発見はマクリントックにラットの飼い方について再考を促した。それというのも、一匹ずつ飼育かごで飼うというやり方は、オス同士が互いを攻撃しないために採用した方法だったからである[3]。

生物学者のスー・カーターは、動物における社会的帰属を研究しているが、同じような奇妙な現象を報告している。カーターはプレーリーボウル（vole: ハタネズミ、ヤチネズミの一種）の研究を行ったが、このネズミは雌雄ペアのきずなは強く終生続くことで有名である。プレーリーボウルをストレスのかかる環境に置いたときに、オスはつがいの一方を探し求めて接触を図ろうとする。一方、同じ条件でメスはつがいのオスの方には向わず、メスの〈友〉つまり以前同じ巣で住んだことのある別のメスのところへ向う[4]。

これらの観察結果に興味をもったデービス地域霊長類センター（カリフォルニア）のシャリー・メンドーサと共同研究者は、メスのリスザルをなじみの飼育ケージからなれない環境に移すことでサルを追い詰め、苛立たせるままにするという実験を行った。全体の半数はなじみのない環境に単独で過ごさせ、残り半分はなじみのケージで一緒に飼われていたメス同士を集団としてなれない環境に置いた。仲間同士で過ごしたサルが単独で置かれたサルよりも苦痛が少なかったという結果から、仲間のメスの存在がメスのリスザルにとりなじみのない環境のストレスから身を守ることになることが示唆された。(5)

女性のグループに対する私の興味は、自分の体験からではなくこれらの動物研究からまず始まった。私は長い間、人々がどのようにしてストレスに打ち勝つのかという研究を行ってきたが、安全と援助のために社会的グループに向う行動は、ストレス克服行動としてはよく見られるものである。他者を求めるという同様の行動パターンが動物にも観察されるという事実は、この行動パターンが極めて古い生物学的起源をもっていることを示していると思われる。私にとってことのほか興味深いのは、雌性においてこの社会的接触を求める性向が、どのようにして女性の仲間集団を形成することに結びつくかである。私は女性グループを別の視点から見ることを始め、表面上は非公式的で楽しみのために結成された婦人団体が、それ以上の意味をもつかどうかを知りたくなった。限定的にいえば、私はそれがストレスに対する緩衝材の役割を果たすのではないかと考えることを始めた。

社会的関係を研究する優秀な人類学者である友人も同じ関心をもっていた。彼は私の考えに対して即座に、「女性は集団を形成しない」と答えた。私の興味のあるところのある種の集団、つまり母とよちよち歩きの子どももグループ、暖炉のそばで食事をとる集まり及び同類のものについて話したときに彼は「ああ、そういう集団。もちろん女性はそういうグループを作るね。女性は重大な意義のある集団を形成しない、ということだ」と答えた。(6)

私は女性のグループは女性たちにとってだけでなく、彼らが所属するネットワークや地域活動においても多くのことをなすという意味で、意義がある存在だと主張した。女性のネットワークは社会生活の内部にある核の一つで、ストレスが小さなときにはかろうじて存在が分かる程度だが、生活が困難になってくると突然その重要さが浮かび上がってくる。これらのきずなは血族関係に基づくもの――つまり母、姉妹、おばや姪または単純な友情――だが、それはともかく、彼女らが顔を合わせるのは基本的に重要で必要なことである。つまり子どもを養育すること、食物を得ること、暴力から身を守ることとストレスに打ち勝つことである。

ストレスがかかっているときに社会的な集まりに身を置くことは、男性にとっても女性にとっても有益なことである。[7] 歴史的には社交の集まりは、女性とその子どもに安全を提供するという意味において、特に女性において重要だった。何世紀もの間、女性は青年期、成年期の多くの時間を子どもを妊娠し、養育、世話をすることに費やしてきた。男は自分から進んで侵入者と戦ったり捕食者から逃げたりできるが、それと違って女性は、これは前に述べたことだが、ストレスをうまく調整する方法を発達せざるを得なかった。そのことには自分だけでなく若い同族を守ることも含まれるが、これらの防備は集団生活からもたらされる。[8] しかしなぜ、女性同士で集まるという特別な傾向のみが発達したのだろうか？　また、そのような女性同士で集まるという好みはどんな必要を満たすのだろうか？

われわれ霊長類の生得の性質が、その質問の回答を探すのに役立つ。ある時期は女性のきずなが人の社会においてほとんど目立つ存在と受けとられないこともあるのだが、他の霊長類、特に旧世界のサルであるゴリラ、オラウータン、ヒヒ、マカック類、チンパンジー及びボノボ――これらは進化的に人類に最も近い関係であるが――ではあからさまに観察される。

まずは、少し背景的なことを述べる。霊長類の社会はそれぞれ少しずつ違っているが、大部分は資源を自分のために徴発する支配者を頂点におく階層的な社会構造（ヒエラルキー）の特徴を備え、下位になるほど食物を少ししか得られない。支配の階層構造で極めて重要なのは、種によってあり方が大きく異なることである。例えば（訳者注：ニホンザルなどの）マカック類は大変支配指向的であるのに対し、ボノボはとても平等主義的である。オスはほとんどの行動においてメスよりも支配指向的であり、攻撃的に階層の上の地位を狙い、また他のオスに対して今の地位を力によって守ろうとする。メスたちの支配はしばしば血縁関係に基づき（例えば娘の地位は母親が誰かにより決まる）、メスの支配的階層構造はオスのそれに比べてより安定的で、いくらか遺恨の要素が少ない[9]。

多くの霊長類の社会で、メスは生まれた群にとどまるがオスは群れを出て行くのは、メスの結束の最も主要な基盤が血縁にあるというのが一つの理由である。一たび新しい群が形成されると、メスのボノボは濃密で長続きするきずなを他のメスたちとつくりあげる。また、メスたちのきずなが血縁に基づいている場合でも、同時に血縁関係でないメス同士が〈友情関係〉をも同時につくりあげる種もある[10]。

このきずなはどのような行動として表わされるか？　毛づくろい、すなわち他の仲間の毛から寄生生物をつまんで取り去る行動は、一つの重要な方法である。霊長類学者のロビン・バンダーは、これを電話でのおしゃべりと等価的な行為と言っている。毛づくろいを誰が誰に対しどのぐらいの時間をかけどのような状況下で行ったかによるが、グルーミングは慰め、連帯、償いばかりでなく、グルーミングをしないことによる拒絶の意思表示などの複雑な意思伝達を可能とする。グルーミングは友の毛皮を清潔に魅力的に保つのに役立ち、またそれ自体が相手をなだめ楽に気持ちよくさせる行為である。母は娘の毛づくろいをし、姉妹や友はお互いに毛づくろいをし、この行為に活動時間の一〇〜二〇％を費やす。彼女たちは活動時間のほぼ七〇％を食物獲得に使うと考えると、残りの活動時間のほとんどをグルーミングにあてている。すなわち、これが余暇の第一番の活動ということになる。オス同士のグルーミングはほとんどの霊長類ではメスのように頻繁に行われず、いくつかの種ではほとんど未だかつて観察されていない(11)。

霊長類に共通したメス同士の連帯は、通常血縁を基盤にしときには〈友情〉に基づくが、部分的にグルーミングで維持されている。この同盟の目的は何だろうか？　いずこの母親も同様だが、霊長類のメスは食べ物を集め自分の子どもを育てる必要があるが、メスの友だちや血族がこれらの仕事を肩代わりして助けてくれる。実際、霊長類学者のリチャード・ランガムは、食物を集めたり分配したりをうまく行うためにメス同士の関係が進化したと考えている。つまり、この関係を通してどこによい食物があるかという情報を共有し、集団で刈り入れをし、競争関係にある別の女性集団をよい食物がとれる土地から追い払うことができるのである。オスももちろん食物が必要だが、オスは基本的には自分自身の腹を満たすために行動するとすれば、幼子の必要を満たすことはメスほどには考慮する必要がない。従って、食物を集める方策はメスとは異なったものになる。メスにとっては、すべての仲間のために十分な食物を獲得することが欠くべからざる条件となる[12]。

食物をバランスよく割り当てることと同様にメスの主要な仕事は、子どもを世話することであり、この仕事を共同で負担することは母親にとっても子どもにとっても共通の利益をもたらす。つまり、ヒトの母親と同様、霊長類の母親は若い同類の集団の外縁に座り、見た目にはお互い同士の交流（毛づくろい）に熱中しているように見えるが、常に子どもたちの集団に目を配り、もし手に負えないような騒動が起こったらすぐに止めに入る準備を怠らない。すべてのメスが幼子たちに注意を向けることで、幼子たちが利益を得ることは別に驚くことではない。つまり、幼い動物はそれにより、危険なところに迷い込んだり、養育放棄により殺されたり死んだりすることが避けられるのである。

その上、時にメスは子育てを血族間や、〈友だち〉や若いメスの〈ベビーシッター〉に任せてしまうこともある。こういう形のやり取りの利点は、それが都合がいいからというだけではない。メスの間で子育てが共有されると、母親が食物を集めることに集中できるという理由か、親に加えて養育者も子どもに食べさせるからという理由か、両方の理由かで、子どもが早く大きくなるのである。これはそれ自身大変よくできたやり方であるがさらに副産物がある。つまり、出産をまだ経験していない若いメスが、将来生まれてくるはずの自分の子どもをよく育てるためにはぜひとも必要な、母親になる方法をこの体験を通して学ぶのである[13]。

すべてを考えあわせると、霊長類のメスのネットワークは驚異的な小社会制度であるといえる。その過程で、食物が分配され、子どもの世話をし、将来の母親教育をし、毛づくろいをし安寧を得る。もちろん、今述べたのは理想状態である。こういうことも事実だが、それだけでなくメスの集まりが互いを不快にする方向に進むこともある。メスが時には、赤ん坊を養育する代わりに殺したり食べたり、食物や交友あるいはオスをめぐっての諍いが醜悪な様相になったりすることもある。概していえば、これらの制度が広くメスの間に共有されているとすれば、これらの行動様式は成功を収めており、その結果としてわれわれ自身の遺伝子や生活に組み込まれてきたと考えられる。

他のメスとのきずなは防衛も生み出す。もし、メスが他のメスからいかに高頻度に毛づくろいをされているかを知るならば、メスがグループ以外のメスや同じ群のオスや外部の略奪者から攻撃されたときに、誰が彼女の助けになるかは容易に察することができるはずである。これに関することとして、Robin Dunbar はゲラダヒヒにおいて、「ハーレム」のボスであるオスがメスたちを統率するのに非常に攻撃的になったとき、どんなことが生じたかを報告している。[14]

そのオスは、自分のメスたちが自分から相当遠くまでさまよい出るときには見張って阻止しようとするが、しばしば失敗に終わる。（その際に攻撃された）不幸な犠牲者の毛づくろいパートナーは、必ず彼女の助けとなる。つまり、肩を組んで立ち、怒りを込めて威嚇し、凶暴に吠えてオスに大胆に立ち向かう。オスは通常それで攻撃をやめ、尊大な態度で歩いて立ち去ることで揺らいだ威厳を保とうと努力する。しかし時にはオスが、おそらく面目や安全に過敏であるために執拗に攻撃をくり返すことがある。そのときだけは群の他のメスも駆けつけ、攻撃態勢に入っているメスたちを助ける。オスは必ず攻撃をやめ、印象深い女の連帯を表現している怒り狂ったメスたちに山腹を追いかけ回される。[15]

メス同士の連帯が弱い場合はしばしば、オスはメスに対してより攻撃的で時にはひどい扱いさえする。例えば、チンパンジーとボノボはかなり類縁性があるとはいえ、オスのチンパンジーはボノボに比べて、欲求不満をしばしばメスにぶつける。このことは、チンパンジーではボノボに比べてメス同士の結束が弱いことが大きな要因である。チンパンジーの間でも、環境が極めてストレスに満ちたものか脅威的になった場合は、それに立ち向かうためにメスたちの連帯が強まる。[16]

(ボスの)締め付けが強いチンパンジーの集団では、暴力的なオスに対する防衛のためにメス同士が連帯することは珍しくない。そのようなメスの連帯が手厳しい攻撃を仕掛けることができるとしたら、そのオスはその場からできるだけ速やかに逃げ出そうとする。オスの運が良ければ逃げ出すことができ、メスから安全な距離のところまでたどり着く。どのメスもボスのオスには強さでも敏捷さでもかなわないのだから、このようなメス同士の連帯はなくてはならないものなのである。[17]

霊長類学者のスー・ボインスキーは、メスのリスザルが過度のストレスに打ち勝つために、このやり方を応用して他のメスと結びつくことを発見した。チンパンジーと同じように、本来リスザルは単独で食物を集める習性があり、メスザル同士の結びつきは比較的弱い。しかし、出産時期になると、鳥にとっては魅力的な餌食であるおいしそうな小さなリスザルが、突然多数出現することになる。この鳥からの脅威を減らすために、先ほどの孤立的なメスたちは、密接な隊列を組んで行動することを始める。しばしば一緒に座り、空をじっと見つめ、鳥がやってこないか首を旋回して見張る。ハヤブサが赤ん坊をさらいに舞い降りるたびに、警戒していたメスたちが群をなして襲いかかり、追い立てる。時がたち、ひとたび赤ん坊が自分で身をかわせるほどに成熟すると、母ザルはふたたび単独で餌を探す習性に戻る。これらの興味深い動物研究が教えてくれることは、メスの結びつきは平常時には緩かったりいろいろな形がありそうだが、ストレスの高い状況になると互いに協力し合って、防御をするように変化しうる柔軟性があるということである(18)。

以下のことが、霊長類から知ることのできる女性のきずなの概略図である。すなわち、女性は食べ物を供給し合い、互いに手入れをし合い、子どもの世話をし、敵意のあるオスを食い止め、脅威がせまると互いが助け合う。

食べ物から話を始めよう。女性は食物とは特別に深い関係を有するように見える。それは、単に食物を買う人であるということだけではなくて、女性は世間で男性よりもずっと影響力の強い食物購買者である。そして、単に食物を調理する人という存在に過ぎないわけでなく、その仕事は男性よりも通常女性の職分である。食べ物は女性にとって特別の意味があると思われる。女性がある出来事を祝おうとした場合、食べ物のことを考える。彼女たちが集まると、食事をするという行動をよくとる。「お昼ごはんを一緒にする」ということは、男性にとっては必ずしもそうではないが、女性にとってはなにかしら特別な意味をもつ。女性が誰かを心配するとか好きだとかのメッセージを伝えようとする時、しばしば食事を作ってあげる。女性と違って男性は通常、お互い新しい料理を試してみたり、料理法を教え合ったりしない。世間では女性は男性よりもずっと、ダイエットをする人、拒食症、過食症の人が多い。女性と食べ物は、女性が関心（場合によっては強迫的でさえある）が強いのため、実に縁が深い。メスの霊長類と同様に、古代の食物収集段階の女性は、自分たち自身と子孫を食べさせることを確実にするという重要な仕事を担っていた。

ヒトの乳児は弱々しく、成熟にも時間がかかるため、人生の最初の数年はほとんどずっとと言っていいくらいの世話が必要であるのは、体験して疲れている母親なら誰でも知っている。幼児期を過ぎてさえも、安全を守るためにはほとんど常に見守ることが必要である。さらに、幼児は莫大な食料を必要とする。ある専門家が見積もったところ、生まれてから幼児が成熟するまでの間に、三〇〇万から一〇〇〇万カロリーを消費する。もし食物を採集する形態の母親が、自分と子どもの必要栄養を独りで満たそうとするならば、それはほとんど解決不可能な要求である。彼女は援助を受けなければやっていけない。(19)

多くの場合、援助は赤ん坊の父親か、母親のパートナー（通常は同一人であるが時には異なる）から得られる。多様な理由から、この援助は安心して頼ることのできるものではなく、臨時の援助程度でしかない。というのも、パートナーとの関係は必ずしもいつまでも続かず、また、父親たちは新しい家族に対する責任を負わされると同様に以前の家族にも責任があるが、それは放棄されるかもしれない。父親であることは不明確である場合があり、そうなると男性は自分の子どもではないかもしれないという疑いのある子どもに対して、食物を供与するのに乗り気でなくなるかもしれない。狩りがいつも成功するとは限らず、もし成功しても、彼の子どもにその食物が行きわたるとも限らなかったのである。それであれば、女性は子どもを成熟するまで育てるのに必要な食料を得るために、誰に助けを求めたのだろうか？　彼女たちは、他の女性とのきずなに深く頼った。[20]

彼女たちは時には子どもを、通常はまだ自身の子どもを持たない若い女性であるベビーシッターに預け、そのおかげで食物をよりたやすく集めることができた。食物を集めることは重労働である。彼女たちは道を外れて岩や薮を通らなければならず、そうして穴を掘り、地面から苦労して塊茎を掘り出す。もし同じことを赤ん坊を引きかごにいれて連れて行ったとすれば、それはずっと困難な作業になる。さらに女性の採集者は、広い範囲を掘り出す縄張りとしていた。すなわちある試算によれば、一年に一五〇〇マイルもの範囲であり、そんな広い範囲での作業は、赤ん坊や幼い子どもを連れていると厄介になっただろう。[21]

しかしベビーシッターは、母親が食べ物を効率よく集めるために自由になるという問題を解決するに過ぎない。ベビーシッターによっては、自身と子どもの必要なカロリーに見合う、実に大量の食料をいかに得るかという母親の問題は解決されない。カロリー供給の難問を解決するかもしれない方策は、女性の近親者や友人の間で食物を分け合うことであった。最も近い関係者、つまり女性の母親、姉妹、祖母、おばなどは援助しやすい関係だろうが、連携関係をつくりあげた他の女性たちからも同じように食物の提供を受けていただろう。それぞれが自分の赤ん坊をもつ友人や親戚は、食物採集に出かけた母親を助けるために、お腹をすかせた赤ん坊にお乳をやることもしたのではないか。このお乳の分け持ちは、現在でも採集生活を行っているある集落ではいまだにみられることである。すでに子どもを持った年長の女性で、彼女らの必要以上に食物を集められる人はおそらく、小さい子どもを抱える母親に食物を分け与えたことだろう。実際、現在 Hadza や !Kung といったアフリカの採集社会では、おばあさんが孫の世話をし食べ物を与えており、おばあさんが生きている子どもは生き延びる傾向にある[22]。

初期の人類の生活においては、食物採集と子育てが分ちがたく結ばれている。ある程度は、それが現在まで受け継がれている。ほとんどの女性はもはや食物採集をしないが、家族に仕事、用足し、日々の雑用などをしてあげており、子育てのために女性の友人や親戚と手はずを整えるやり方は、しばしば驚くほどに原初の女性たちがお互いのために連携していたやり方と似ている。

特に、女性は子どもの世話においては根本的で主要な役割を継続的に担っている。私は最近このことを科学論文で述べたが、ある批評家は厳格な態度で私に向って一本指を振りながら、男女の役割はもっと平等主義的になってきているので今では私が言うほどはっきり述べられない、と断言した。それで私は大急ぎで図書館に行って、私が別の惑星に住んでいるわけではないことを確認し、そしてもちろんもっと大事なことであるが、女性が子どもの世話の第一人者であり続けている（これは自分の子どもに対しても他の人の子どもに対しても）ことを確認した。女性は男性に比べて子どもと一緒に家にいることが多く、たとえフルタイムの仕事を持っていても、妻は夫がするよりも子どもの世話をよく焼く。ベビーシッターは少年より少女が行うことが多く、子どもを世話する職種の人口は女性の方が男性より多い。子どもの世話の優先的なあり方は、女性の親族による世話であることは今に至るまで変わりがない[23]。

初期の人類が行っていたのとちょうど同じように、近代の女性も子どもの世話の交換をする。あなたの子どもたちが私の家に来れば私が目配りをするし、私の子どもがあなたの家にいけばあなたが世話をしてくれる。こう述べるからといって、男性には子どもの世話ができないとか、したがらないとか言っているのではない。男性は女性が行うほどには子どもの世話をしないと言っているだけである。つまり、われわれの初期の祖先もしてきたように、女性は自分の周りの女性たちの助けを借りながら食べ物を獲得し、子どもの世話をするのである。

女性にとっては、このような必要不可欠なきずなをつくりあげ維持するために、ある種の社会的〈糊〉すなわちお互いの関係を維持していく何ものかが存在していなければならない。霊長類においては、社会的きずなを固く結合させるものは、毛づくろいによる世話である。ではヒトの女性ではどうか。ロビン・ダンバーは毛づくろいと同等のものは、ヒトでは会話であることを示唆した[24]。霊長類ではつながるための交流は、体に触れることを通して生じることがほとんどだが、ヒトの女性はお互いに親しくなるのはおしゃべりを介してである。つまり、世事においてどうしているのか、という情報を際限なく交換する。実際、女性の会話の約三分の二の時間は、人間関係の話題、社会的な出来事、好きか嫌いかとか、他の人は最近どうしているかという世間話に費やされる。他の話題、すなわち政治、仕事、スポーツのことさえ口に上らない。しかし、会話を女性特有の社会的〈糊〉の役目を果たすものと考えるのは、公正な考えだろうか？　もちろんおしゃべりは女性だけがすることではないが、女性同士の関係をつくりあげ維持していくのに極めて重要な役割を果たすと考えていいのではないか。そもそも女性は言語能力がいくらか男性よりも勝る。会話は女性同士の関係において、男性におけるよりも必要不可欠な部分を占める。心理学者たちは、男性の友人は一緒に行動するが（つまり、スポーツを楽しんだり一つの目標に向って一緒に仕事をしたりする）、女性が共に楽しむことの第一番はおしゃべりである、と指摘する。

もしあなたが、レストランで女性同士の席の隣に座ったことがあるなら、その喧騒が圧倒的であることを知っているはずである。その場では誰もが早口に、しかも同時に喋るのが普通なのである。しかし内容は無用な漫談では決してない。大変な量の社会的な情報が極めて迅速に交換され、各人が十分に情報を得て席を立つのである。例えば、あなたの息子さんの注意欠陥障害について理解に役立つ本がどうしたら見つかるか、あなたの娘さんの多食症の治療プログラム、街で一番腕のいい離婚関係弁護士、あなたの母親のためのいいナーシングホーム、あなたの妹が乳がんの手術をセントルイスで受けるのに最も腕のいい外科医、あなたが短編集を出版するのに必要な取次人の名前、あなたのご両親が楽しめてでも高価過ぎないお薦めのレストラン、ゴールデンレトリーバの膀胱障害を相談するウェブサイト、などなど。ほとんどどんな問題をあなたが抱えていても、それが小さなものであれ大きなものであれ、女性のグループは十中八九あなたを解決に導いてくれる。

後で検討する予定だが、女性たちは社会という織物のあらゆる小さなほころびや裂け目を縫いつくろうことにとても熱中する。彼女らは両親や配偶者、子ども、友だち、親戚や家のペットさえも世話をする。誰も女性に対してその仕方を教えてくれるわけではないにもかかわらず、どの些細な危機も気が遠くなるほどそれぞれに違っている。ここに女性の友人の登場舞台がある。彼らは誰が似たような問題をかつて抱えていたかを知っているので、（教えてもらって）あなたは助言を引き出せるか同情してくれるような誰かを得ることができる。もし人生の小さな問題（そしてより大きな問題でも同じことだが）の重荷があなたの肩にのしかかった時、これはしばしば最良の解決手段である。しかし、ある問題を解決することに導く助けよりも優っているものは、互いに話をすることからもたらされる感情的な支えである。会話の単純な過程が女性の関係を意味深いものにするとともに、お互いをしっかりと結びつける。

女性同士のきずなは、霊長類においてそうであるように、防衛に役立つのだろうか？　通常この役割は、男性同士の連帯と関係づけられてきた。人類の原初の頃には、自分や子どもを捕食者から守ろうとする母親は他の個体の援助を必要とし、守ってくれるオスはそのいくらかの手助けになっていた。オスとメスが一緒になるという事実は、部分的に、メスや子どもを捕食者から防衛するための進化的な適応といえるのではないか。

かつて採集社会においては、男女は多くの時間を離れて過ごした。つまり、男性は他の男性とともに狩りをしていたし、女性はひとりまたはグループで食物採集に精を出していた。だから、男性が常に防御をもたらすわけではなかったと考えられる。しかも男女のきずながあまり安定したものではなかったとしたら、ある時は守ってくれても別の場面では守ってくれなかっただろう。

さらには、ヒョウやトラ、その他の捕食動物（predator）がその脅威を減らしたことを考えると、ヒトの男性そのものが、女性にとっての第一番の略奪者（predator）と見えてきた。女性にとり、男性に対する恐怖が、レイプ、暴行、虐待、殺人及び子どもへの虐待の形をとって、とても深刻なものとなってきた。ある社会では女性が一人でいること自体が危険と隣り合わせである。不適切な場所に不適切な時刻にいるということが、性的暴行を容易に招くと考えられることさえある。人類学者のヤランダ及びロバート・マーフィーは、ブラジルのムンドゥルクにおけるこの状況を記述している。

いかなる女性であれ、独力で行動を起こすことは男にとり標的となるので、女性たちは常に他の女性たちと一団を形成し、他の人すべての身の安全や財産を保証するという行動をとる。毎日朝と夕方に、女性たちは水をとることと水浴のために出かけるが、その際は一団となって村を出る。そして、女性は自分の庭を歩く時も少なくとももう一人の連れと一緒であり、できたらもう少し人数が多い方がよいとされる。女性が一人だけで村を離れるのは男を誘いに向っていると必ず見なされるが、もし実際はその目的でないにしても、いかなる男でもその女性に対して誘いをかけ性交を強要する権利がある。これらのことは、時によっては限りなくレイプに近い[25]。

また多くの女性は、自分のパートナーに対して恐怖を抱く十分な理由がある。調査によれば、北米の二〇〜五〇％の女性が自分のパートナーから暴行を一度は受けたことがあると推定され、犯罪データが指し示すことは女性が殺される相手の一番は自身のパートナーである。他の女性がそばにいれば防衛になり、犯罪者になろうとするもの（夫かもしれないし見知らぬ男かもしれない）を踏みとどまらせることもある[26]。

女性がお互いを（男性）パートナーによる攻撃から守ることがあるという事実は、極めて豊富に報告されている。妻が夫から虐待を受けるかどうかにどのような要因が影響するかを、パプアニューギニアの例で見てみよう。なぜ私がパプアニューギニアに焦点を当てたのか、他の社会でも米国でも、ドメスティックバイオレンスはあるではないかと不思議に思うかもしれない。その理由は、パプアニューギニアでは他の国とは異なり家庭内での暴力は文化の一部分として受けとめられているため、日常的な出来事であるばかりでなく、公の場で明瞭に認識されていることだからである[27]。従って、公然とドメスティックバイオレンスが行われる社会で何が起こるのかということの、きちんと裏付けられた希有な例が提供される。

パプアニューギニアにおけるドメスティックバイオレンス調査（一九八七年）によれば、驚異的に高いレベルでの妻に対する殴打、すなわちある地方では九七％にのぼる家庭での発生が報告された。例外的に二つの共同体、ウェイプとナゴヴィジでは家庭内虐待の発生は大変低い頻度だった。近隣に住む彼女らの姉妹たちが暴力に支配されているのに、なぜウェイプの女性が暴力から逃れることができるかの一つの理由は、彼女たちが真の社会的権力を持っているからである。この権力は少なくとも二つの源泉から生じる。一つは、女性が食物のほとんどを獲得してくるからであり、夫は経済的に妻に依存しているのである。もう一つの理由は、ウェイプの女性は夫を選ぶ過程に関与しており、おそらくそのおかげで結婚において揺るがぬ力が発揮される。(28)

たぶん、ウェイプの女性が暴力からある程度逃れることができて生活を楽しむことが可能であることの一番重大な理由は、彼女たちが村の中で女性同士の（親族や友人のどちらも）強いきずながあるからである。人類学者ウィリアム・ミッチェルは次のような解釈を詳細に述べている。

> 村の女性たち、少なくとも私が住んでいた村の女性たちは、強くて密接なきずなを形成していた。男女がお互いをののしり合うような通常起こり得ない事態の時、女性はごくまれに大きな棍棒を持ち出して戦うが、普通は集会所に急いでかけつけて、他の女性たちと合流するまでその外に立っているのである。(29)

このように、言葉による攻撃を増幅しないという手段によって、ウェイプの女性たちは身体に及ぶ暴力を最小限に防いでいる。同じくドメスティックバイオレンスの比較的まれなナゴヴィジ地域においては、村は女系でつながる女性のグループで形成されており、男性は婚姻でその一族単位に組み込まれる。つまり男性は、結婚により妻の家族と生活をともにするために自分の家族から異動する。この女性親族の密接なつながりが（男性による）ドメスティックバイオレンスを思いとどまらせることに役立っている。[30]実際、一般的に言って、女性が自分の親族の近くに住んでいるとドメスティックバイオレンスは少ない。

女性が自分の家族から夫の家族に移る場合は、その女性が虐待されるリスクが非常に増し、そのリスクは女性の移動距離（夫の家と女性の家の距離）に応じて増す。[31]この環境では、男性が家族の権力のほとんどをわが物にして振る舞うので、女性同士がきずなを形成することが困難になる。血族から離れてしまうことが母親や姉妹との同盟を維持することを困難にしてしまうだけでなく、友情を形成することをも難しくする。夫の女性血縁者は――夫の母や姉妹だが――、同じく虐待され攻撃を受けているからである。

人類学者のマージャリー・ウルフは、若い中国人の花嫁について夫の家族に近いところに引っ越した場合の孤立と身体的虐待について研究を行った。

新妻のところに故郷の家族がしばしば訪れるのは悪いことであると見なされており、そのため母親さえも頻繁な訪問を控えざるを得ない。もし、新妻が深刻な虐待を夫か夫の家族から受けている場合は、彼女の父親や兄弟が介入することもあると思われるが、偶発的な平手打ちやしばしば浴びせられる荒い言葉は、母親の同情の言葉がけとは比べ物にならないほどあまりにも頻繁に行われる。彼女にとって夫の家族からの防御の源であり、耐えられないほどの孤独な時間における慰めをもたらす身近でもっとも重要なものは、近くに夫の家族との関係がない女性たちのグループである。[32]

他の女性たちから孤立してしまっている女性は、危険に身を置いていると考えていい。他の女性との密接な関係や仲間付き合いは保護的であり、それは暗黙的には油断のない見守りのグループとして、また目に見える形としては援助を提供することを通して実現される。

（これはもっと一般的な社会的グループでも見られることであるが、特に女性たちはストレスの高い状況で協力し、お互いのきずなを強くすることはこれまで論じてきた。実際、ストレスやストレス克服についての三〇編以上の科学論文において、女性たちは男性たちよりも社会的グループを頻繁に利用することが報告されている。これは、仕事のストレスから癌の宣告から命が危険に曝される暴力に至るまで、すべてのストレッサー研究において証明されていることである。[33]例として次の研究を見てみよう。

一九九〇年八月、ガニネスビルのフロリダ大学は、一連の無作為で極めて気味の悪い一連の連続殺人に動揺していた。七〇〇〇人を超える学生は大学に来なくなり、その他の人たちは武装して次に起こる出来事を不安にかられながら待ち受けた。そうこうするうちに、学生たちは彼らができるもっともよい方法で、学園中に充満していたしだいに高まるパニック感情を克服した。心理学者のモニカ・ビアナットとマイケル・ハーコフは、この学生たちが不安の感情をコントロールするために何をしたかを調べたところ、彼らがどのようにして打ち勝ったかは性別により大変異なるということが分かった。男子学生の多くは引き続き一人で暮らしていたが、女子学生たちはほとんどが、外出しなければならないときにはお互い一緒に歩くように連携した。彼女らは男子学生に比べてはるかに頻繁に電話で友人と話すか、寄り集まって何をしているのか、どう感じているのかなど話し合った。おそらくそのようにしてお互いが大変多くの情報を共有していたために、女性たちは男性に比べ、基本的安全対策を講じていた。その中には、ドアや窓の鍵をチェックするとか、鎚矛を持ち歩く、外出するときには電灯をともしたままにしておくことや、アパートの部屋に警報器を取り付ける事などが含まれていた。つまり、女性たちは他の女性との社会的接触を支援やアドバイスのための場とした[34]。

彼女たちは時々は男友だちに家路を一緒に歩いてくれるように頼んだに違いないが、おおむね自分と同じように恐れ、現状に打ち勝とうとしている女性たちの道連れを求めた。この事実を見た他の科学者たちは、これは単に女性が男性より社会的であることを示しているだけであり、この違いはストレスのかかる状況でも日常の生活でも見られるものであるというかもしれない。多くの科学者は、女性は集団指向性があり他の人とつながることへの鋭い感覚をもつが、男性はもっと個人主義であるという[35]。

この世代においては、このことには多少の真実がある。すなわち、女性は男性に比べて多くの社会的支援を提供する。彼女たちは友人や親戚が助けを求めるとき、すなわち家族の誰かが亡くなるとか、離婚、解雇、あるいはその他家族の悲劇のときは、すぐにかかわりを持とうとする。彼女たちは自分の社会ネットワーク内に生じたストレスフルな出来事、例えば子どもの病気とか母親が腰を痛めたとかをたちどころに察知する。ミシガン大学の心理学者ジョセフ・ヴェロフらは、女性は男性に比べて、仕事におけるもめ事、論争、死、あるいは病気などによるストレスを生じている親戚や友人に対して、三〇%余計に社会的な援助をすることを証明した。このことは西欧の女性においては確認されていない。しかし、人類学者がこれについて調査した一八を超える文化で、一八のすべての研究で同じ傾向が見られた。すなわち女性や少女は男性に比べて、自分たちのネットワーク内の男女に対してより多くの援助をしていた(36)。

ところで女性は、助けが必要なときに誰に求めるのだろうか。フロリダ研究が暗に示すように、女性は他の女性に助けを期待するのであろうか。次の研究はその答えを知るのに役立つ。一九五〇年代、社会心理学者のスタンリー・サクターは、人は他の人たちに属したいという欲求をもつものかどうか研究した。サクターの関心は、「グループというものは、人が不安定な状況に置かれたときに安全の感覚を与えたり不安を軽減するようだ」という観察に由来している。彼は、自分の思いつきを検証するためにあえて悪魔的な実験を組み立てた。彼は大学の学生を別々に自分の研究室に連れてきて、痛みに耐えられる度合いを研究していると告げ、短時間の強い電気ショックを連続して与えるつもりだと説明した。そのショックは永続的な障害は残すものではないと確約したが、かなり痛いと言っておいた。その上で彼はある追加的な実験準備を済まさなければならないと言い、いまや大変恐れおののいている学生に対し、「その間一人で待つのがいいか、同じ実験に参加しようとしている他の人と待つのがいいか」(常に、他の人とは同性の学生）と尋ねた（実際は、学生はどんな電気的ショックも受けることはなかった。サクターの関心は、恐怖を伴う出来事が後に控えている人が、仲間の中にいることを望むか一人でいることを望むかということだけだった）。

サクターにとって幸いだったことは、参加した第一号の学生たちが女性だったことである。一人で待つか他の女子学生と一緒に待つかという選択を与えられたとき、彼女らは他の女性たちと一緒に待つことを希望した。しかし、サクターが男子学生を研究に組み入れたとき、彼は極めて異なるパターンを目の当たりにした。男子学生は一人で待つことを望んだのである。参加者を幾度か替えてやってみたが、どんな条件も男子学生を他の男子学生と待ちたいと言わせることはできなかった。それでサクターはあきれて、それから数年の研究では女子学生だけを対象とした[37]。それが社会通念となり、その後四〇年の間、ストレスが高まる状況を前にして生じる、他の人と一緒にいることへの欲求を研究する心理学者は、典型的には女性だけを対象にした研究を行った。奇妙なことに、この研究パターンの重要性についてはだれも意味づけをしなかった。

四〇年がたってからアリゾナ大学の心理学者ブライアン・ルイスとダーウィン・リンダーは、女性がストレスが高まる状況で他の女性と一緒にいることを望むのか、それとも男女にかかわらず古い仲間はそのような行動をとるのか調べようと決意した。彼らの研究の一つでは女性に対して、電気ショックを待つ間一人でいるか、もしくは知らない男性であるが実験の参加者である人と一緒がいいかという選択をさせた。女性たちは一人で待つことを選んだ[38]。

なぜ女性は苦境に立つと他の女性と一緒にいたがるのか？　その答えは、他の女性の存在は男性とは違い、女性にとってストレスに対する神経内分泌反応を減少し、静穏作用を示す。心理学者たちは、この女性仲間のもたらす魅力的な利益を、研究室でストレス研究をするなかで見いだした。心理学者たちは女性を個別に研究室に招き、暗算や講習の前で喋るなどのストレスを感じる課題をさせるが、その間、支援をする女性または男性の仲間をつけた。女性のストレス反応は、男性が支援的な仲間であるときにはおおむね高かったか、低くはなかったが（それは、例えその男性が彼女のボーイフレンドであったとしても！）、支援的な仲間が女性である場合はストレス反応は通常低下した。[39]

だから、ストレスを感じているとき、女性は同性と一緒にいることを選択する。思春期の少女が女性の友だちに助けを求めるということは、少年が男友だちに助けを求めるというよりも多い。女子大生は男子学生に比べて、自分を助けてくれる同性の友だちが多くいると言うし、実際にその人たちからより多くの援助を受けていると証言する。大人の女性でも、ストレスを感じる状況で社会的な援助を男性より受けとるが、それはほとんどが、（繰り返して言うが）女性の血縁者や友人からであり、配偶者からの援助を当てにする度合いは男性に比べて少ない。人生のすべての時期を通して、女性は援助を他の女性に求める。

一九三二年、大恐慌のさなかの最も暗い時期に、レディース・ホーム・ジャーナルは読者に対して霊感に満ちた社説を発表した。その社説は、女性たちに自分たちの家族の力を合わせありったけのお金を集めるために精を出し、機転を利かせることを強く勧告した。一部にはこのように書いてある。

お金がふんだんにあるときには、世界は男性のものである。お金が欠乏したときは、世界は女性のものである。すべてのことがうまくいかなくなったと思えるとき、女性の能力が発揮されるときが始まる。女性が力を出す。それが、恐慌が起ころうと世界が続いている理由である。

極端なストレスのもとにある共同体において、女性のネットワークが家族や共同体を束ねていくものであることの、極めて重要な役割りが際立って明瞭になってくる。アフガニスタンから荒廃した都心部に至るまで、職がなく、政治体制が激変し、ビルは爆破されるか空き家になっているときでも、赤ん坊は生まれ続け、人々は食べる必要があり、病気の人には治療が必要だし、子どもたちは危険がないように守られる必要がある。これらの活動は、見た目通り平凡なものであるが、公式な社会体制が崩壊したときその類似物を生み出す。そしてそれは通常、女性が成し遂げる。それは小さな成果どころではない。そのような状況のとき、生きるための基本的な仕事を成し遂げるために、協調性と独創性が要求される。そのとき、女性のネットワークが極めて重要となる。

このことは、不可避的に同時に生じる貧困と危険（犯罪、病気、失業）を克服しようとする家族を研究するなかに明瞭に現れる。[40] その一つの研究は、最近ハーバード大学の人類学者キャサリン・ニューマンによってなされたが、彼女はファースト・フード産業に雇用され、最低賃金かそれをわずかに上回る程度を稼ぐハーレムの住人にインタビューした。そこで分かったことは、このような貧困にあえぐ家族において、女性同士のきずながしばしば主な支えになっているということだった。彼女が話した人々のおよそ三分の一は、女性が世帯主の家族で生活し、それよりずっと多くの人々が他の女性の親族と同居していた。女性（しばしば年長ですでに子どもを持つ）が、家や食料その他の生活必需品を提供していた。ニューマンに答えてくれた人のひとり、シャクエナは次のように発言している。

私のおばは、わが家から道を挟んだところに住んでいます。昨夜もそうだったけど、おばあさんが砂糖を切らしたの。おばあさんはおばに電話をして、砂糖を持ってきてもらったわ。下にいる人はそりゃあ私たち家族にとってはとても素敵で、私たちのために食べ物を持ってきてくれる。でもおばあさんは、同じ階の沢山のお年寄りたちにとって素敵なの。彼女は何かを頼もうとする時は、友だちより先に娘、私のおばさんだけど、に頼むけど、頼み事をできる友だちは別にもいるの。私は何か必要な時は、すぐ上の階に行くの。だって親友が真上に住んでいるから。彼女のおばあさんとうちのおばあさんは友だちで、融通し合っていつも食材を切らさないようにしているわ。(41)

食べ物は、女性が先頭に立って作るネットワークにふさわしい基本的な必要物であり、もう一つ同様なものとしてあげられるのは「安全」である。暴力の可能性はどこにでも潜んでおり、拳銃発砲は外で遊ぶ子どもの安全を奪う。玄関先での（違法）薬物販売を受け入れるとか犯罪にかかわるという誘惑はすべての貧しい地域で顕著で、それは何かもっと面白いことがありそうだという理由で学校をやめるきっかけになる。だから、女性は外に出て見回りをする。

社会福祉にかかわる母親は、働きに出る母親が子どものためにそばにいて警戒することができないのを助けるために、大変多くの仕事をしばしば背負う。彼女らは最も望まれるものが人気《ひとけ》であるような公園や歩道に大人がいるという役割を果たす。もしこのような「いつも家にいる」お母さんが近所にいなければ、多くの働く貧しい両親は少なくとも子どものために安全だという理由で、子どもを夏休みの間中家に閉じ込めて一人で過ごさせることを選ばざるを得ない。(42)

このような女性のネットワークは、例えば職探しのような別の必要ごとにも効力を発揮する。タマラは一つの例を紹介する。

わが家の人たちは仕事をみつけるのに、ほとんどおばあさんの力を借りるわ。おばあさんは一つの情報源で……。「おばあちゃん、私たち仕事を探しているの」と言うと、おばあさんはそのために必要な場所に行くし、会うべき人を知っているし、仕事や物事の具体的な知識があるの。おばあさんはとてもたくさんの人と知り合いになったのは、こんな彼女の仕事を通してだと思う。彼女はその職場に一七年か一九年いたそうよ。それはシモンズ・デイケアセンターというの。彼女はまるで世界中の人を知っているようだわ。[43]

時にはこのようなネットワークはあまりにも結びつきが強くなり過ぎて、自身の重みに耐えられずに崩壊することもある。ニューマンは、そのようなネットワークの要の女性が親戚や友人からの要望を制限するために、自分の家を売り払い小さなアパートに引っ越すという思い切った行動をとった例をあげている。

このような、ほとんど顕在化しない女性たちのネットワーク（だろうと集団と言おうとそれは、私の人類学者の友人が言うように大した問題ではない）が、ストレス下にある共同体に活力をもたらす。ネットワークの中心には老齢の女性がおり、彼女は料理をし、病気の子どもや大人を看病し、一時的にホームレスになった人を招き入れ、雇用や仕事を探しに出る人の子を預かり世話をする。いかなる人種であろうとも低所得の家族研究では、援助や精神的支援は女性の親戚、友人、隣人の間で生み出されることを証明している。[44]

ストレスの高まった状況で特に、女性たちの結束がいかに重要となるかを示すため、格別にひどい貧困や社会的混乱状態においてその重要性を強調してきた。しかし、ある意味で、こういった例は誤解を招く可能性がある。女性のネットワークはストレスや不安定に満ちた状況のときにはいつでも支援の手を差し伸べるが、貧困がその唯一の状況であるわけでは決してない。

この章の初めの方でケンブリッジ女性ガーデンクラブについて述べ、それが大変楽しいものであったと言った。そこで述べなかったことは、いかにわれわれが切実にお互いを求めていたか、である。このメンバーのほとんどはその当時、何らかの形でハーバード大学とのかかわりを通じてつながっていたが、この大学はほとんど女性の研究職がおらず女性の学部学生もごく少なかった。それぞれはひどく隔絶されていると感じていた。同じ種類の沢山の問題を抱え、同じ疑問を感じている他の女性たちと会うことが、当時どんなに救いになったことか。「なぜ、男性よりも沢山のことをしなければならないのか？」「なぜ、私には事務的な援助が男性研究者のように得られないのか？」「彼らの下品な振る舞いは不適当ではないのか（当時はまだセクシャルハラスメントという言葉は使われていなかった）」「これは不公平だから？　それとも私が過剰に反応しているだけなの？」。疑問を共有すること、さらに重要なことには暫定的にでも答えを見いだすことによって、われわれはお互いに対して援助ができ、その援助は（当時の）われわれの当惑した生活においては、女性の結束が提供してくれるもっと基盤的な必要、つまり食物や子どもの世話、と同じくらい必要不可欠なものだった。

『*I Know Just What You Mean*（あなたの言いたいことはみんな分かる）』という題の、女性たちの友情がもたらす楽しいふざけ遊びを描いた本の中で、エレン・グッドマンは共著者であるパトリシア・オブライアンとの友情を称して、「われわれはお互いのＤＮＡの片割れになった」と述べた。彼女のこの言葉は隠喩として語られたが、女性の友情の科学的な研究を終える前に、このＤＮＡは重要な視点をもたらすものとなると思う。

子どもに対する思いやりというような欠くべからざる任務について、自然は偶然のままに放置することはないと、前に述べた。自然はそのために、女性が自分の生んだ赤ん坊ときずなを深めるのを助けるホルモンを用意している。オキシトシンやEOPsを含むこれらのホルモンは、くつろぎ、心の温かさ、他者に対する親密さの感覚を、他の心理的、身体的変化を起こすとともに誘発する。これと同じホルモン（神経科学者はそれを協力の回路ともいうが）が、女性の友情にも関連があることは、今や信ずるに足る証拠がある。神経内分泌学者のエリック・ケバーンと彼の共同研究者は、進化論的にいえば女性のきずなは母親・乳児間のきずな形成過程を援用して成り立っており、母親・乳児間のきずな形成にかかわるホルモン群が、女性同士の連帯にもかかわっていることを示唆した[45]。

この論にはどんな証拠があるかといえば、一つは霊長類の研究から得られた。毛づくろいは時間をかけた、気分を落ち着かせるやり方で毛並みを清潔にする行為であるが、われわれの霊長類の仲間にとっては、至って心地よいものである。ある生物学者らは、毛づくろいがホルモンの分泌を促し、それによって気持ちが穏やかになり、ストレスが軽減される効果をもたらすのではないかと考えた。前に指摘したように、オキシトシンはマッサージ、抱擁、その他のやり方での愛情のこもった接触で分泌が促され、このホルモンは気持ちを落ち着かせストレスを軽減する効果をもつ。体内でつくり出されるオピオイドも穏やかなくつろぎの状態をもたらすが、周囲との好意的な愛情のこもったかかわりは、即効性にオピオイドの分泌ももたらすようである。科学者らは、動物はかつて一緒に過ごした時に脳のオキシトシンとオピオイド類が高まった相手と一緒にいることを好むことを見いだした。この経験は個体において社会的関係を維持するように働きかけるものと解釈される[46]。これらの化学物質が、友情が長期間維持されることの一つの原因と言えるだろうか？

このことを確かめる一つの方法は、これらの化学物質が作用しなくなるような神経化学的薬品を用い、友情と同等の行動がなくなるかどうかを見ることである。理論上では動物やヒトが、他者とのかかわりによりいつもは得られるオキシトシンやオピオイドの効果が生じなかったら、社会的かかわりがもはや報酬をもたらす行為でなくなるわけだから、社会的接触を減らすだろうと考えられる。まさにこのことを確かめた研究があり、メスのアカゲザルに対しオピオイド類の（脳内での）放出を阻害する化学薬品が投与された。すると、アカゲザルの友情表現であるお互いで行う毛づくろい行為は顕著に減少した（この実験はオスには行われなかったが、その理由は、オスはメスのようには信頼して毛づくろいをしないし、お互いに友情を築かないからである）[47]。

同じような生物学的過程が、女性の社会行動の背景にあるという証拠がある。心理学者のラリー・ジャムナーと共同研究者は、男女の大学生に長期作用性オピオイド阻害剤を注射することにより、血中のオピオイド類濃度を激減させた。男子学生たちはこの処置によっても社会行動に変化がなかったが、女子学生の行動は大きく変化した。彼女たちは友だちと一緒に過ごす時間が減り、電話でお互いに話すことが少なくなり、一人で過ごす時間が長くなり、他の人と一緒に過ごしてもそのことはこれまでのように楽しくはない、と述べた。つまり動物におけるのと同様に、オピオイドの効果を阻害すると、女性では友だちとの社会的行為によって得られるはずの報酬が得られなくなり、そのため彼女たちは社会的接触を減らすようになる[48]。

今のところ、親密さの神経回路が女性同士のきずな維持に一役買っているという考えは、確立された真実というより仮説である。しかし、この興味深いいくつかの事実は、女性の友情における神経学的仕組みをより完璧に理解するためには何に注目すればいいのかを、科学者たちに教えてくれる。さしあたり、これらが発想のヒントとしてあるということで満足しなければならない。

女性同士のきずな研究からわれわれが得るものは何だろうか？　第一番目の洞察は、このきずなは古くかつ深いものであることを実感することから得られる。このきずなは、食物と安全を女性と子どもにもたらすものであるから、進化的視点で表現すれば選びとられたものである。他の女性とつながっている女性は、そうでない場合に比べて脅威をうまくかわすことができ、その結果自身が生き延びることができ、自分たちの子どもの生存確率も高くなる。二つ目の洞察は、このきずなは感情的に親密であることであり、居心地良さの感覚といえるが身体的な親密さともいえる。女性は、親密な女性が近くに寄り添っている場合、強いストレスを感じる体験をしてもあまり（慌てて）がたがた言わないように見える。先述のように、このくつろぎの感覚には、生物学的な仕組みが関与している。三番目の洞察は、これらのきずなは重要な必要を満たすということである。つまり食物と子どもの世話が提供され、若い女性に母親としての振る舞いを教え、そして身を守ることができる。

しかし、余り熱心に女性の連帯の有益性に注目すると、きずなのいくつかの最も重要な恩恵を見過ごす危険を冒す。つまり女性はお互いに、慰安、愛情、笑い、それと居心地良さをもたらす。社会的連帯の価値についてどんなことを学ぶにしても、目に見える形の援助は連帯による恩恵の単なる小部分に過ぎない。感情的な連帯は少なくともそれと同じくらい、いやおそらくもっと重要なものである。もちろん前史時代においても安全及び生存は、女性の連帯がもたらす重要な恩恵であるが、感情的な必要が彼らの関係において些少な地位しか占めなかったとは想像しにくい。友情、思いやり及び愛は最近の発明品ではない。女性の連帯は歴史の古い時期に、今日そうであろうと考えられているように、進化的な世襲財産としての生物学的圧力により徐々に顕現してきたものであるが、仲間付き合いの純然たる喜びによって継続されてきたのである。

◆**脚注**……………………………………………………

1．Hrdy（1999）．この問題に関する考察。

2．Baumeister and Sommer（1997）and Belle（1987）総説として Laireiter and Baumann（1992）; McFarlane, Neale, Norman, Roy, and Streiner（1981）.

3．McClintock, 私的コミュニケーション。（May, 8,1998）; LeFerve and McClintock（1991）.

4．DeVries and Carter（未発表データ、Carter, 1998）.

5．Hennessy, Mendosa, and Kaplan（1982）; Saltzman, Mendosa, and Maeson（1991）.

6．この主張はみかけほど性差別主義でもない。私の人類学者の友人は女性のグループは非公式的であり、一方男性は普通公式的なグループを形成し、より政治的、社会的、軍事的目的でグループを形成すると述べた。女性は一般的にグループを形成しないと長い間考えられてきた。霊長類の研究ではこの神話の中で無意識のうちに無視されていた（Parish and De Waal, 2000）。

7．Caporeal（1997）; Dunber（1996）.

8．De Waal and Lanting（1997）; De Waal（1982）; Taylor et al.（2000）. 三〇〇〇万年前、旧世界の霊長類は二つに分かれた。一つはバブーンとマカクサルであり、もう一方は人類が含まれていた。人類と類人猿はいくつかに分かれ、二二〇〇万年前に gibbons が分かれ、一六〇〇万年前にオランウータンが分かれ、七〇〇万年前にゴリラが分かれた。人類は六〇〇万年前にチンパンジーと分かれた。その後、三〇〇万年前にチンパンジーとボノボが分かれた。われわれは親戚の霊長類と多くの遺伝子を共有しているが、特にチンパンジーとボノボとは最も近い関係にある。

9．De Waal（1996）.

10．Baldwin(1985) De Waal(1996); Dunbar(1996); Mason and Epple(1969) Parish(1996); Parish and De Waal(2000). 霊長類の研究から一般化するには注意が必要である。霊長類は一三〇種もあり、メスがグループを作るかあるいはいかに作るかには、大きな偏倚があるからである。霊長類の行動から人間まで直接的な関連を見いだすのは愚かなことであるが、大きな偏倚があるからといって霊長類の行動から何も学ばないのもばかげたことである。

11. Dunber（1966）.
12. De Waal（1996）; Silk（2000）and Wrangham（1980）.
13. Hrdy（1999）; Keverne, Nevison, and Marrel（1999）. 血縁、非血縁による母親行動は多くの霊長類で認められ、それは幼児の受ける養育の五〇％に達するかもしれない。
14. Dunbar（1996）.
15. Dunbar（1996）, pp.20-21.
16. Bemstein and Ehardt（1986）; Boesch（1991）; Fossey（1983）; Goodall（1986）; Smuts（1987）; Smuts and Smuts（1993）; Sugiyama（1988）; Wrangham（1980）.
17. De Waal（1996）p.205.
18. Boinski（1987; De Waal, 1996 より引用）.
19. Hrdy（1999）.
20. E.G. Boehm（1999）; Kaplan, Hill, Hawkes, and Hurtado（1984）; Hrdy（1999）.
21. Hrdy（1999）. 思春期の少女がなぜ子どもの世話に関与するのかの理由の一つは、彼女たちが他の仕事をうまくできないからである。上手で効果的な食料の調達は多くの努力と練習が必要である。思春期の少女はどちらもうまくできない。そのために自分の子どもを持つまで、食料調達社会では母親や祖母が行う食料調達より軽い仕事を担うことになる。子どもの世話はこれらの軽い仕事の一つである。

子守の経験は次世代の母親にとって生きた社会経験となるだろうか？　全くそのとおり。若いメスザルが早期に社会的接触を絶たれたならば、彼女たちは不十分な母親になり、虐待や子殺しを行うかもしれない。これらの社会的に隔離されたメスに社会的接触と養育の機会を与えれば、自分の子どもの養育は改善する。しかし彼女らの世話は自然に獲得した技能には決して達しない（Ruppenthal, Harlow, Eisele, Harlow and suomi, 1974）。

22. Hrdy（1999）. 食料調達社会では年取った女性のもたらす食料調達技術は、彼女ら自身が必要な量より多くの食料を供給し、それらは親戚が共有する。

23. Hrdy（1999）この問題に対する考察。Corter and Fleming（1990）は現在の文化やたぶんすべての狩り集団文化では、育児の責任は一義的に生みの母親にあることを述べている。少女や女性がまだ養育的な職業にとどまっているという事実は明らかである。最近の国の調査で、一〇代の子守の八五％は女性である。保育園や幼稚園に所属するのは女性が男性の九倍である（Digest of Education Statistics, 1996）。子育ての仕事は九七％が女性である（Bureau of Labor Statistics, 2001）。

24. Dunbar（1996）; Silk, Seyfarth, and Cheney（1999）. Miyalyi Csiksentmilhayi は少女は少年に比べて電話で話す時により陽性の感情を持ち、高い自己評価を持つ（私信、一〇月二六日、二〇〇一）。

25. Murphy and Murphy（1985）p.134.

26. Daly and Willson（1988; 1996）, Goodman, Koss, Fitzgerald, Russo and Keita（1993）; Koss, Goodman, Browne, Fitzgerald, Keita, Russo（1994）; Malamuth（1998）; Straus and Gelles（1986）.

27. Counts（1990a）. Holzworth-Munroe, Bates, Smutzler, and Sandin（1997）.

28. Counts（1990a）.

29. Mitchell（1990）, p.148.

30. Nash（1990）.

31. Counts（1990a,b）.

32. Wolf（1975）, p.124.
33. Luckow, Reifman, and McIntoch（1998）.
34. Biernat and Herkov（1994）.
35. Clancy and Dollinger（1993）; Cross and Madson（1997）; Kashima, Yamaguchi, Choi, Gelfand and Yuki（1995）; Niedenthal and Beike（1997）.
36. Belle（1987;1989）総説、Copeland and Hess（1995）; Edwards（1993）; McDonald and Karabik（1991）; Ogus, Greenglass and Burke（1990）; Ptacek, smith, and Zanas（1992）; Veroff, Kulka and Douvan（1981）; Wethington, McLeod, and Kessler（1987）; Whiting and Whiting（1975）.Dunbar and Spoors（1995）の研究によれば、男性と女性はほぼ同程度のネットワークを有しているが、女性のほうが男性より親密なネットワークを持ってる。興味深いことにどちらも同性のメンバーに強く惹かれる（Booth, 1972; Rands, 1988）。
37. Schachter（1959）.
38. Lewis and Linder（未発表データ）.
39. 例えば、Fontana and colleagues（1999）; Kamarck, Manuck, and Jennings（1990）; Kirschbaum and colleagues（1994）; Glynn, Christenfeld, and Gerin（1999）; さらに Seeman and colleagues（1994）; Snydersmith and Cacioppo（1992）などの関係する証拠を参照のこと。しかし、このパターンに関して一つの資格がある。ストレス下の彼女の行動が彼女の友人や同性の他人により評価されると感じたとき、他の女性からの社会的支援の恩恵は見られない（Kors, Linden, and Gerin, 1977）。しかし評価を得られない状況下では女性の経験は他の女性から支持され、ストレス反応も減弱する。しかし男性からはたとえボーイフレンドからでもその作用は少ない。この証拠の持つ意味は極めて魅力的である。支持的な女性は、たとえそれが他人であっても、ストレスを感じている女性にとって自分のパートナーよりも和ませてくれる（少なくともあるストレスフルな状況下では）。

40. Newman（1999）; Stack（1975）.

41. Newman（1999）; p.197.

42. Newman（1999）; p.219.

43. Newman（1999）; p.70.

44. Belle（1987）. われわれの家庭中心の西欧文化の立場から、われわれのやり方は普通である。すなわち、男性と女性は自分たちの子どもと一緒に暮らし、時には同族と一緒であるが、いつもではない。そんな世界では女性の親戚と友人の信頼は不明瞭である。実際、世界の家族のほぼ半数が、親戚と近くに生活している女性たちにより率いられている。彼女らの多くは非常に貧乏で、女性のネットワークは生き残りに欠かせないのである。

45. Keverne, Martel, and Nevison（1996）.

46. Carter, Lederhendler, and Kirkpatrick（1999）and Panksepp（1998）はこの問題の情報源である。この問題の直接的な検証ではない他の証拠として、例えばエストロゲンを投与したメスのプレーリーボールにオキシトシンを脳内投与すると、社会的接触は増加し攻撃性は弱まる（Witt, Carter, and Walton,1990）。またラットにオキシトシンを投与すると、社会的接触や毛づくろいが増加する（Argiolas and Gessa, 1991; Carter, De Vries, and Getz, 1995; Witt, Winslow and Insel, 1992）。人に関する文献として、Carter（1998）はオキシトシンが社会的愛着行動の核であり、母親と子どもの愛着行動ばかりでなく、成人のカップルや友情のきずなもまた含まれると報告している（Drago, Pederson, Caldwell, and Prange, 1986; Fahrbach, and Pfaff, 1985; Panksepp, 1998）。

47. Keverne, Nevison, and Martel（1999）.

48. Jamner, Alberts, Leigh, and Klein（1998）.

第七章　結婚における思いやり

六九歳になる義理の父テオは、自分の年齢が気に食わないようだった。父が死を覚悟してもう数年が経っている。月に一度は散髪に出掛け「この店に来るのも最後だな！」「寂しい限りですね、ダンナ」という会話を交わす。そして数週後また店を訪れる。また、毎年一二月には子どもたちを集めては「最後のクリスマスだ！」と話し、子どもたちは「寂しくなるね、お父さん」と微笑みながら返すのである。父は黒いスーツをクローゼットに掛け、一張羅の革靴をピカピカにして死を迎える準備をしていた。しかし不思議なことに死が訪れる兆しもなく、少し彼を苛つかせていた。

父の持つちょっとした〈問題〉は、五八歳になる妻のミーナである。彼女は二二歳の時から父の欲するところすべてを満たしてきた。ごちそうを作り、召使いを雇い、子どもの世話のほとんどを行い、ワードローブを整え、そして彼の親戚や友人をもてなすことまでしてきたのである。父にこの世を去る理由は見当たらない。彼はこれまで多くの困難に直面し、いくつかは非常に深刻なものであったが、何とか切り抜けてきた。それはミーナが溢れんばかりの愛情を持っていつも傍にいてくれたからである。

愛と笑いと子どもたちに囲まれて伴侶と添い遂げることは、結婚する際に多くの人が期待することであろう。結婚に避けられない障害が生じたとしても、これからの人生で辛い時期に傍にいてくれるであろうという暗黙の了解があってこそ、二人の生活を維持できるのである。そう簡単には理解できないかもしれないが、結婚への信念というものが揺らぐことはまずない。何十年にもわたる心理学の研究によると、結婚こそが情緒的な幸せを決める要素である。お金や子ども、その他の趣味・娯楽では決してない[1]。

結婚はいろんな意味で、われわれの健康や幸せを決定する社会因の凝縮といえよう。結婚は何よりも濃密な関係であるため、思いやりの有り無しで生まれてくる影響が赤裸々になる。確かに結婚というものはリスクを伴うが、結婚しないことはもっと大きなリスクを負う。この結婚という思いやりのシステムによって男性の健康と幸福が守られ、女性の幸福も守られる。また、結婚はこの世で最良のクスリともなり得るのである[2]。

結婚のご利益にあずかるのは男性の方であるということは疑いない事実である。にもかかわらず、女性の強い結婚願望に対して男性は消極的であることは、社会生活における大きなパラドックスである。客観的に考えれば、男性にとって結婚は大きな幸運をもたらすものである。ちょうど子が母親から生理的な神経伝達物質によって保護を受けるように、男性はガールフレンドや妻から同じようなものを与えられる。もしあなたが男性で健康に生き続けたいなら、早く結婚して妻と仲良くやることが一番の秘訣である。そうすれば六五歳より長く生きる確率が六五％から九〇％に上昇する[3]。あなたがもし女性ならば、結婚生活に楽しみを見つけることはできるかもしれないが、平均余命には影響しないだろう。

結婚とは相手を思いやるシステムを作ることと捉えるとしたら、女性よりも男性が結婚生活から恩恵を受けるのはなぜであろうか。一つの理由として、女性は相手の健康や幸福に直接作用するように欲求を満たそうとすることが考えられる。男性も相手の欲求を満たそうとはするものの、昔は上の立場からであった。最近は同等の立場になったものの、男性の思いやりの仕方は女性とは異なっていて、女性が行うほど相手の健康面には効果がないことが分かっている。

女性が相手を思いやる手段は普遍的で、しばしばありきたりのものである（男性の場合は決してそうではない）。既婚の男性は、未婚男性や既婚女性が通常は味わえないご利益を受けることができる。例えば、結婚することによって男性は炊事洗濯や後片づけを妻にしてもらえるようになるわけで、これは未婚の男女には少なくとも当てはまらないことである。買い物をして料理を作り、家の掃除と洗濯をし、時には服の新調や小間使いまでしてくれる人がいる。男女を比較すると、男性の方が日々の面倒から解放されるようになるのである。

男性は結婚すると、悪い付き合いが減り、身体に悪影響を及ぼすような習慣にブレーキがかかり、少なくとも健康面で守られるようになる。未婚の男性に比べると、栄養のある食事と良質の睡眠がとれる上に、喫煙や度を過ぎた飲酒、違法な薬物に手を出すことも少なくなる(4)。

特に女性が家事のほかに外で仕事している場合は、男性の労働時間の方が短くなる。米国のある調査によると、働く女性は一日三時間を家事に費やしているのに対し、男性はわずか一七分であったという。子どもにかかりきりになる時間は女性では五〇分、男性では一二分であった。一方で男性は睡眠やテレビ、スポーツなどの娯楽により多くの時間を費やしていた。この労働パターンの違いによって男性に生理的な御利益がダイレクトにもたらされる[5]。

勤務中に、社会的な葛藤や時間の束縛などのストレスを感じると、カテコラミンであるエピネフィリンとノルエピネフィリンが分泌され、焦燥や過覚醒といった分かりやすい感情がもたらされる。「闘うか逃げるか」反応が分かりやすい例であろう。われわれはこのような感情を一日何回も経験し、勤務時間が終わりに近づく頃にはカテコラミンの濃度はかなり上昇していることがある。一日の仕事を終えて家にたどり着けば、カテコラミンの分泌は低下を始める。あたかも身体に語りかけるようである。「リラックスして、もう大丈夫」と。

女性は結婚をしても、この経験をすることはできない。夕方になってもカテコラミンは上昇したままで、まるで「顔を上げて！　まだ働くのよ！」と命令されているかのようである。このことを最初に発見したのは、ストレス研究のパイオニアであるマリーネ・フランケンハウザーである。研究対象としたスウェーデンの働く女性たちは、普段仕事から帰るとまず夕食を作り、さらに他の家事を済ませ、ベッドに入って初めて心からリラックスできるのだという。フランケンハウザーは家庭の内と外、両方の仕事によって日中のストレス反応が延長することを報告している[6]。

既婚女性は男性よりも長く働き、ホルモンの分泌にも差が見られることは、結婚のご利益を受けるのは女性ではなく男性であることの一つの理由となる。慢性的に上昇したストレスホルモンは健康を脅かすため、たとえ女性が結婚によって人恋しさを紛らわすことができたとしても、焦燥や過覚醒といった日々のストレスによって相殺されてしまうだろう。

女性が男性を優しく慰めるほど、男性は女性に対してそうしないことが多い。この違いを理解するには、コミュニケーションの取り方が男女で異なることを理解する必要がある。リンギスト・デボラ・タンネンが一九九〇年に書いた『あなたも分かっていない』では、男女間でコミュニケーションの取り方がいかに違うかを説いている。この本は男女問わず何百万もの人に読まれ、まさに結婚生活における問題であると共感を与えた。

タンネンによると、妻は夫を支えることを自らの役割と感じているため、日々のストレスを訴えられると夫に同調して憂慮と愛情を表し、憤りと怒りを共有して自分がいつでも夫の味方であることを理解させようとするのだという。一方で男性は、将来の展望と英知を与えることが自分の役割と考えているため、妻から日常のストレスを訴えられても、情緒的なサポートをしようとはしない。その代わり、妻の抱える問題はそれほどのものではないとか、解決するにはこうすればよいという助言をしてしまうだろう。ところがこのような助言に女性は辟易し、夫に支えられているとの思いどころか非難されて不幸のどん底にいるように感じることが多い[7]。

では、男女どちらの態度がよいと言えるのだろうか。健康面を優先すれば、答えは女性である。男性からのアドバイスにはよいものもあるだろうが、逆の立場で女性がもたらすような心を穏やかにさせる効果を持たない[8]（そのため、妻は夫とのやり取りの後に、女性の友人と話してスッキリしようとすることもある)。
より傷つきやすい立場にあるためか、女性は男性に比べて結婚生活にエネルギーを使っているかもしれない。確かに結婚生活において起きていることをよく理解しているのは女性のほうである。古い映画『Ｇｉｇｉ』の中で、モーリス・チェバリエとハーミオン・ジンゴールドがユーモアに富んだ夫婦を演じていた。「ちゃんと覚えているよ」というのが男女の差を表し、お互いの関係を想起させるものである。セリフはこのようなものだった。

夫：あれに乗ったよな……
妻：歩かせられたわよ。
夫：君は手袋を失くしたよな……
妻：櫛を失くしたのよ。
夫：ああ、そうだった。ちゃんと覚えているよ。

カナダのウォータールー大学の心理学者ミカエル・ロスとダイアン・ホンベルグは、夫婦間の歴史をきちんと記憶しているのはどちらかというのを調べるために、モーリス・チェバリエ研究を行った。読者の方も一部試してみるといい。どんな経緯で、どこで出会ったか、他に誰がいたかなどをパートナーに聞いてみるのである。最初のデートはいつどこで、そして何をしたのか？　ロスとホンベルグがこのような調査を行ったところ、夫は基本的なことすら覚えていないことが判明した。一方、妻の記憶は素晴らしかった。女性は関係性の証人なのである[9]。

女性はこれまでの関係性だけでなく、現在の出来事にも同じように敏感である。妻は家庭内に存在するストレスを夫よりも把握している。ハーバード大学のロナルド・ケスラーは研究の結果、男女の差を象徴する以下のようなことを報告している。夫婦の関係性を聞いている際、ある男性に最近一年間の家庭内ストレスの有無を尋ねた。その男性はしばらく考えた後に、「ないね」と答えた。妻は驚いた顔をしながらも、そっと夫に手をやり「あなた、お義母さんが亡くなったわ」と呟いた。

女性は結婚すると両家の冠婚葬祭に駆り出されることが多いため、男性よりも結婚生活における出来事をより詳しく記憶するようだ。女性は家族や友人への遠距離電話を一〜二割多く掛けるとされ、手紙も二〜三倍多く書き、グリーティングカードやプレゼントも三倍多く贈るとされている。女性は誕生日や記念日を頭に入れ、冠婚葬祭などにも一家で参列できるように家族みんなの予定を組む。女性は結婚すると娘の役割として両家をしっかり結ぶように振る舞うが、男性は自分の家族すらもまとめようとはしない。結婚を機に女性が贈るカードは倍増するが、男性は逆に半減する[10]。

これは家族の結びつきを保つ行為そのものであるが、不公平にも女性側の荷が重い。にもかかわらず女性は家族の危機に直面し、その影響を受けやすい。もし男性に最近一年間に出くわしたストレスについて質問しても、仕事関係かもしくは個人的な事情に関連しないものをあげるであろう。一方女性は、家族や友人など社会的なつながりの中で起こった出来事を、ストレスの大きかったものとするであろう。

女性は親戚の誰と誰が不仲であるか、どの嫁を姑があまり好ましく思っていないかなどを知るものである。そしてクリスマスパーティーで自分の長男に対して口にした叔父の心ない一言や、甥が自分の長女をのけ者にするような扱いをしたことも忘れることはない[11]。

結婚によって健康が守られるのは男性だけであるもう一つの理由として、女性は家族間の衝突を何とか解決しなくてはならない立場であるのに対し、男性は逃げてばかりでありながら家族の支えの恩恵にあずかっていることがあげられよう。コメディアンのジョージ・バーンズは結婚生活について「優しくて面倒見がよく、きずなの強い大家族を隣町に持つと幸せ」とまとめている。つまり多くの男性は家族と同じ町に住んでいないようなものだと言っているのである。

結婚によって男性が得る金額の計算方法を、エコノミストが発表している。教育歴などが同じ条件とすると、既婚男性は未婚男性に比べ平均で時間当たり一二・四%多く収入を得る。妻が専業主婦の場合はその差はさらに拡大し、未婚の男性に比べて時間あたりで三一%多く収入を得る。妻がフルタイムで働いている場合はその差は三・四%にまで縮まってしまうが、もちろんその夫は妻の給料の恩恵を受けるわけであり、同情するほどのことではない。結婚による収入増は、男性に一家の大黒柱としての認識を持たせることと、妻からの特別な思いによって得られる余暇やケア、健康によってもたらされる。男性にとってその思いやりはありがたいもので、心理的・生理的なものとともに、経済的なメリットも得るのである[12]。

結婚によって男性が得られる加護としてもう一つあげられるのが、夫婦間葛藤からも逃れていることである。典型的な例として、ダンとローラという三〇代半ばの夫婦をあげよう。二人は結婚生活に関する心理研究に参加し、謝礼として一五〇ドルを受け取ることになっている。実験では互いに向き合って座り、心拍数と血圧を測定する器械をつけられた状態で、研究者が選んだ題目について議論を行うのである。「夫婦間の葛藤についてお話をして頂きたい。結婚生活において問題となり繰り返し議論するけれども、結局は解決法がないと思っていることを話して下さい」。二人は同時に同じ解答をし、顔を見合わせて笑っていた。「では、お金に関して話し合いましょう。いつもどんな議論をしているのですか？」

「妻は金遣いが荒いのです」。ダンは同意を求めるかのように研究者に目をやった。「そんなことありません。毎月のように予算内でやりくりしているわ」とローラが反論した。夫が「新しい服を買ってほとんど着ないこともあるじゃないか。値札がついたままのもあるよ」と話すと、妻は「じゃあ腰にいいからってあなたが買った八〇〇ドルの椅子はどうなるのよ」と切り返した。「あれは治療のためだろう」とダンが言ったきり、二人は二〇分ほど黙り込んでしまった。

二人の体に起こる生理学的変化を測定したところ、次のような結果であった。妻の心拍数は上がり、血圧も上昇を始めたのである。夫はと言えば、ほとんど反応をみせず、心拍数も血圧もわずかに上昇したに過ぎなかった。この二人の反応差は、研究に参加した夫婦のまさに典型例であるという。夫婦間の葛藤を話すにあたって、妻の心拍数や血圧は大きく変化するが、夫は反応するにしてもごくわずかであった。生物学的に考えれば、男性は葛藤の存在を意識しているとは言い難いほどである[13]。

これまでの情報からすれば、一般に女性は男性よりストレスに対して大きく反応するという結論に至ってしまうかもしれないが、実際はもっと複雑な話なのである。例えばダンを妻との議論の場から退席させて別の男性と向き合わせ、先ほどのような心拍数や血圧の測定器械を取り付けたとしよう。そして同様にストレスフルな議論をさせるのである。「例えばお二人が共に飛行機で移動しなくてはいけない状況で、残り一席しかなかったとします。そしてより高いお金を払ったほうが航空チケットを手に入れるとします」。つまり二人で競わせるのである。もちろんこれは仮定の話で、彼が妻といつも議論しているお金の話とは異なる。果たしてダンの体はどのような反応をするのだろうか？　議論を始めて五分、彼の心拍数は上がり血圧も急上昇したのである。彼は本当にチケットが欲しくなったのである。

この思考実験の結果によって、これまで心理研究の対象とされてきた男性間の衝突についても示唆されている。他の男性と競争する状況では、男性はまさに挑戦的となって血圧や心拍数が上昇するのである[14]。しかし妻と衝突するとなると、そのような反応はずっと少ないのである。

心理学者のジャニス・キーコルト・グレイサーやウイルス学者のロン・グレイサーらは夫婦間葛藤に対する男女の反応の違いについて、その重要性や意義を研究している。彼らの研究の中に、新婚夫婦に研究室に来てもらって夫婦間の葛藤を議論させるというものがある。典型例では、議論によってストレスホルモンであるエピネフィリンやノルエピネフィリンの値が上昇するのであるが、ローラがそうであったように、特に女性に多く見られる現象なのである。結婚によるストレスが大きいければ大きいほど、妻の体がみせる反応は好ましいものではなくなってしまう[15]。

結局、夫婦間葛藤に対して妻が好ましくない反応を生理学的に呈することは、疑う余地もないことである。夫に関していえば、実に皮肉な結果となっている。一般に男性は女性よりもストレスに対して生理学的な反応を示しやすく、特に血圧の変化が大きい。しかし結婚生活においてだけは、男性は生理学的な加護を受ける側に立っている。

この夫婦間における態度の違いを説明する生物学的根拠が果たして存在するのであろうか？　女性が社会での役割よりも家庭での生活に重きを置くからであろうか？　本能として脳の神経回路に潜む母性というものが、女性から男性に対して向けられているのである。特に女性の大脳において母性に影響を与えるとされる辺縁系領域は、性欲に関係しているとされる。オキシトシンという性ホルモンは母性行動に影響を及ぼすと同時に、女性の社会的、性的な行動にも影響を与える。

例えばメスのプレーリーハタネズミは、交尾の受容行動が整う前からオスに接触を求める習性がある。メリーランド大学の生物学者であるブルース・クッシングとスー・カーターは、性親和的なホルモンであるオキシトシンはこのような社会行動が繰り返されることにより分泌され、メスが受容行動を示す際に重要な役割を果たすと結論づけている。自らの考えが正しいことを示すために、彼らは性行動を早めるような介入を行った。オスと行動を共にする数日前から、メスに対して少量のオキシトシンもしくはプラセボ（偽薬）を投与した。結果は彼らの仮説を裏づけるものであった。オキシトシンを注射されていたメスのほうが、オスと初めて出会った時から交尾を行う傾向がずっと強かったのである。おそらくオキシトシン注射はメスに「勘違い」を起こさせて、そのオスが親密な相手で、性行動に相応しいと思わせたのであろう[16]。

メスの社会行動や性行動に影響を与える特異的なホルモンや受容体は動物種によって異なるであろうが、上述の実験結果はメスの性行動は概して性親和的な神経回路によって決定される可能性を示している[17]。オキシトシンや内因性オピオイドといった同様のホルモンは母性や性親和行動に影響を与えるが、ヒトにおいても、女性と男性が出会ってからその後までずっと結びつける刺激を与えるようである。女性の愛情に関する回路は性的欲求や対を成す欲望と関連するとされるが、ホルモンの影響を受けて女性は男性の世話をしているのであろうか？

このシステムの類似性や関係性について言及したのは私が初めてではない。高名な神経科学者であるジャーク・パンクセップは、母性の神経回路の進化は元来はメスの性行動を司る原始的な脳神経回路から始まったと論じている[18]。言い換えれば、最初に性欲が存在して、その後から母性がついてきたということになる。しかし、反対のケースが当てはまることを示すものもいくつか存在している。

霊長類においてオスとメスの関係はゴリラやバブーンに見られるような偶然交わされるものから、ボノボにおいて見られるような誰彼となく行われるものまで多岐にわたる。対照的にほ乳類における母子の関係は、もっと均一である。それはさまざまな種間において共通して認められる、数少ない社会行動であろう。この一致率の高さは、母性がより古い根源的なものである一方、性欲に関する回路はより新しい進化におけるものである。弱く変化しやすい「新しい」行動は、より古いシステムに後から乗っかったものであり、その逆はあり得ないのである。

さらに、母子のつながりの育児に対する重要性は、男女間のつながりの性行動に対する重要性よりもはるかに大きいものである。女性にとって男性と行為を行う際に、性的魅力や心的なつながりを必要としない。実際、わずかな関心さえも必要ないようで、妊娠する可能性は強姦も愛情を持った配偶者もほとんど変わらないのである。また性交渉における結合は一、二分も必要ないのである。確かに女性が育児を行うにあたって男性の存在は重要ではあるが、それは必要不可欠なものではない。それとは対照的に、母性による世話は子どもの成長にとって絶対的に重要なものである。見捨てられた乳幼児は生き長らえることができない。子どもの成長のためには母子のつながりは絶えることなく維持されなければならない。通常は年余にわたる愛情が必要で、性交渉に要する時間よりもはるかに長いものである。

母親と乳幼児のつながりは、女性が男性に向ける魅力とその後にみせる優しさの根本に存在する関係性であり、その逆は成立しない。私が懇意にしている人類学者のサラ・ハーディーはこのように述べている。

> 母性は快楽中枢における進化においては優位性を保っている。女性が性行為において快楽を感じるずっと前から、祖先は出産や授乳という行為に同様の快感を与えていた。なぜならばそうすることによって乳児が生き延びることができるからである。性行為によるものよりも、先祖からの母性の快楽の残影であることはほぼ間違いない[19]。

それでは男性の性的興味は何であろうか。彼らの女性への興味は養育にかかわる神経回路に関係しているのだろうか。否、実際男性において性に関する神経回路は攻撃に関する回路に近接しており、男性の性欲を亢進させるホルモンは攻撃性をも上げることが知られている。霊長類の祖先においてはオスがメスに性交渉を挑む際、ライバルたちと争わなければならないことがしばしばであった。長い間、性交渉はライバルから身を守るために常に気をつけることが必要であった。よって、性的衝動と攻撃性の関連は男性の子孫繁栄を確実にするものである。プレーリーハタネズミのオスのバソプレッシンに関する研究は、この関係を説明するものである。

プレーリーハタネズミのオスでは、バソプレッシンはメスを守る行動と関連していることをわれわれは確かめている。テストステロンはバソプレッシンの産生刺激を行い、結果としてオスとメスの結びつきを強めるのである。バソプレッシンはオスの発情期において重要な役割を果たし、オスの間での縄張り意識を高めるものである。動物実験においてバソプレッシンをオスのつがい行動に関連する視交叉前領域に注入すると、縄張り行動がより多く観察されるようになる。縄張りの中でパトロール行動を活発にし、侵入者に対して攻撃的となる。バソプレッシンはオスの嫉妬にも関連していると思われる。性交渉の後、オスは侵入者に攻撃的となるが、この行動はバソプレッシン阻害剤を投与するとみられなくなるのである。バソプレッシンはオスの性行動に関与するとされ、性交渉の間には脳下垂体から分泌されている[20]。

男性が結婚生活において得ることのできる恩恵に関して、女性が得るものとの違いはどのような意味を持つのであろうか。その答えはといえば、男性は非常に幸運であるということである。元来子どもの養育のためであった結婚というシステムから、図らずも多大な恩恵を受けるに至っている。それを幸運といわないのであれば、進化の過程における順応といえるのかもしれない。

古代社会において女性が常に直面していたジレンマは、自分と自分の子どもたち両方に十分な食料を見つけねばならないことであったことを思い出してほしい。男性を惹きつけ繋ぎとめることのできた女性は、幾らかはこの問題を解決しやすかったと思われる。男性が狩猟によって食料を運んできてくれたであろうからである。さらに、自分や子どもたちを守ってくれるよう配偶者に頼ることもできるため、異性を惹きつけることによって必要な防御を得られるようになる。

このように男性に女性や子どもたちを守らせることにより、防御と安定した食料を得ることは巧妙なやり口である。これは第六章で述べたように、女性は昔から親戚や友人との関係を大事にする理由の一つである。

なぜ男性は妻と子どものそばに居続けるのだろうか？　それはおそらく性的なものだけでなく、多くの欲求が満たされるからであろう。面倒な家事や病人の看病から解放され、妻の用意した栄養たっぷりの食事にありつくことが可能となるのである。男性は妻が施してくれる家族のことだけを考えた愛情あふれる世話を目の当たりにして、妻がまさに自分の家族であることを認識し、自分の子どももまた自分の家族であるという確信を持ち、幸せを強く感じるのである。愛情あふれる世話というものは、社会においては合図のようなものでもある。つまり女性は世話焼き行動をすることによって、夫が自分だけの配偶者であると夫のみならず社会全体にも知らせ、他の女性が夫を誘惑したりしないようにしているのである。

女性は夫の欲求を満たすことによって、二倍の利益にあずかることが可能となる。一つは夫を惹きつけて子作りの確率を上げること、もう一つは夫が供給する物資によって子どもを養うことができることである。これは『なぜなぜ物語』の類の話なのか、いや単に性的欲求を満たすものなのか？　断定は難しいけれども、女性が性的欲求を満たすこと以上に行動して、長期にわたる結びつきを確保しようとすることは真実といえよう。

これまで私は、男性の人生において女性がいかに保護的な役割を果たしているかということや、その思いやりが幸福と健康の両方をもたらすことを論じてきた。確かに根拠には乏しいかもしれない。男性が女性の思いやりの輪から追い出された時にどうなるか。答えの一つは次に述べる劇的な例から得ることができる。

一九八九年一一月一〇日、世界中の人々は共産主義の重苦しい象徴であったベルリンの壁が崩壊したことを知った。テレビでは東西ベルリンに住む人たちが壁を一つひとつ取り壊し、信じ難いほどの喜びにあふれ握手と抱擁を繰り返した。その後二年間で、すべての共産圏の国々がまるで同調するかのように次々崩壊していくのを世界中の人々が驚きの目で見た。

共産主義崩壊を目の当たりにした人々の多くは、ソ連と東欧諸国が共産主義から脱却することによって生活は改善するであろうと信じて疑わなかった。果たして、結果はそうではなかったのである。代わりに「解放された」国々の人たちに待っていたのは急激な成婚率の減少や、離婚率の上昇、出生率の低下、心臓病や大きな事故やアルコールがらみの死亡の増加、そして余命の短縮であった[21]。

慌てた研究者たちは東欧諸国に集まり、七〇代まで生きるはずであった人々がなぜ四〇、五〇代で死亡していくのか理解しようとした。あらゆる努力が払われたが、謎はさらに深まった。ある国では離婚率が成婚率を上回り、また多くの国では出生率は人口を維持するには不十分であった。研究者たちにとっては信じられないことに、社会の惨状はさらにひどくなり死亡率も上昇した[22]。

誰がどのような理由で死亡したのであろうか？　東欧諸国のある一群において平均余命が脅かされた。それは青壮年の男性であった。一九九〇年、ロシア人男性は六四歳までおおむね生きていた。一九九四年には五七歳まで低下し、旧東ドイツ在住の男性においては死亡率が四〇％上昇したという。一九九〇年の時点において、東西ドイツの三七歳男性で比較すると、東ドイツでは心臓病で一・七倍、ケガで二・五六倍、肝硬変で三倍死亡しやすいという結果であった[23]。

女性の寿命もまた幾分短くなったが、全体として男性のほうがより悪くなった。例えばロシアでは女性の平均余命は一二歳長い。エストニアでもハンガリーでも同じような男女差が認められている。この点についてフランスと比較してみると、フランスでは男性は七四歳、女性は八二歳であり、その差はたった八歳である。またアメリカでは男性は七三歳、女性は八〇歳でその差は七歳に過ぎない[24]。

さらに、実際どんな人が亡くなるかが事情を明らかにしてくれる。東欧の中年男性の高い死亡率は

（ほとんどすべての国で）既婚者ではなく未婚者である。例えばポーランドでは共産主義が終焉した後、六〇代前半の既婚男性死亡率は三倍になったが、この年代の未婚男性や離婚男性のそれは、驚くべきことに六倍になった。ハンガリーでは共産主義の終焉に引き続く中年男性の死亡率の全体の増加は、未婚男性で認められた。生存している未婚男性の健康は既婚男性より悪かった。しかし、結婚は女性の健康に影響を与えなかった[25]。何が男性を死に追いやるのか？

多くの東欧諸国の男性は東西対立が解消した時、彼らの生活水準が上がることを期待した。そして政治体制が根本的に変わる中で、彼らは未来に対する大きな期待を膨らませたのである。しかし、東欧の労働者は西欧の有働者に比べ技術的に劣っていて、手工業に対する需要の低さのために、市場での競争力がなかった。彼らが期待した熱狂の代わりに、彼らの以前の貧弱な生活水準にすべり落ちたことが分かったのである。都市部に住む手工業に携わる中年男性がもろに被害を受けた。

これらの今や怒りを持った抑うつ的で好戦的な男性たちは、絶望的な経済状況の中でいい仕事を見つけようと奮闘したので、彼らは結婚するのをやめたり、もはや支えきれない家族を置き去りにした。彼らは他の男性と争いになり、飲酒、喫煙、さまざまな事故、殺人や自殺などあらゆる事態が生じた。そのためにこれらの男性たちは、心臓病や事故やアルコール中毒あるいは癌で亡くなったのである[26]。

アルコール問題は特に、ロシア人男性の死亡率の急増と関連している。飲酒の頻度ではロシア人男性は他のヨーロッパの国々の男性とあまり違いはない。しかし、いったん飲むとなると無茶飲みをするのである。酒のつまみもなく大量のウォッカをあっという間に飲み干し、夜更かしもする。例えば、シベリアの男性に関する調査では、八〇％が少なくとも一カ月に一度以上大量飲酒（一回に少なくとも八〇グラムのアルコール）を行い、二〇％は週に一度一二〇グラム以上のアルコールを消費する。私もショットグラスと水を用意して試したことがあるが、ロシア人のような無茶飲みをするとなると、空き腹に一〇杯から一五杯のウォッカをストレートで数時間かけて流し込むはめになるだろう。実はそれでもまだ足りないくらいかもしれない。

ロシアでの死亡率の変化について英国人研究者が調査に訪れ、実際に酒盛りなるものに参加したところ、その場は延々と乾杯の連続であったという。「我が人生に！（乾杯）」、「ロシアに！（乾杯）」、「女性たちに！（乾杯）」、「英国に！（乾杯）」、そしてまた「我が人生に！（乾杯）」と続き、全員が酔いつぶれるまで終わらない。英国人研究者は幾らか早く切り上げたものの、翌日はひどい二日酔いでダウンしていたという。これが夜な夜な続くとすればロシア人男性が早死にするのも不思議ではないことを彼は身をもって知ったのである。

適度な飲酒は健康によいとされるが、無茶飲みがもたらすのは災いばかりである。ロシア人男性の飲酒量からすると、アルコールはコレステロール濃度を上げ血液凝固や不整脈を起こりやすくするため、心筋梗塞や脳梗塞のリスクを大幅に上昇させる。アルコール過剰摂取は肝硬変の主な原因ともなり、さらに言えば、無茶飲みはアルコール中毒や自動車事故も起こしかねない。無茶飲みパーティーとは楽しそうに聞こえるが、アルコールは攻撃性を増し緊張感も高めるのである。共産主義崩壊以降の自殺及び他殺の過半数は、アルコールが関連しているとの報告もある。

このように男性のほうが社会問題に影響されやすいのはなぜであろうか？　一つは男性が家族を養うための職探しで困難な経済・社会状況に直面し、より多くのストレスにさらされるからであろう。まるで社会の変化という洞窟に迷い込んで、有毒ガスを吸い込み死んでいくカナリアのようである[27]。

この隠喩はかなり訴えるものがあるが、説得力に欠けるため別の議論をしよう。ここに三〇歳の無職男性がいるとして、さらに同じ年齢の女性、それも一人か二人の子持ちで自分もしくは夫の仕事を探しながら、社会から見捨てられないようにもがいている女性と比較したとする。この男性は女性よりも厳しい現実に直面していると言えるであろうか？　経済が悪化している状況では、女性や子どもは自活してやっていくように放っておかれることも多い。貧困の問題に関しては、女性は自身の他に養うべき人を抱えていることも多いので、男性と比べて少なくとも同等、多くはより深刻なものになりやすい。

「男性のほうが現実に直面させられる問題」に関する別の説明として、性差による役割の違いがあげられる。男性は一家の大黒柱として稼がなければならないため経済状況の悪化に女性よりも敏感となり、自己卑下の感情を抱いて心身の健康が損なわれ、破滅的な行動に至りやすいというのである[28]。これはもっともらしい仮説ではあるが、疑問点もいくつか存在する。つまりこのような性差による負担は、古来の役割として一家を精神的にも経済的にも支える既婚男性に、最も重くのしかかるとも思われる。しかし御承知のようにこれは必ずしも当てはまらず、未婚男性のほうが悪い状況に陥ってしまうのである。

自分の人生が無意味であり今後もそうかもしれないと悟った時、男性は身も心も打ちひしがれてしまう。そして男性が現実に行うことは命を削るようなことばかりである。同じ不幸な境遇にある仲間で集まり、酒を飲んでは傷を舐め合って、無意味となった人生をしばし忘れようとするのである。職探しで失敗するといった、人となりが問われ自尊心が傷つくようなことは回避し、群れては異常な飲み方をして騒ぐ。ほとんどの男性は妻や家庭に対する責任から逃れており、しかも多くの場合は定職にも就いていない[29]。

女性の場合は、新たな社会や経済状況に適応するためのつながりを簡単に作ることができるため、何とか生き延びていく[30]。共産主義崩壊以前、女性は他の女性と情報交換しながら食料や家財道具を手に入れるという、重要な役割を果たしていた。新たな環境に適応する処世術を使って必需品を手に入れ、生活の質の低下を何とか食い止めようとしたのである。男性の社会的なつながりと言えば生活の基本とはほど遠く、むしろ身の危険を呼び寄せるようなものである。女性や子どもたちとの健やかなつながりを断ち切って、男同士の集まりに顔を出しては無茶な飲酒をして、アルコール中毒や果てには死にまで至る。離婚や妻に先立たれて独り身の老いた男性たちは、長年にわたる喫煙と乱れた食生活により心疾患のリスクがすでに高くなっており、女性や介護者に頼ることもできず突然に死を迎えることになる。もちろん、女性や子どもたちも死亡する可能性はあるにしてもずっと低く、しかも自ら築き上げた社会的つながりを保って最期を迎えるのである。

東欧諸国の悲惨な状況もそれほど長くは続かず、すでに成婚率と出生率は上昇しつつあるが、この社会変化によって重要な点が明らかにされた[31]。つまり社会による思いやりのシステムが崩壊したときには、病や死が時には急速に増えてしまうのである。とりわけ男性が変化に弱いのは、女性に頼っている部分が多い一方で、男性同士のつながりが非常に弱いためストレスに敏感だからであろう。しかし、男性が他人の欲求を満たしている驚くべき方法もあり、次章に述べることにしたい。

◆脚注

1．結婚への欲求に関する文献。Glenn and Weaver（1988）; Lauer and Launer（2000）. Hochchild（1989）はバークレ

イ校の大学院生九七％に対する調査を報告している。霊長類の一夫一婦制の発達に関して、読者はVan Schaik and Dunber（1990）を参照されたい。

2．読者はなぜ私がこれらの関係として「結婚」に言及するかに驚くかもしれない。一緒に生活するカップルが同じような恩恵を受けないのだろうか？　ゲイやレスビアンのカップルも同じようなのだろうか？　女性の相方は男性のパートナーの実験上のストレス反応の緩衝材になるという証拠があるが、逆はない。しかし結婚したカップルには鏡像関係が認められる。私の知る限り、ゲイやレスビアンのパートナーのストレス反応の緩衝作用を検討した研究はない。しかし、心理学的健康に関する文献では、結婚には同棲してなくても有益な効果があることは明らかである。結婚している人々に比べ、同棲はよりうつ的であり、同棲には結婚と同程度の防御力はないかもしれない。世界の多くの場所で一夫多妻制はまだ標準であることに注目すべきである。一夫多妻の男性は一夫一婦制の妻から得られるのと同じ利益が得られるかどうかは現在のところ不明である。

3．Berkman and Syme（1979）; Helsing, Szklo and Comstock（1981）; House, Robbins and Metzner（1982）; Litwak and Messeri（1989）; Ross, Mirowsky and Goldsteen（1990）; Stroebe and Stroebe（1983）; Umberson（1992）; Wiklund, Oden, Sanne, Ulvenstam, Wilhelmsson, and Wilhelmsen（1988）. 結婚もまた男性の健康を保障する。Stansfeld, Bosma, Hemingway and Marmot（1998）.

4．Tucker and Mueller（2000）; Umberson（1987;1992）; Wickrama, Conger, and Lorenz（1995）. もし妻たちが実際夫の健康に寄与するようにストレス反応を制御するのであれば、配偶者の死により男性の健康が劇的に脅かされることが期待される。しかし同じ図式が女性には当てはまらない。これがまさにそのことを示している。男やもめの死亡率は未亡人より高い。そして再婚した男やもめは再婚しない男性より長生きする。しかし、女性では再婚するかしないかは死亡率に影響しない（Helsing, Szklo and Comstock, 1981; Stroebe and Stroebe, 1983 もまた参照のこと）。

5．Bird（1999）; Hochschild（1989）; Levine et al（2001）もまた参照。Arlie Hochshild は男性に比べて女性の仕事が増加していることを最初に示した社会学者の一人である。Szalai の研究グループ（1972）による人々がいかに時間を使っているかについて日課帳で調べた研究によれば、世界の広い地域で、男性と女性の行う仕事には三～四時間の違いがあることを発見した。

Levine の研究グループは象牙海岸とネパールにおける数千人の調査から、女性は男性に比べて二・九時間多く働いていた（2001）。女性は余暇の時間や何もしない時間が男性より少なく、それは米国とほぼ同じだった。これは女性にとって損失なのだろうか？　平均では、女性は心理学的な恩恵以上に家事を行っているが、男性はそうではない。家事労働の部分の不平等性は全体の仕事量より大きな苦悩をもたらす。男性の家事労働は四二・三％である一方、女性は六八・一％と報告されている（Bird, 1999）。

6．Frankenhaeuser, Lundberg, Fredrikson, Melin, Tuomisto, Myrsten, Hedman, Bergman-Losman, and Wallin（1989）. Brisson, Laflamme, Moisan, Milor, Masse, and Vezina（1999）; Frankenhaeuser（1993）; Goldstein, Shapiro, Chicz-DeMet, and Guthrie（1999）. Lundberg and Palm（1989）; Marco, Schwartz, Neale, Schiffman, Catley, and Stone（2000）.

7．Tannen（1990）;　実際男性の共感力は幾分劣っているかもしれない、少なくとも情緒の理解という面において。そのような極端な議論に証拠はあるのだろうか？　研究者は夫と妻の喜びの分かち合いや口論など、結婚生活をビデオにとって調べた。彼らはそれを再生して、その時それぞれどう考えていたか尋ねた。妻たちは夫がどう感じていたかを、夫が妻をどう捉えていたかより、よく理解していた。

8．男性にどこで情緒的な支持を得ているかを尋ねられた時、多くの夫は彼の妻の名前をあげる。彼女は個人的な問題や困難を打ち明けるただ一人の人だと述べる。Glaeser and Kiecolt-Glaser（1994）; New England Research Institute（1997）; Phillipson（1997）。

9. Ross and Holmberg（1990）.

10. Putnam（2000）.

11. Conger, Lorenz, Elder, Simons and Ge（1993）; Sorenson, Pirie, Folsom, Luepker, Jacobs and Gillum（1985）.

12. Chun and Lee（2001）. なぜ結婚した男性がより稼ぐかの説明について、女性はより稼ぐ男性を選ぶのかもしれないという点が注目された。しかし、将来に関する因子を統制しても、この説明は支持されなかった。

13. Kiecolt-Glaser and Newton（2001）. ほんの三〇分の議論でも結婚の葛藤は、コルチゾールや副腎皮質ホルモンやノルエピネフリンの変化が女性では起るが男性では起きない（Kiecolt-Glaser, Glaser, Cacioppo, MacCallum, Snydersmith, Cheongtag, and Malarkey, 1977）。結婚の葛藤は高血圧に関係しており（Ewart, Taylor, Kraemer, and Agras, 1991）、血漿カテコールアミン値を上昇させ（Malarkey, Kiecolt-Glaser, Pearl and Glaser, 1994）交感神経系の興奮を強める（Levenson, Carstenson, and Gottman, 1993）。これらのほとんどの研究において、女性はより悪い反応を示す。一つの例外は敵意の高い男性もまた結婚の葛藤で生理的に悪い反応を示す。（Smith and Allred, 1989; Davidson, Putnam, and Larson, 2000）。結婚の葛藤に対する男性の反応の研究として Ewart, Taylor, Kraemer and Agras（1991）; Frankish and Linden（1996）; Kiecolt-Glaser, Malarkey, Chee, Newton, Cacioppo, Mao and Glaser（1993）; Mayne, O'Leary, McCrady, Contrada, and Labouvie（1997）; Morell and Apple（1990）; Thomsen and Gilbert（1998）; 女性の反応はより確実に起り、その反応は大きい（Baker et al, 1999; Broadwell and Light, 1999; Burnett, 1987; Carels, Sherwood, and Blumenthal, 1998; Evert, Taylor, Kraemer and Agras, 1991; Fehm-Wolfsdorf, Groth, Kaiser, and Hahlweg, 1999; Hagestad and Smyer, 1982; Hrvey, Wells and Alvarez, 1978; Huber and Sitze,1983; Jacobson, Bottman, Walz, Rushe, Bobcock, and Holzworth-Munrole, 1994; Kiecolt-Glaser et al, 1997; Kiecolt-Glaser, et al, 1996; Kiecolt-Glaser et al, 1993; Kiecolt-Glaser, Glaser, Cacioppo, and Malarkey, 1998; Kiecolt-Glaser, Newton, Cacioppo, MacCallum, Glaser, and Malerkey, 1996; Kirschbaum, Klauser, Filipp, and

Hellhammer, 1995; Kirschbaum, Wust, and Hellhammer, 1992; Malarkey, Kiecolt-Glaser, Pearl, and Glaser, 1994; Mayne, O'Leary, McCrady, Contrada, and Labouvie, 1997; Morell and Apple,1990）。

14. Mathews, Gump, and Owens　（2001）; Weidner（2000）.

15. Kiecolt-Glaser and Newton（2000）総説として。

16. Cushing and Carter（1999）.

17. Insel and Hulihan（1995）; Insel, Winslow, Wang, and Young（1998）; Cushing and Carter（1999）; Panksepp（10998）. Insel and Winslow（1998）はメスのプレーリーボールのつがい行動は、エストロゲン依存性の機序を介してオキシトシンとドーパミン受容体が関与している。一方オスでは、アンドロゲン依存性にバゾプレッシンとセロトニンが関与していることを示唆した。オキシトシンの注入は相手がない状態でメスをパートナーに向かわせる行動を惹起させる。オキシトシン受容体遮断薬はこの行動を阻止する（Insel and Hulihan, 1995）。

18. Hrdy（1999）;Panksepp（1998）. ロマンチックな関係と幼児と介護者の関係の類似性が以前から指摘されていた（Hazan and Shaver, 1987; Hazan and Diamond, 2000）。Hrdy（2000）はオキシトシンが内分泌における「ろうそくと静かな音楽とグラスワイン」P154 のようなものと述べている。メスのつがい行動に関係する他の神経伝達物質としてドーパミンがある（Gingrich, Liu, Cascio, Wang and Insel, 2000）。

19. Hrdy（1999）,P139.

20. Carter（1998）; Panksepp（1998）;Winslow, Hastings, Carter, Harbaugh, and Insel（1993）. Pitkow, Sharer, Xianglin, Insel, Terwilliger, and Young（2001）は最近、プレーリーボールの脳にヴァゾプレッシン受容体遺伝子を導入することできずな行動が増加することを見いだした。この結果はプレーリーボールの一夫一婦制とつがい形成行動は、ヴァゾプレッシンにより増強するという考えに行き着いた。ヴァゾプレッシン受容体遮断薬はパートナーに向かう行動を抑制することに注目すると、それは通常のオスのプレーリーボールに対して一夫一婦制を強く志向する原因であることを示唆している。ヴァゾプレッシン受容体遮断薬は強力なライバルに対する選択的な攻撃性を阻害する。パートナーへの志向と攻撃性はリンクしているように見える。同様にヴァゾプレッシンの投与は、パートナーを求める一夫一婦制への強い志向とライバルに対する攻撃性を引き出す。ヴァゾプレッシン受容体遮断薬をつがい形成前に投与すると、両方のパートナーへの志向やライバルへの攻撃性を抑制するが、つがいを形成した後ではきずなはそのまま残る。このようにオキシトシンはメスのプレーリーボールのつがいの形成に影響を与えるが、その維持には影響しない。同様にヴァゾプレッシンはつがいの形成に関与するが、その維持には関与しない（Winslow, Hastings, Carter, Harbaugh, and Insel, 1993）。

21．Bobak and Marmor（1996）; Cockerham（1997）; Stone（2000）; Dehne, Khodakevich, Hamers, and Schwartlander（1999）; Stegmayr et al.（2000）; Strasser（1998）.

22．The Economist（1994, April 23）; Erlanger（2000）. 私が発展させた理論から期待されることは、東ヨーロッパ諸国が直面する問題は幼児虐待と無視である（Sicher et al, 2000）。

23．Bobak and Marmot（1996）; Cockerham, 1997; The Economist（1994, April 23）; Stone（2000）.

24．Bobak and Marmot（1996）; Stone（2000）.

25．Stone（2000）; Bobak and Marmot（1996）; Hajdu, McKee, and Bojan（1995）.

26．Bobak, Pikhart, Herzman, Rose, and Marmot（1998）; Bobak, McKee, Rose and Marmot（1999）. Mittrag and Schwartzer（1993）東ヨーロッパからの移民と逃亡者におけるアルコール消費のリスクに関して。Bobak and Marmot（1999）and Simpura, Levin and Mustonen（1997）ロシアのアルコール消費について。

27．Herzman（1995）.

28. 例えば、Carlson（1998）; Cockerham（1997）. Watson（1995）は女性にかかる生理的な損失の統計は守られるべき源として作用していることを示している。議論はこの流れで進んでいる。女性は家庭の外で働き、すべての家事労働と子どもの世話をせねばならない、しかし、事はそのまま進んでいる。彼女らの人生は一つの成功イメージ、すなわち男性のような実現可能な経済的雇用に依拠することは少ない。そのかわり彼女らの多くの生活面が意味と目的の感覚を提供する。例えば、子どもは女性に大きな誇りと目的を与える。例えば失業のようなある生活面での挫折は、子どもを育て上げるような別の生活面の喜びによって緩衝される。

この説の証拠は米国の研究から示されている。外で働き、同時に家庭の責任を持った女性は、仕事だけや家庭だけに責任がある女性より人生により満足している。しかし、この研究の適切さには疑問がある。いわゆる女性の雇用の防御的効果は全体の雇用や少なくとも中流階級の女性での話であり、家庭と仕事と子育てについては考慮されていない（Taylor 1999 この問題に関する総説と考察。Stephens, Franks, and Towsend, 1994;Gove and Zeiss, 1987; Lundberg, Mardberg, and Frankenhaeuser, 1994; Williams, Suls, Alliger, Learner, and Wan, 1991）。家庭で夫や雇用者から十分な援助があるという女性は、仕事と家庭生活の恩恵を語るようである。労働者階級で貧しい女性はそのかわり、どちらの役割も両立することに疲れている。後者の立場は東ヨーロッパの大多数と同じだろう。

29. Bobak, Pikhart, Hertzman Rose and Marmot（1998）.

30. Stone（2000）; Weidner（1998）. 例えば、Schwarzer, Hehn, and Schroder（1994）は東ヨーロッパから西ヨーロッパに移住した人たちの縦断研究を行った。新たな社会的きずなを手に入れた移住者はよく適応した。移住の後、女性は男性より援助を受け、その機会も多かった。女性の新たな結びつきは他の女性からの排他的でない手厚いものだった。

31. Stone（2000）.

第八章
男性の集団

少年の遊びが家中を混乱に巻き込むことは、どの親も経験することである。彼らは騒々しい銃撃戦の末に苦しむ振りをして倒れこむかと思えば、カーテンや家具の後ろから突然飛び出して同年輩の敵ではなくあなたを発見して戸惑う。

ある日突然彼らの声が低くなり、作戦行動中の兵士のように聞こえることにあなたは気づき、彼らがもはや少年ではなく男性になりつつあると思うだろう。それでも独立記念日の七月四日に犬をスプレイで赤と白と青に塗り分ける彼らの悪戯を目の当たりにすると、まだまだ子どもであると思ってしまう。

少年や成人男性の集団を理解するためには、このエネルギッシュな悪ふざけと乱暴な仲間意識と、これらの集団が生み出す象徴的な捕食行動や狩りや攻撃性を理解する必要がある。

幼児のころから男の子は男の子同士、女の子は女の子同士が集まり、決して両者は一緒にならない。どちらも異性と遊ぶことに抵抗を示す。少年の集団は少女の集団とは全く違う。より乱暴で、活発で、攻撃的である。(1) 少女のグループは基本的に自分たち自身のために存在する一方、少年のグループはスポーツやゲームや計画のような特別な目的に対して結成されることが多い。少年たちは一緒に行動する。

仕事に取り掛かるやいなや最初は遊びや攻撃性を通して、もし嫌がればお互いの同意の元に彼らは序列を形成する。誰が上位で誰が下位かについての基準はすぐに確立される[2]。

少女の集団とは違い、少年の集団はエネルギーを共有する。古典的な研究である「性差の心理学（The psychology of Sex Difference）」のなかで心理学者のエリーナ・マッコビーとキャロル・ジャクリンは、ある少年が実際とは違い穏やかな性格と思われている他の少年に対して、いかに刺激を喚起する要因となるかについて述べている。少年は一人でいるときは勉強し、本を読み、大きな音で演奏し、部屋の中でボールを蹴るが、それは少女とそれほど違わない。しかし二〜三人の少年が集まると大騒ぎになる[3]。

攻撃のためのエネルギーと徒党を組む能力は、男性集団の特徴である。ライオネル・タイガーの本のタイトルや、カール・ローレンツの『攻撃性』や、ロバート・アードレイの『アフリカ創世記』にその典型的な例をみることができる。これらの著者によれば、潜在し隠れた側面であるが、男性の攻撃性は階級社会の指導者を打ち倒す能力とか、ひたすら目的を追求する能力や戦争を遂行する能力など、人間の賞賛すべき特質の源となっている。

この主張は男性集団の重要な役割について混乱をもたらしていることを検証してみたい。確かに優位性の獲得のための葛藤や、それを得るための攻撃性の行使は実際に存在している。しかし究極的には、私が思うに、これらの階級性は攻撃性を助長するよりもむしろ攻撃性を調節し、内包し、目立たなくする役割がある。一般に言われているのとは逆に、大部分の攻撃的な男性は男性社会の頂点に立つことはない。頂点に立つ人がやっていることは、社会的技能や他人と共に仕事をする能力によって協調関係を築き、惹きつけ、なだめ、手なずけ、ルールを守らない人を排除することである。この現実が過去の著者たちが描写した男性の性質と最も違うところである。やり方やスタイルは違っていても、男性集団にも女性と同じような思いやりシステムが存在するのである。[4]

男性集団に対するわれわれの思い込みは、霊長類の研究からきたものである。科学者は類人猿との共通性、中でも階級性、集団形成、攻撃性に注目し過ぎる傾向にある。実際この類似性は示唆に富んでいる。オスの霊長類ははっきりした階級優位社会に生きている。ボスがいて、副官がすぐ下についていて、残りのオスはずっと下に位置している。この階級性は個々の運命を決定する。高い地位のオスはメスに近づくことができ、つがいを形成して彼らの遺伝子を受け渡すことができるし、食物を容易に手に入れることもできる。メスから毛づくろいを受け、交尾する機会も下位のオスより多い。種によっては他のオスから毛づくろいを受けることさえある。仲間内での交流では、彼らが自分の地位を守らねばならない時には、彼らは譲歩される側であり、副官を呼びつけ敵を欺くために同盟を結び、時には挑戦者を死に至らしめる。[5]

しかし、他のオスが表面的に恭順の振りをすることができるという怖れがいつもあるために、オス同士の邂逅には慎重で緊張した関係が維持されている。それは他のオスとの寛大な協調関係とともに、葛藤と攻撃の危険性を内包した微妙なバランスの上に成り立っている。霊長類学者であるフランス・デ・ワールはオスのチンパンジーを例に取り、この駆け引きを描いている。

彼は別の群れとの境界争いに共同して対抗するために、所属するオスの群れの仲間と必ず行動を共にする必要がある。と同時に、仲間内でも優位性を張り合っている。彼は仲間であるとともにライバルであるという立場を維持せねばならない。すなわち、彼が一位であっても、二位の存在には危険性がつきまとうからである。(6)

この優位性に関する階級性は周期的に不安定になる。下位のオスは上に上がろうと努力するし、丈夫な若者は成熟するとリーダーを倒そうと思う。リーダーが年をとると他のオスが彼と交代しようとする。群れから外れたオスは新しい群れに居場所を見つけようとする。このように優位性の序列を転覆しようとする多くの要因が認められる。それが起った時、オスのストレスシステムは最大限になる。それは特権的な地位が脅かされるために、特に優位な地位の個体で著しい。この過程にはテストステロンが関与しており、成功や失敗に伴いそれぞれこのホルモンレベルは大きく上下する。優位性の争いに際してこのホルモンが多量に分泌される。(7)

優位性に対する執着に関して、男性は他の霊長類とそれほど変わらない。男性にとって場合により階級は必要なものであり、楽しみでさえある。群れが形成されるとすぐに男たちは序列を確立する。時間単位というより分単位で、リーダーと仲間を作り、あるものは落ちこぼれ、周辺に位置する部外者になる。男性は非公式なグループでさえ階級を形成する。このようにグループ内の地位をめぐって多くの競争が行われる[8]。ヒトのストレスホルモンは他の霊長類の群れと同じように競争にかかわっている。実際、男性の心臓疾患が女性に比べ早く現れる理由の一つは、優位性の問題に長期間かかわっていることに根本的な問題があるのかもしれない[9]。もしあなたが仕事上他の男性との競争に常に巻き込まれているならば、あなたのカテコールアミン分泌は競争状況とともに上下する。

なぜ男性は群れを形成するのだろうか？　人類学者によれば、人間が現れた当初から男性のグループは群れのために特殊な仕事を担っていた。それは狩りや、防衛や戦争であった。現代では彼らには社会を守る仕事がある。火災や洪水をはじめとする自然災害、侵略者からの防衛、損害から家族を守ることなどである。特殊な仕事のために集団が組織された場合には階級性には利点がある。それは命令系統を作り、協調行動の枠組みを作るからである[10]。

男性のグループにはしばしば、他のチームや敵軍のように乗り越えねばならない相手が存在する。敵が存在しない時には、それをわざわざ作ることもある。例えば、集団から離れてライバルのスポーツチームに移籍したり、友人が一時的に敵に回ったりすることもある。男性の集団は土曜日には仕事をせずに、三対三に分かれてタッチフットボールをすることは珍しいことではない。同じようなことは女性の集団では非常にまれである。

敵の存在はグループを団結させ、行動を活性化するようである。われわれの近所の男性のサッカーチームは、公園監視員が彼らを公園の外に出そうとする時は決して結束しない。いつも、まずいプレーをしたとかけがさせられたとか、試合で一生懸命プレーしなかったと口げんかしている。土曜日ごとに少なくとも一人の選手は憤慨して帰ってしまい、戻ってこない。もちろん彼は次の土曜日には戻ってきて、プレーを続ける。しかし公園監視員がやってきて、芝生が荒れることや彼らの野卑な言葉がピクニックに来ている家族に不快な思いをさせていることを注意すると、彼らは肩と肩を寄せ合って一つにまとまり、役所に掛合う準備を始める。

高い地位や攻撃性に関してはもっと明らかである。最もしっかりしていて、最も攻撃的な男性が頂点に立つ。しかしより近くで観察すれば、男性集団は攻撃性よりむしろ、それを統制し方向を変えていることに価値があることが分かる。どのようにしてこれが行われているのか、その手がかりは驚くべきことにゾウの群れにあった。

それは一九九二年から一九九七年に、南アフリカのピルネスバーグの狩猟管理人のために行われた。彼らはゾウに関する大きな問題を抱えていた。ゾウの数を増やすために、若い複数のゾウが公園に放された。しかし、そのゾウたちはそれまでいた群れに静かに合流する代わりに、小競り合いをしたり、しばしば大暴れをした。彼らの破壊行動の間に四〇頭以上の白サイが殺された。ゾウとサイはちょうどい割合に交じり合わないのであるが、この殺戮は公園の歴史の中で空前の出来事だった。

その状態は「マスト（musth）」によっていっそう悪化した。「マスト」とはオスのゾウのテストステロンが急激に分泌され、性行動や攻撃性の増加をもたらす現象である。オスのゾウは通常二五才になった数日から数週間の短い期間だけ、このようなホルモン分泌が起る。彼らが成長し、他のオスとの攻撃的な邂逅に勝利を経験すると、この期間は数カ月に延びる。この伸びた期間はテストステロンの上昇に合わせるためだと考えられている。しかし、ピラネスバーグの一〇代の若いはぐれゾウたちは、この期間が早く始まり、五カ月以上も続いたのである。

ナタル大学の環境科学科のロブ・スロトーの研究グループは、何とかしてほしいと依頼された。彼らはそれまでゾウの行動を研究し、うまく繁殖していることを観察していた。しかし、大人のオスがいない群れではピラネスバーグと同じようなことが起きていた。アンボセリやケニアのゾウの行動に関するこれまでの研究では、大きなオスの大人のマスト期間中は若いオスのゾウはマストになることが少ないことが分かっていた。そこでスロトーらは、大人のゾウがこれらの凶暴な若いゾウをコントロールできるのではないかと、ピルネスバーグの八五頭のゾウの中に六頭の年長のゾウを放った。実験が始まった時、一七頭のうち六頭の若いゾウがマスト状態であった。しかし、新しい年長のオスゾウに遭遇した数時間後に、若いゾウのマストが減少する兆候が見られ、二週間以内にわずか一～二頭が短時間のマストを示すのみとなった。その結果、白サイの殺戮は終結した。

高い地位の年上のオスに出会った時、これらの若いオスは身体的にも生物学的にも鎮静した。年上でより経験を積んだオスほどどんな攻撃的な相手に対してもうまく対応し、その結果マストが収拾されることは若いオスにとっても保護的に働くのである。自然は強いライバルを見抜き、それに従って行動を適応させることができるオスを好む。それはちょうど、ピナネスバーグの若いオスが示した自己保身行動がそれにあたる。というのは、彼らはより経験のあるオスと戦っても勝ち目はないからである。年齢と経験とともに成熟し、テストステロンの大量分泌を制御できるようになるまで、彼らのマスト期間は短縮される。優位なオスゾウはテストステロン量を抑えることにより階級を落とすことで攻撃性を制御しているのである[11]。

科学者たちはオスの群れを新たな視点でとらえることにより、ピナネスバーグの監視員と同じような結論にたどり着いた。すべてのオスの群れの階級性、特に経験のあるオスのリーダーの存在は無用な攻撃性を助長するのではなく、むしろそれを制御しているのである。オスのグループに一般的に認められる階級性は葛藤を調整し、攻撃性の頻度を減らし、暴力の増加傾向を制限するための進化論的な適応なのかもしれない。

われわれは、科学者たちが霊長類研究でもほとんど同じであることをすでに証明していることを知った。実際、攻撃性は群れの社会構造が不安定になるときに高くなる。しかし、いったん階級が確立されると攻撃性はまれになり、社会構造を維持するためにその役割は限定される。階級性によりグループの序列が確立していれば、暗黙のうちに攻撃性の問題は解決される。いったん階級性が成立すると、自発的な服従は葛藤を回避し、毛づくろいと同盟は社会を安定させる。高い地位のオスの積極的な介入は、残っていた当初のわだかまりの多くを解決し平定する。

高い地位の霊長類のオスは、決して最強でも攻撃的でもある必要はない。彼らは優れた社会技能を持っており、挑戦者を打ち負かすために数匹のメンバーと同盟を結ぶ。彼らは攻撃的な敵対者と服従関係を築くために、和解や励ましや譲歩の方法を知っている。彼らは些細な挑発と重要な戦いの違いが分かっている。彼らは下位のオスが近くでうたた寝しても、突然ぶつかってきても過剰な反応はしない。横目でちらりと視線を送り、体を緊張させるだけでその行動を止めさせるには十分である。これらの意図の違いが分からない上位のオスは、それ以上上位にとどまることはできない。上位であり続けるオスは社会的知能を持っているのである。[12]

よく研究されたゴムベのチンパンジーを例にとると、第一位のオスは知的な技能と紳士的な態度で社会の制御を維持している。彼は時には争いのなかに飛び込んで、相手を地面に押し倒して戦いを止めさせる。争う二つの集団の間に座り、新しい争いが起らないように気を配る。時には社会的圧力と策略を使い分けて、彼らを和解に持ち込むかもしれない。[13]

オスの群れに関するこの新しい解釈は人間の集団でも認められる。これらの過程は父親のもとでの成長により始まる。すべての霊長類と同じように、若者は年上の男性のもとに成長する。単に父親が存在するだけで少年は自らの攻撃性を制御し、代わりに社会技能を身につける助けになるようである。父親不在の少年の被る不利益の程度はさまざまである。しばしばヘラクレスのような母親の努力にもかかわらず、父親のいない少年は敵意、不安、うつ状態ばかりでなく犯罪や薬物使用、成績不良の危険が高くなる。[14]心理学者であるマーク・フリンの研究グループは、成長時に父親が存在するか否かで少年の内分泌の状態に違いがあるかどうかを検討した。父親のいない少年は父親がいる少年よりテストステロンの分泌は少なく、コルチゾールは高かった。この状態は不安の強い従属的な成人男性と似ていた。実際、彼らは他人から基本的な社会技能が欠落していると見なされていた。[15]

オスの仲間との経験もまた社会的技能、特に荒々しい行動を制御するのに重要な役割をもっている。多くの種の若いオスに共通することであるが、このエネルギッシュな活動性はある特殊な機能を持っているのかもしれない。攻撃性の訓練と考えれば、それはオスに攻撃性をいかにコントロールするかを代わりに教えているのかもしれない。これらの結論を導き出した研究の一つを紹介する。ジャープ・コールハースの研究グループは、若いオスのラットを一度も仲間のオスに合わせずに育てた。それからこれらのオスの仲間と普通にじゃれ合って成長したオスのラットの行動と比較した。じゃれ合った経験のないオスのラットは、成長して他のオスからの友好的なあるいは攻撃的な遭遇に対処することができなかった。一方その経験を持つオスのラットは、相手のどちらの態度にもうまく対応した[16]。なぜこんなことが起きたのか？　じゃれ合い行動は自分の動きの練習になるばかりでなく、相手の強さと弱さを見定める機会を与え、誰から逃げるか、何から逃げるかを学ぶ手助けになるのである。それは、本当の脅威と悪ふざけを区別する手助けをする。それは攻撃的な遊びの活発な時間の後に訪れる、鎮静と仲直りを学ぶ手助けにもなる。

遊び場の少年たちも同様に多くの技能を学ぶ。彼らは口論し、ちょっとしたけんかをして、それから何もなかったかのように握手をしたり、スポーツに戻ったり、一緒に他の遊びをすることで仲直りをする。活発な攻撃性の後の仲直りのパターンは男性のグループの基本的な性質であるという考えは、少女や女性のグループの口論と仲直りパターンとは全く違う事実からその確かさがうかがえる。口論と攻撃性は女性のグループではまれであるが、女性たちは仲直りすることは少なく、反目し合うことは終わりを意味しているようである。[17]

社会的に訓練された能力のある成熟した男性は階級の頂点に立ち、より攻撃的な若い男性を周辺に追いやり彼らの攻撃性を制御し、グループのサービスにそのエネルギーを提供するようにしむける。なぜ科学者たちはこの重要な真実に気づくまでに長い時間がかかったのだろうか？　一つの答えは、男性のグループでは攻撃性はどこにでもあるものではないにしても、普遍的に存在すると解釈したことにある。それは起きなかった攻撃性は誰も見ることができず、攻撃性の頻度を減少させる男性グループの力を最近まで誰も評価しなかったからである。

この過程にテストステロンはどのような役割を演じているのだろうか？　ピラネスバーグのゾウの場合、大人のオスゾウによる制御の多くは化学物質によるものである。人間はもちろんゾウではないし、男性は成熟した時にマストの時期を迎えるわけではない。しかし、彼らは攻撃行動の燃料となるテストステロンの大量分泌を経験する。遺伝子や性行動などの多くの因子がもちろんテストステロンの分泌を制御している。しかし、他の男性との接触は疑いなく強い影響を持っている。男性同士が競い合う時、例えば優位性を競い合う時にテストステロンは自然に分泌される。運動選手の競技の直前には男性のテストステロンは上昇し、勝者のテストステロンは上昇したままであり、敗者の値は下降する。[18]

通俗小説では、テストステロンは非難されたり賞賛されたりしてきた。悪い側面としては危険で攻撃的で暴力と結びついた印象であるが、逆に大きな利益をもたらす競争や成功や性や人生そのものも含まれる。テストステロンは攻撃性に関与しているが、衝動性とか破壊的な攻撃性とは無関係である。高いテストステロンの男性の攻撃性は、しばしばより自制的で社会的に受け入れられる方法で制御されている[19]。

これらは和やかなタッチフットボールゲームに勝つ男性たちである。彼らは招かれていないパーティーに到着して最初にドアを開け、パーティーが個人的なものであることを明らかにするような人である。議論に勝ちたいと思いちょっとだけ強く押すが、それに勝てば和やかに相手の肩をぽんと叩いて仲のよい関係に戻る。挑発や脅しに対してこれらの男性は低いテストステロンの男性より攻撃的に反応するかもしれないが、衝動性は本来彼らの本質ではない。それより、テストステロンは頑丈さや社会的主張、優位性、競争心、身体的活力に関連している。ゾウやサルと同じように、われわれの社会ではこれらの性質をもって男性への報酬としているのである。

群れにおける男性のこの新しい見方を検討する最もいい方法は、統制されていない攻撃性が男性を階級社会の底辺に落とし、よい社会的技能が頂点に立たせるかどうかを調べることである。前の章で、私はこの主張の間接的証拠を示している。セロトニン・トランスポーター遺伝子の短い多型を持つ衝動的攻撃性のリスクが高いサルは、同僚の援助で地位が上がっても、毛づくろいや友好性やその他の親密さを示す行動が欠けていれば社会階級の底辺に落ちてしまう。しかし同じ遺伝的リスクを持った個体でも、養育的な母親に育てられれば優位性の階級の頂点に上り詰めることがある[20]。

男性グループの養育的役割に関するもっと直接的な証拠を見てみよう。研究者であるミカエル・ラレーの研究グループは友好性や階級優位性に関与する生物学的な研究に長い期間携わっており、特にこれらの過程にセロトニンが大きな役割を演じていることに焦点を当てている。彼らの知見では、セロトニンの前駆物質であるトリプトファンを大量投与するか、循環中のセロトニンが増加する薬物を投与すると、サルはより社会的になり、互いの毛づくろいや友好的な行動が増えることを見いだした。逆に脳のセロトニン神経の活性を落とす処置により、友好的な行動が少なくなり攻撃性が増える。

ラレーは、優位性を求めているオスザルのセロトニン量を操作することにより何が起るかを検討した。攻撃的なサルが勝つのか、親しく友好的な態度と毛づくろいで仲間に近づくサルがリーダーになるのか？

ラレーの研究グループは三匹の大人のオスと、少なくとも三匹の大人のメスと子どもを含むサバンナ・モンキーの小さなグループを作った。彼らはオスザルの間に階級ができるまで待ち、それからグループの優位なオスザルを外した。彼らは残りの二匹の下位のオスザルの一方に、セロトニン活性を増強するまたは減弱させる薬物を投与した。いずれの試行でも、セロトニン活性を増強されたサルはより友好的になり、優位なサルとなった。セロトニン量を減らされたサルは衝動的で攻撃的になり、もう一方のオスザルが優位になった。簡単に言えば、これらのサルをリーダーにしたのは社会的技能であり攻撃性ではなかった。

なぜ社会的技能がサルをリーダーにしたのか、その理由が述べられている。彼がなぜより攻撃的な下位のサルを抑えたのかは単純ではない。彼は社会技能によって彼がリーダーであるべきだというメスザルの信頼を得た。そして彼女たちの慎重さにより彼はグループを支配したのである。一般的に人間以外の霊長類の階級社会ではオスが頂点に立つが、メスたちは何が起っているのか非常に慎重に見守っている。もしメスを苛めたり、幼児や子どもを傷つける攻撃的なリーダーが優位な地位を占めるなら、メスたちは他のリーダーを支持するか、彼を追い出すために協定を結ぶ。時には死を賭してメスザルの広い支持を取り付ける社会技能の発達したリーダーに挿げ替えるのである。[21]

男性のグループは優位性の闘争とテストステロン量の揺らぎを介して、攻撃性を調整する役割があるという見解は、真実の一部を説明しているに過ぎない。親子関係や女性で見られる互いの結びつきや、ストレスに対するグループの反応のような他の社会的きずなと同じように、男性がお互いに関係を保つ力が存在している。ただしそれは、彼らの他人に対する競争的で攻撃的な力を結集するようなものかもしれない。

男性のグループを維持している求心力は何だろうか? 養育を受けている早期の子ども時代の家庭生活では子どもは両親に対して、両親は子どもに対して愛着のきずなが存在する。脅威に満ちた時代には、きずなは社会的グループを結びつけ、よそ者は通常互いの必要に応じて思いやる。女性のグループでは会話を通じてきずなが強固になるという確かな証拠がある。男性のグループに関してより多くの冷静な関心が向けられた。男性の小規模の同盟がいかに形成されるかの検討では通常それは認められるが、外部に対する防衛が失敗した場合には協調が壊れてしまうのは確からしい。[22]

しかし、男性のグループに危機が迫った時、他のストレス状況で見られるのとほぼ同様の情緒的なきずなが認められる。この現象を初めて記載したのはライオネル・タイガーである。彼は男性グループのきずなの特徴として、協力して男性たちを助けるために攻撃性を抑制して他の男性たちにかかわることをあげた。タイガーは曖昧な表現で、ほとんど性的な用語を使って記載したが、彼はそれが男性たちを互いに結びつけるエネルギーになることを保障している。あなたは周りの少年や男性たちのグループにそれを感じることができるだろう(23)。

軍隊はこの直感を芸術の域にまで洗練してきた。戦争が持っているジレンマはそれが無関係な男たちが一緒に働き、お互いに十分なきずなで結ばれることを確立する方法であることである。彼らが攻撃されたとき、それぞれの男性は自分自身のためだけではなく、仲間を気遣い、見守ることが必要である。伝統的にこれらのきずなはいくつかの方法によって浸透してきた。これらの集団の特徴として恐怖心がなく、勇敢で、攻撃的な若い男性であることが求められる。それは戦争の攻撃的な行動に必要なものである。戦う目的はそれがないと無意味な争いになるかもしれない何かに焦点をあてる。例えば、敵、崇高な目的、権利、報酬などである。そして最後に、しかし決して無視できないものとして、きずながある。基礎訓練は家族や友人とのきずなを薄め、代わりに兵士たちのきずなが逆境の中で形成される。新兵訓練所でのしごきを通して、惨めさの共有によるきずなが形成され、戦争時に犠牲や英雄的行動が必要な時のための英雄主義の基礎が醸成される。

戦時の仲間意識の研究において社会学者のグレン・エルダーとエリザベス・クリップは、第二次世界大戦と朝鮮戦争で一緒に戦った男性たちのきずなに関する心理学研究を発表している。逆境を通してのきずなは、これらの戦時下の状況を理解するための一貫したテーマである[24]。負傷後に早期の除隊を受け入れず、元の隊に復帰することを決めた海兵隊兵士は次のように説明している。

前線にいる兵士たちは私の家族であり、私の家だ。彼らとは言葉で言えないほど親密だし、これまでの友人やこれからの友人よりずっと親密だ。彼らは絶対に私を見捨てないし、私も彼らを見捨てない。彼らを助けたかもしれない知識を持ちながら彼らを死なせ私が生き残るより、私は彼らと運命を共にするほうを選ぶ[25]。

爆撃機のパイロットは次のように述べている。

それはわれわれに与えられた使命だからそうする。あるいは、戦友より戦果が少ないという恥に耐えられないからそうしているのだ。彼が戦うからわれわれも戦うのだ[26]。

退役軍人はいつも戦友を死なせたくないから互いに支え合ってきたと証言する。第二次大戦で沖縄戦に参戦したある海兵隊員は次のように証言している。

私は自分が殺されるかもしれない危険にさらされていることより、どうやって戦友を病院に連れて行くか、それればかり考えていた。実際にはそうならなかったが、われわれは互いに生き残ろうとする社会にいたのだ。[27]

きずなは戦時には男性たちが他人に代わって行動する傾向を助長する一方、心理学的に彼らを危険にさらし、仲間の兵士の死や負傷への対処を難しくしているように思うかもしれない。エルダーとクリップは、普通の友情と兵士の友情の違いによってこの逆説を説明している。普通の友情は二人の間の個人的きずなであるが、兵士たちの仲間意識は個人に対するより、部隊に対するものが勝っている。戦時下のきずなは後者によっている。もしあなたが他の男性と親密になり過ぎると、彼がいつ死ぬかも分からないので情緒的に不安定になる。仲間意識はそれぞれの男性たちに英雄的行為を起こすことができ、彼ら自身や友だちの生き残りの恐怖に動揺することなく他人の犠牲になることを可能にしている。

実際、逆境はきずなを強める。エルダーとクリップは攻撃を受けたことがある部隊や死傷者が多く出た部隊ほど、きずなが強いことを見いだしている。第二次大戦の退役軍人は亡くなった彼の部隊の隊員について次のように証言している。

> 隊員の誰もが私のために命を投げ出す状況だったし、実際何人かはそうした。[28]

これらの男性たちは二次的な問題で、同じようにお互いの必要性に直面する。戦争から帰還したとき、彼らが互いに忘れていたきずなが戦闘体験の心的外傷からの回復の助けになる。戦闘行為の間、冷淡でいた男性たちは戦闘で失くした仲間に対する心的外傷から守られると思うかもしれない。しかし、それは逆である。戦時であれ心理的な回復期であれ、友人とのきずなを作れなかったり他人から社会的に孤立している男性の暮らしは不健康である。戦時のきずなは実際の戦闘や戦友の代わりに死ぬことを可能にするが、ひとたび戦争が終っても、彼らが見た恐怖に対処する糧をもたらすのである[29]。

それでも、男性のグループには恐ろしい側面がある。多くの攻撃的な男性は、他の男性の制御的な働きかけによる攻撃性を統制する方法を学べない。社会生活での円滑なペースを乱す強い攻撃性を持った男性に、いったい何が起っているのだろうか？　その答えの一つは、彼らもまた互いにきずなを持っているが、それが結局は彼らの破滅を予想される方法を選んでいるためである。

ゲラダ・ヒヒを例にとろう。この霊長類は小規模のグループで生活している。それぞれのグループはオスに率いられ、数匹のメスと子どもたちからなっている。地位の低いオスは当然ハーレムを形成することができず、オスばかりのグループに所属し、襲い掛かる捕食動物とメスの間の緩衝材として存在している。人類学者のライオネル・タイガーは、ゲラダ・ヒヒと人間の攻撃性の間の興味深い類似性を最初に発見した科学者である。これらの低い地位のグループは未婚のオスで、ロマン主義的にいえば極めて安定しており、忠実である。その霊長類はロビンフッドの陽気な仲間たちとよく似ている。しかし、実際の生活はより厳しい。タイガーの記載によれば、その安定性は数週間か数カ月で終わる。というのはこれらの未婚のオスは脆弱性が高く、ある時期を過ぎれば彼らは二度と見られなくなる。おそらく、彼らは慣れない土地に出て行ってしまうのだろう[30]。

最近の動物学会で霊長類学者のジーン・アルトマンは、野生のヒヒに関する野外研究で、メスの連れ合いを得ようとしたり、階層社会でのし上がろうとするこの不幸なオスたちの徒労に終わる努力に注目し、彼らは単純に消滅すると述べた。消滅？　聴衆は驚いた。「彼らは死んでしまうとわれわれは推測している」とアルトマンは付け加えた。「何だって？」と聴衆の一人が尋ねた。確かにこれらのオスたちは消滅している。彼らに何が起ったのか正確には知ることはできない。しかしわれわれは微かな手がかりで推察することができる。

これらの未婚のオスたちは典型的な放浪仲間を形成し、集団の周辺で生活している。これらの仲間のオスたちは若く攻撃的で、互いに傷つけ合い、その傷がもとで死ぬこともある。彼らは集団の周辺にいるので、捕食動物に簡単に殺される。メスの仲間もいないので、めったに毛づくろいをしてもらえず、感染が致命的になるまで寄生虫は邪魔されずに生き延びる。簡単に言えば未婚の性的に成熟したオスは、自ら破滅的な生活を選んでいるのである。

すべての霊長類において、けがしやすく危ない道をわたるグループは、ほとんどが若いオスである。彼らはほとんどすべての危険な行動を引き受ける前衛の立場にいる。一匹のマカクサルがヘビを見つけたとき、警告の叫びを上げると、群れはいっせいに木の上に避難する。しかし、まもなく若いオスザルが地上に戻ってきて、ヘビを突っついて追い払う。若い男性のグループも大して違わない。若い男性たちはより犯罪にかかわり、自動車事故に巻き込まれ、自殺も多い。どんな人間のグループよりも互いに殺し合うことが多い。

いつの時代でも、一〇代の若い男性グループは田舎であれ都会であれうろつきまわり、破壊や強姦や殺人の跡を残していく。あるときはこれらのグループには表向きは政治的目的があり、あるときは経済的貧困が問題となる。彼らの表向きの原因は何であれ、これらは人間社会の避けられない光景であるようだ。しばしばわれわれは彼らを無視するか、特殊な状況に対する局地的な反応として解釈しがちである。例えば、ビルマにおける政治的運動、ルワンダにおける部族間の戦争、中東の宗教的熱狂、英国のサッカーのフーリガン、ロサンゼルスのギャングの抗争などである。原因は何であれ、その形式も力学もほとんど同じである。彼らは混沌を生み出し、恐怖を広げ、最終的には彼らのメンバーはしばしば破壊的活動の中で若くして死んでいく。彼らは男性間の地位をめぐる闘争の、厳しい因果関係の渦中におかれているのである。

男性グループの新しい解釈として明らかになったことは、他の男性との経験を通して、社会的技能に勝った男性は上に立ち、下位の男性の攻撃性を調整する役割を果たし、これらの技能を使えない下位の男性は周辺に追いやられるか追放される。カール・ローレンツによって強調された普遍的に存在する攻撃性よりも、われわれは競争と協調の二つの要請を管理する必要性に対して反応する融通のきくシステムとして、これらのグループを理解することができる。確かにこれらのグループは厳しく致死的であり、最も攻撃的な個体は罰として群れから排除される。しかし彼らはわれわれのすべての思いやりシステムとは区別できるが、同じようなきずなと自己犠牲の能力により特徴づけられている。

◆脚注

1．これらの傾向について書かれた本の題名は『*The Two Sexes: Growing Up Apart, Coming Together*』である。社会ネットワークの研究で示されたことは、一緒にやろうというのは極めて限られている。成人は普通、彼らの社会ネットワークでは同性の仲間と行動を共にすることを好む（Dunber and Spoors, 1995; Young and Willmott 1957 参照）。

2．男性間の指導者をめぐっての競争は単なる食糧略奪社会に特徴的ではなく、彼らを従わせるより複雑な狩人と共生する社会に特徴的であることに注意を向けることは重要である。単なる略奪社会はより平等である（Tooby and DeVore 1987, この問題に関する考察）。

3．Maccoby and Jacklin（1974）.

4．Sapolsky（1998）and Aureli and De Waal（2000）この問題に関する議論について。特に Preuschoft and van Schaik（2000）参照。

5．Sapolsky（1998）.

6．Preuschoft and Schaik（2000）参照。かつて、霊長類学者がこの種の行動について霊長類で探し始め、それを見つけた。二七種類の霊長類について一〇〇編の研究がなされ、野生と捕獲動物でこれと似た社会技能について述べられている。

7．Sapolsky（1998）.

8．Tiger（1970）.

9．Manuck, Kaplan, Adams and Clarkson（1988）. より平等な労働環境では循環器疾患のリスクが低い（Marmot and Davey Smith, 1997）。

10．Tiger（1970）.

11．Slotow, van Dyk, Poole, Page and Klocke（2000）. 霊長類研究によれば優位な地位はテストステロンにも影響を与える。もしあなたが四匹のオスのスクエルサルを一緒に飼っているとすれば、二匹が優位で二匹が劣位の場合、二匹の優位なサルは体重が増加し、テストステロンの値は高く、つがいを形成し、子どもをつくるために季節的変動を示す。二匹の劣位サルは小さく、テストステロンの値は低く、季節的変動もない。一カ所に優位なサルと劣位サルを一緒に飼うと、優位サルのテストステロンの値は上昇し、その値を保つ。もしメスザルが入れられると、優位サルのみテストステロンの値は上昇するだろう（Coe and Levine, 1983; Coe, Mendosa and Levine, 1979 も参照）。

12．Sapalsky（1998）.

13．Goodall（1986）.

14．Jensen, Grogan, Xenaks, and Bain（1989）; Draper and Harpending（1982）は次のように述べている。父親の不在はストレスに満ちた養育環境、性的早熟、大人になってからの不安定な夫婦関係、子育てにおける限られた信頼などの特色をもたらす。両親が離婚したり、父親の不在が多い家庭出身の少年は、しばしば不安定で常同的な男性的行動を示す（Belsky, Steinberg, and Draper, 1991; Bereczkei and Csanaky, 1996）。

15．Flinn and England（1997）.

16．Van den Berg, Hol, Van Ree, Spruijt, Everts and Koolhaas（1999）. ある時期、研究者たちはオスの動物のじゃれ合いは大人の戦いの練習であると信じていた。しかし、今ではその説は疑わしいと思われている。じゃれ合いは戦いとは全く違っており、遊びは本当の攻撃性から遊びを区別する助けになっている（Pellis and Pellis 1998, 1996）。この知識は幼児期には必ずしも必要ないのだが、動物が成熟して強くなり、社会グループの中で競争を始めたときにかなり重要になる（Pellis and Pellis, 1996）。

17．Breary（9999）.

18．Dabbs（1989）and Dabbs and Dabbs（2000）. テストステロンと行動の観点から。スポーツ観戦でさえこの影響を見ることができる。ワールドカップサッカーを観戦している男性の研究から、勝利したチームを応援している男性のテストステロン値は負けたチームの男性ファンより高かった（Bermbart, Dabbs, Fielden, and Lutter, 1998）。

テストステロンは優位性行動と優位性に関係した攻撃性に伴い分泌されるというかなりな証拠がある。これらの研究（Tremblay, Scaal et al, 1998）は少年から大人の男性（テストステロンの文献に関するまとめは Dabbs and Dabbs 参照）まで対象とされている。

優位性のための攻撃的争いを通じて男性は他の男性のテストステロンを制御しているということから、女性もまた互いのホルモンを制御しているのかという疑問がわいてくる。答えはイエスである。最初の観察は Martha Mc-Clintoch（1998）によって行われた。彼女は学生寮で一緒に生活している女性のグループは、彼女たちの閉鎖的な生活の中で性周期が同期してくることを示した。さらに Sterm and McClintock（1998）はその機序について検討し、固体から遊離した空気中のフェロモンや化学物質が、空間を共有する他のメンバーの生理や行動に影響することを見いだした。後期卵抱期の女性のわきの下から抽出された無臭の物質を他の女性にさらすと、受けた女性の黄体ホルモンの上昇が促進され、性周期が短縮する。しかし、周期の後半ではこの同調は起らなかった。

19. Mazur and Booth（1998）. 今まで見てきたように、攻撃性の危険は単にテストステロンだけでは起らない。セロトニン濃度も明らかに関係している（Simon, Cologer-Clifford, Lu, McKenna, and Hu, 1998）。高いテストステロンと低いセロトニンの組み合わせが特に問題であり、すべての種の問題のオスで衝動的な攻撃性が生じる（例えば Suomi, 2000）。バゾプレッシンもまた攻撃的行動に関与している（Panksepp, 1998; Stribley and Carter, 1999）。

20. Insel and Winslow（1998）; Suomi（1997; 2000）. 優位性の階級は、連立と毛づくろいとくだらない口論への第三者の介入や自発的な従順さ、争いの多い群れの緩衝材としての幼児によって保たれている（De Waal, 1999;2000）。

21. Raleigh, McGuire, Brammer, Pollack, and Yuwiler（1991）. Raleigh et al,（1991）の結果と同じように、Smuts（1987）はヒト以外の霊長類では、メスは小さなグループでオスがいかに他を制御したり強制するかに影響を与えることができる。

眼窩前頭皮質は社会的親密行動に関係しており、ある種のセロトニン受容体に関心が持たれている。その密度は動物の社会的地位に関連している（Adolphs, 1999）。

上位のオスに生じている神経内分泌的防衛のいくつかは、社会的技能を持った個体にのみ利用できる。Sapolsky とRay（1989）は優位なオスは社会的技能を持っていれば、下位のオスに比べて常に低いコルチゾール濃度を維持している。社会的技能を欠く優位なオスのコルチゾール濃度は、下位のオスと同程度である（Sapolsky, 1992b）。

22. Geary（1999）.

23. Tiger（1970）. 男性グループのきずなの生理学的な背景に関する研究は私の知る限り行われていない。研究者たちは戦争による負傷で生じたＰＴＳＤの退役軍人の、ストレス反応に対するバゾプレッシンとオキシトシンの影響を検討している。四三人の退役軍人は無作為にバゾプレッシンとオキシトシンとプラセボを与えられ、戦闘の写真のストレス反応が評価された（心拍数、皮膚電気抵抗、筋電図）。バゾプレッシンはプラセボに比べてストレス反応を増強したが、オキシトシンは減弱した（Pitman, Orr, and Lasko,1993）。バゾプレッシンは実際の戦闘でストレス反応を増強する一方、オキシトシンはストレス環境から脱して連帯感の中で分泌されるかもしれないが、確かめられていない。愛着行動におけるオキシトシンの役割については研究の焦点になっている。

24. Elder and Clipp（1988）.

25. Manchester（1980）, P451（Elder and Clipp に引用）.

26. Muirhead（1986）, pp106-7（Elder and Clipp に引用）.

27. Gray（1956）p46 (Elder and Clipp に引用）.

28. *NBC Evening News* の第二次大戦退役軍人のインタビューより引用（June 6, 2000）。

29. Elder and Clipp（1988）.

30. Tiger（1970）.

第九章
利他主義の在処

一九八二年一月一三日、フロリダ航空九〇便が離陸直後にワシントンDC一四番通りに墜落した。US公園警官のレニー・スカトニックは、飛行機が三台の車を巻き込みながらポトマック川の凍りついた水中に突っ込むという恐ろしい光景を目の当たりにした。直後に助けを求める声が聞こえた。彼はすぐに川に飛び込み、生存している女性一人を引き上げた。彼女はポトマック川の凍りつく水温に圧倒され、スカトニックのとっさの判断に気づかなかった。

その日、もう一人の英雄がいた。アーランド・ウイリアムスは水中に投げ出された乗客の一人だった。彼は頭上でホバリングしている救助ヘリコプターから下ろされた救助ロープを何度も他の乗客に手渡し、四人の乗客が彼の努力で救助された。しかし、彼の番になったとき、彼の命は尽きた。結局、このエアフロリダ機の事故で五人だけが生き残り、五人すべてが英雄たちに助けられていた(1)。

他人に対する思いやりが人間の生来の性質であることを示す例をさらにあげるとすれば、劇的な救助活動ばかりでなく日常生活の一部である静かな介護行為も、利他的な資質から派生していることである。利他的な行動をとる人とはどのような人たちなのだろうか？　何が自分を犠牲にする勇敢な行動をとらせるのだろうか？

人が他人の幸せのために自分の健康や安全を犠牲にして危険を冒すとき、思いやりは最も劇的で祝福すべき形をとる。これらの顕著な利他主義は、一般的な進化生物学的な視点からは理解できない。もっと単純にいえば、われわれは利他主義の遺伝子をどのように継承していくのかという逆説である。これらの貴重な遺伝子は早く失われる危険が高いので、これらの遺伝子を受け継ぐ機会が減ってしまうことになる。

第一章で述べたように、自然は来るべき好機のために大切な仕事を出し惜しみするのではなく、生理的機能が縦横に働くのを保障するために、ホルモンや臓器や神経経路を介して重要な機能の下支えをしている。利他主義はこれらの機能の一つかもしれない。それは本来ほかの目的のために発達した神経回路に起源を持ち、多くの予期しない場面に現れるが、基本的で本質的には人類の生き残りのためにおおむねうまく機能している。逆説でもなんでもなく、利他主義は攻撃性や保護本能や優位性のための神経回路に起源があり、社会的結合の能力に由来することを示したい。すなわち、利他主義はすでにある思いやりシステムから容易に生じるものである。

利他主義の源は同情から生まれるとわれわれは思っている。もしそうでなければ、それは利他主義ではなく何か別のものである。義務とかそういったものだ。実際、多くの利他的行為はこの型に当てはまらない。それはある場合には衝動に近い。親切よりむしろ攻撃性や義務に似ている。しかし多くの英雄的行動に同情や共感が欠落しているわけではなく、他人を助けることは思いやりと同じようにいくつかの違った神経化学物質や文化的規範や役割により自然に行ってしまうのである。しかし時には情動によってそれが解発されることもある。これらの起源のいくつかは性特異的である。それは、なぜ男性と女性の英雄的行動が違う形で現れるかの理由である。男性では英雄的行動は自然発生的であり、人間であれ動物であれ、敵に対する攻撃行動として自動的に現れる。女性では英雄的行動はもともと子どもの保護から進化した介護に起源があるようだ。これは正しい対比だろうか？　英雄的行動と介護についてみよう。

多くの都市と同じようにロサンゼルスでは、友だちのために銃弾を受けたり、溺れている子どもを助けたり、燃えさかるビルから人を救い出すといった英雄的な行動をとった人々は市長から表彰を受ける。彼らは高揚した状態にあるので、このような儀式を見るのは気持ちがいいものである。表彰される人々には一つの決まって起こる気分がある。いつもではないけれど、特筆するには十分に普遍的な気分である。それは困惑である。名前が読み上げられ、コメントを求められた時に彼らは何と言うだろうか？「誰でも同じことをやっただろうと思います」とか、「やるべきことをやっただけです」「特に何も考えませんでした。ただそれをやっただけです」という答えが多い。この困惑は英雄的行動には目的があり、自己犠牲の精神で共感によって鼓舞されるものだという思い込みからきているのだと思う。人は英雄たちが犠牲者を見たとき、同情を感じた結果、自分自身に危険があっても行動を起こすべきだと決心したのだろうと考えてしまう。しかし、しばしばそうでないことが多い。われわれの気の進まない英雄たちは全く正しい。多くの例で、ほとんどの人は同じことをするだろう。

一九六六年カリフォルニア州は、生命が脅かされる状況で他人を助けるためにけがをした人々に保障を施すサマリタン法を採択した。心理学者であるテッド・ヒューストンの研究グループは、誰が英雄か？という疑問に関する研究を行った。その目的は、どんな人が他人を助けるために自ら危険に身をさらすのかを明らかにすることであった。社会が明らかに頼りにしている同情の起源とは何かということである。ヒューストンの研究グループはその結果に非常に驚いた(2)。

警察の記録から彼らは強盗や、恐喝、その他の危険な犯罪に介入し、その過程で負傷した二三人を同定した。彼らはこれらの人々に連絡を取り、調査票に従って事情を尋ねた。それによって彼らの勇敢な行動の裏にある動機について少しだけ理解が進んだ。

英雄たちにはいかなる心理学的特性も見いだせなかった。期待とは裏腹に、利他的な英雄的傾向はなかった。そのかわり、彼らにはわずかな共通点があった。すなわち体が大きいことと、ほんの少しの経験である。彼らは平均より背が高く、体重も重く、ほとんどの人が救急処置や救難訓練、警察の職務のようなある種の危機管理訓練を受けていた。この特徴から分かるように、この英雄たちはほとんど男性だった（ただ一人のヒロインは、騒ぎを聞きつけて隣の家を点検にいき、出てきた強盗に刺された年老いた婦人だった）。

英雄たちのほとんどは犯罪になじみがあり、個人的にも犯罪の目撃や被害者の経験があった。ヒューストンの研究グループによって英雄たちの多くは、普段から暴力に対する準備ができているという現実が次第に見えてきた。彼らは法と秩序の信奉者であった。その多くは犯罪が多く、行政が直面している最も重要な問題が犯罪であるような地域で生活していた。八〇％以上は拳銃を所持していた。自動車のエンジンがかからないとか、誰かと意見が衝突したときとか、金槌で親指を強打したときとか、いくつかのイライラするような状況を仮定してそれにどのように対応するか尋ねると、英雄たちは容易に激しく怒り出すことが分かった。ヒューストンがこれらの怒りっぽい聖者たちに電話した時、彼らは慈悲深い天使というよりストレスに過剰反応する向こう見ず集団という印象だった。

犠牲者への同情は彼らの行動の動機にはならなかった。実際彼らの幾人かは、自分が助けた人々が苦境に際して何とばかげた振る舞いをしていたかと驚いていた。彼らは自分を英雄と見なすより、彼らの行為を犯人と自分の戦いとして捉えていた。有名な事例を紹介すると、ある自動車運転手はトラックが歩行者を撥ねて逃げ去るのを見た。彼は車でトラックを追いかけた。後の彼の告白によれば、彼は新車を買ったばかりで、その新車でトラックを捕らえることができるか試したいと思ったそうである。彼はそれを行い、ひき逃げしたドライバーを道の傍に追い詰めた。それから彼は車から散弾銃を取り出し、警察が来るまで犯人に照準を合わせていた。その間、トラックに撥ねられた女性は道端に放置され、一時間後に病院で亡くなった。

ヒューストンの研究グループが調査した男たちは、他人のために自分を犠牲にする典型的な英雄ではないかもしれないが、彼らは英雄的行動に関して重要な点を示唆している。英雄的な行動としてわれわれが考えていることの多くは、利他主義によるものではなく攻撃性に起源がある。社会はこの生の攻撃的なエネルギーを使い、防衛や防御のサービスに組み込んでいるのである。

われわれは若者を選抜し、必要に応じて危険や冒険に備えて男性を身体的に鍛えている。英雄的行動は本質的に、警官や消防士や兵士の勇敢さと同じ起源を持つのかもしれない。それは自然に湧き上がる衝動的な攻撃性であり、考えた末の行動ではないが、通常はすべての第三者に利益をもたらすものである。

われわれは英雄的行為について考える時いつも、他人を助けるために危険に身をさらす若く健康な男性を頭に描く。このイメージがとても強いので、英雄的行為の定義を劇的な出来事に強く限定しがちである。女性は自分の子どもに比べて他の人々を守るために自分自身を傷つけることが少ないのは事実である。しかし、彼女らの英雄的行為は男性のような賞賛は受けないが、同じように正当なことである。それは静かなものであるが、健康と快適さにとって犠牲と危険を伴う男性のそれと同様の危険性のある重要な行為である。

友人のリンダは四年間、母親の世話をしてきた。彼女の父親は五〇代で亡くなり、母親はもはや自立した生活ができなくなった七八歳まで一人で生活してきた。関節炎のために歩き回ることができなくなり、健忘も目立つようになった。そのためにリンダは母親を家に引き取り、二人の子どもとともに暮らすことになった。

リンダの母親は働き者だったが、ここ二年の間に数回の脳卒中を起こし、多発梗塞性認知症を患っている。その状態は、強い健忘と判断力の低下を示すアルツハイマー病とそれほど変わらない。リンダは昼間に家政婦を雇っているが、一日に何度も職場から電話して問題がないか確かめている。夕方には家政婦と交代し母親に食事を与え、着替えや入浴を介助し、夜になると自分がどこにいるのか忘れて何度も叫びだす母親の様子を見守っている。

リンダの友だちは彼女に対して「あなたは聖人だ」と言うが、それを聞くと彼女はいつも苛立ちを覚える。彼女をそうさせるのは何だろうか？　彼女の母親を見捨てろというのだろうか？　彼女は仕方なくそうしているだけで、取り立てて特別なことはしていない。聖人であるという友人の賞賛を受け入れられないことについて、彼女が語らない理由がある。彼女はこの介護を本当に嫌っている。精神的にも肉体的にも疲れきっている。時々母親は彼女に感謝しているようであるが、多くの場合、母親は不平を言ったり批判したりする。リンダは自分を育ててくれた強くて快活だった母親の記憶を思い出そうとするが、しかしそれはリンダの休む時間を食いつぶす、虚弱で気難しい老婦人の姿によって打ち消されてしまう。

男性が世界の英雄であると同じように、女性は大体において世界の介護者である。介護について現状をみてみよう。介護全体の七九％を母親や娘や妻が担っている。娘たちは彼らの年老いた両親を世話している（息子が親を介護するのは娘の約四分の一である）。母親が障害のある子どもを介護し、女性が夫を介護するのが普通である。米国では典型的な介護者は、障害や病気のある配偶者を抱える六〇代の貧しい婦人たちである(3)。

もう一つの静かな介護者のグループは祖母である。現在米国では一七〇万人の子どもが祖父母と暮らしており、主に祖母によって世話されている。理由は大体想像がつく。これらの子どもの多くは、薬物依存やアルコール依存やＨＩＶ感染の親を持っている。あるいは、彼らの両親は離婚したり、死亡したり、服役中であったりする。最近一〇年間に、祖父母が戸主である家庭は五三％増加している。そしてこれらの理由が示唆するように、これらの家庭の多くは貧乏である[4]。

しかし、これらは現代の介護のパターンである。彼らは介護を施すために選ばれた進化の過程の結果であるという議論ができるだろうか？　確かにそういえる例もある。昔の人々は明らかに子どもを守る必要性から介護システムを持たねばならなかった。これを証明することはできないが、先史時代の人の頭蓋骨から明らかに人々は何度もけがし、それでも生きているという証拠を見ることができる。彼らは介護システムがなければ生きていくことはできなかっただろう。少なくとも傷が回復するまで彼らの食事や水の世話をし、守ってくれる誰かが必要だった。

誰が病人やけが人を世話したのだろうか？　普通の生活ができるようになるまでに健康を回復する間、誰が彼らを世話したのだろうか？　それは女性だったと私は思う。昔の社会の女性はそのような責任を果たすに十分かつ柔軟な方法で子どもの世話をし、食料を与えた。さらに、介護には女性が子どもに対して行って来たのとよく似た仕事が含まれている。それはすでにやってきた技能や行動をほんの少し拡張すればできることである（ほんの少しとは複雑さのことであり、努力ではない）。協調し協力する行動が必要で、家から数日間離れることがある狩りをする男性たちは、長時間にわたる介護に要する持続的な責任を果たすのに適任ではない。これらの推測の証拠に関する研究について多くの人類学者に聞いて回り、たくさんの収穫があった[5]。私は祖母に関して確かな手がかりを得た。

祖母による世話は、人間性それ自身と同じように古い歴史を持っている。実際、女性がなぜ男性より長生きするかという問題は、長生きする祖母は進化の過程で選択された結果だと説明されている。子どもが成長し支える必要がなくなった年長の女性は洗練された食料供給の技能を持っているので、彼女たちが必要とする以上の食料を共有することができる。子どもや孫に食料を供給することは、生き残る親族が増加することになる。そのようにして、これらの一族は長寿の女性の遺伝子が受け渡されてきたのだろう。進化は女性に長寿をもたらし、生きている間、他人を世話する機会をもたらした(6)。

介護にかかるコストは膨大である。それは大変で苦労が多く、慢性のストレスになる。現代の介護者の半分以上は家の外で働いている。そして多くは仕事をあきらめるか、介護する時間を確保するために週平均一〇時間ほど労働時間を減らしている。仕事や育児、家事、個人的に必要な時間など、人生のあらゆる必要な活動時間を妨害される。老婦人にとってそれは運命づけられた仕事である。その結果、介護者は身体的精神的問題の危険にさらされていて、ほぼ六〇%にうつ病の兆しが認められる。彼女らは介護をしていない同年代の友人に比べて不幸であり、介護の責任以外に他のストレスが加われば、彼女たちのストレスシステムは強く緊張することになる。老人の介護者の心臓血管系は心臓病の一歩手前までになる。一一月のインフルエンザの季節ともなると、介護者は二重の危険を負うことになる。彼女たちは免疫機能が弱まり、インフルエンザにかかりやすくなり、同じ理由でインフルエンザワクチンへの反応も悪くなる。介護者は感染症の治りが遅く、死の危険も高まる。ピッツバーグ大学の心理学者であるリチャード・シュルツとスコット・ビーチは、ストレスの高い介護にかかわった老人の四年間の死亡率は、同年代のこれらの責任のない人々に比べて六三％も高いことを報告している[7]。

結果として自己犠牲に至るある種の利他主義は、解決すべき難しい進化論的問題の一つである。一九六〇年代以前の進化論では、利他主義はホモサピエンスが種として生き残るための要因の一つと考えられていた。群れは本質的に協調的な性質を糧として、個々人の利他的な行動が群れのすべてに利益をもたらすことで生き延びてきたのである。これは群れの生き残りこそ重要だと見なす考えである。しかし、群れの生き残りの助けとなるような性質をわれわれが受け継いでいるという証拠は先細りになっている[8]。その代わり、進化生物学者は遺伝子の観点から考察し、元気な子孫が生き残る確率を最大にするために、どのような形質が受け継がれる必要があるかを強調する考えに変わってきている。しかし、協調性や利他主義や自己犠牲的英雄主義はわれわれの性質として残っており、進化論の難問となっている。

例えば、ある種のネズミの歩哨役の警告音のことを考えてみよう。危険を知らせる見張りをしている歩哨役のネズミは、タカなどの捕食動物を見つけると大きく明瞭な声を出して仲間が安全に逃げ出せるように信号を送る。しかし、そうすることで彼自身にタカの注意が向いてしまい、タカの餌食になる危険が高まる。利他主義の報酬が死であるならば、その遺伝子はどのようにして残されるのだろうか？

英国の生物学者であるウィリアム・ハミルトンは、進化論的な優位性について利他主義のジレンマを最初に取り上げた科学者である。彼は、もし同族の選択の原理を採用すれば、英雄的行為は遺伝子の観点から説明できると考察している。動物の世界では英雄的行為はしばしば、遺伝子を共有する同族の仲間を助ける効果があることを示した。英雄的行為がない状態では単にあなた自身が生き残るだけであるが、その行為はより多くの個体を生き残らせることになる。あなたの努力はあなたと近縁関係にある同属に利益をもたらして、あなたの代わりにあなたの遺伝子を受け継いでいくかぎり、利他主義遺伝子は繁栄することができる(9)。

介護は、ハミルトンの結論の好例である。子どもの世話は明らかに子どもの生存の可能性を広げる。男性に対する世話も同じように説明できるかもしれない。女性が配偶者の世話をすれば、それ以上の子どもを持つ機会が増加し、彼女のパートナーは生き残り、配偶者の生存をより支えることになる。孫の世話はまさに自分の遺伝子を受け継がせることになり、女性がなぜ長生きするかの基本的な理由になるかもしれない。介護が利他主義に関する文献で取り上げられることはまれである。利他主義について述べた進化論学者の多くは、明らかに介護を考察から排除してきた。育児行動は情実の問題であり、利他主義ではないと鼻であしらってきた。

しかし利他主義の分析から育児行動を排除することは、完全に問題の要点を見失うことである。自然はつつましいデザイナーであり、神経回路は一つの目的のためにデザインされている。例えば育児は他の行動の土台になるかもしれないが、より一般的には介護行動が目的である。一つの効果的な遺伝子のセットは、関係する多くの行動の基本になっている。子どもの世話、配偶者の世話、病人やけが人の看病、祖母による孫の世話などである。

乱暴で元々その傾向にある英雄たちの神経回路は攻撃性にあるかもしれない。比喩的に言えば、掻痒感が気持ちよさに変わるようなものである。第八章で述べたように、男性の攻撃性は自動的に敵を求めており、襲撃者や犯罪者または洪水で流されるといった個人的でない出来事でさえも、攻撃性が結果として他人に対する利他的サービスになるのかもしれない。その場合、同情心が行動に伴うかどうかは別である。[10]

さらに、英雄的行動はそれを支える多くの神経回路は必要ないかもしれない。その理由は、学習がその代わりをするからである。遊びは子どもの生活の時間の多くを占めており、最初の数年間に膨大な脳の発達を促すことにより、男女に特徴的な仕事ができるような能力がしっかりと構築される。少年はスポーツを通じて何度も自己犠牲の練習を行う。彼らは誰かの足の前に自分の頭をさらし、ゴールの前で自分の体を投げ出す。意図的に凶暴になり、敵に対して全力でぶつかる。軍隊の訓練ではさらに個人的な安全を忘れることが推奨される。他人の生命が脅かされた時、彼ら自身の安全に恐怖を感じる兵士は集中して訓練を受ける。そして攻撃的な衝動性で恐怖を克服した人が賞賛されることで、行動を起こす前に躊躇せず、自分を省みずに仕事をするように仕立て上げられる。ヒューストンは彼の著書である『怒れるサマリア人（*Angry Samaritans*）』の中でこの様子を見事に描いている。緊急事態の訓練を受けた立派な体格の攻撃的な男性は典型的な英雄である。攻撃的な自己犠牲の訓練をあまり受けていないわれわれは同じ状況下では不安になり、誰かを救助したり、生きて戻れるという確信はとても持てない。

学習は同じように、女性に特有の英雄的行動をもたらす。さまざまな文化に共通して、少女は早い時期から思いやりの訓練を受けている。人形遊びを始め、年下の従兄弟の世話をして、他人の子どものベビーシッターを志願し、最後に自分の子どもの世話をする。同じような学習が深まると、虚弱な夫や年老いた両親の世話をする。

私のこれまでの説を証明できるだろうか？　すなわち利他的な行動と呼んでいるものが、他の生き残りに関する目的で機能する神経回路や学習から解発されるのだろうか？　攻撃性を促したり、子どもの世話をつかさどる同じ神経回路の活性化やホルモンが、衝動的な自己犠牲や面倒な他人への思いやりを生じさせるのだろうか？　現時点ではその証明はできそうにない。利他主義の科学は現在のところ、より下等な動物やコンピューターモデルでさえ、この文脈からはほど遠いところにある。それは人間の行動の神経生物学でまれに取り上げられる程度である。[11]私は利他主義の研究の当事者であり、最も知りたいところであるが、現在のところ、これらの興味のある方向性を示せるだけである。

多くの英雄的な行動の基本に攻撃性と介護があるかもしれないのと同じように、他の利他的行動は優位性の探索から浮かび上がるかもしれない。われわれは優位性が攻撃性によるものであるという説を否定し、その代わりに優位性は社会的技能が重要であることを示唆した。その点で利他主義と優位性の関係はより理解しやすい。利他主義の当面の危険性は極めて現実的であり、他人への大いなる自己犠牲からなっているが、長い目で見ればその効果は極めて自己奉仕的である。このような考えは利己的遺伝子の考えと全く同じである。ほとんどの霊長類では今まで見てきたように、メスでは幾分弱いが、オスは優位性の階級を形成している。利他主義はそのような階級社会では高い地位を確立し維持するための効果的な方法である。

数年前、私は夫と一緒にインドの友人宅を訪問した。その時、大きなアカゲザルが食堂のバルコニーに現れた。オスザルが真正面に見えたので、台所の安全な場所から観察した。そのサルは食堂に入ると、食べ物を探し回り、スライスしたパンを見つけそれを掴むとバルコニーへと走り出し、木に上り通りに出て、仲間が待っている庭に走り去った。さらに観察していると、周りを仲間に取り囲まれたその泥棒ザルは苦労してパンの包みを開け、待っている仲間に一つ一つ手渡していた。危険な行動を取ったのはボスザルであることは明らかだった。そうすることで、彼はリーダーとしての地位を維持する助けになっていた。

狩猟社会では、同じようなことがグループの中の狩りのうまい狩猟者でも認められる。狩りに成功した狩猟者は彼の家族のために獲物をため込むよりも、グループ全体に獲物を提供する。その行動は人類学者によって詳しく述べられているが、その解釈については、そのよって立つ立場により違いがある。人間が生来持っている万物平等主義の例であるというものから、これらの成功した男性が自分を偉大に見せようとする行動であるという皮肉な解釈までさまざまである。あなたがどちらの説を信じようとも、その効果は同じである。彼の高い地位は寛大さによって確固としたものになる。

地位と利他主義はわれわれの人生の中で深い関連がある。他人の世話をする病院や診療所の側にはいつも富がついて回る。大学は最も高い入札者に記念の飾り板と引き替えに、講堂でも教室でさえも身売りする。どこもやっていることであるが、私の息子が通っている学校は毎年基金をつり上げるキャンペーンを行い、実際の金額を曖昧にして五〇〇ドルから九九九ドルまでと、一〇〇〇ドルから二四九九ドルまでの範囲ごとに寄付をした人の名簿を公表している。一〇〇〇ドルから二四九九ドルまでの範囲の名簿について考えてみよう。この名簿の七〇人（または家族）のうち一〇〇〇ドルだった人が何人（あるいは何家族）いただろうか。私はほとんどが一〇〇〇ドルだと思う。二三〇〇ドル出した人が何人いたか。たぶんゼロだと思う。ほんの二〇〇ドル増やすだけで上のクラスの名簿に名前が載るからである。寄付した人に悪意があるといっているわけではない。彼らは実際寄付をしているし、その結果多額のお金を失っているのだから。人は注目されなければ何も施さない、少なくとも直接的には。地位に伴う寄付という利他主義には賞賛と他人の敬意という報酬があるかもしれないが、それは利他主義とはいわない。

なぜ利他主義は優位性の神経回路で育まれたのだろう？　すでにお分かりのように優位な階層は社会的技能や知識により形成され維持されていて、生々しい攻撃性や優位的行動によるものではない。優位性と関係のある遺伝子がなぜ利他的傾向を潜ませているかを知ることは難しいことではない。事実上、利他主義は持てる人から持たざる人への一方的な行為である。優位な地位の動物はしばしば利他的である資質を持っている。彼らは優位であることにより健康、長命、和ませてくれるパートナー等、多くの利益を得ている。このように利他主義は権力の代価の一つといえるかもしれない。他者を統治している支配者はアカゲサルの群れであれ、人間の会社であれ何か見返りを期待されている。部下が従属し続ける理由が他にあるだろうか？　上に立つ人の社会技能には温かさや豊かな感情の気配、同情と共感を進んで表現する気持ち、他人の必要なことを感じ取り行動する能力も含まれている。小さな親切や慰めでさえも他人に注目され、信頼できて好ましい人だと認められることに貢献する。利他主義は階層社会の中で、人が高い地位を保つ助けとなる。好意をもたれたことがある人ならば誰でも分かるように、地味ではあっても利他的な行為の積み重ねによって構築することができる評判と信用はあなたとあなたの一族に利益をもたらすのである。(12)

利他主義にはたくさんの起源がある。その一つは、すぐに他人と強い結びつきを作ることができる人間の能力である。それは特にストレスが多いときに顕著になる。第五章でみてきたように、人類は見知らぬ人と簡単に素早く同盟を結ぶのが特徴である。その結びつきは愛着や仲間意識をもたらす同じホルモン系により支えられているのかもしれない。多くの利他的行動はこれらの情緒的結びつきに支えられている。それは子どものころに発達した情緒的、社会的知識から進化した共感や介助の能力である。われわれは他人に共鳴するから彼らに施すのである。

科学者は人間、特によそ者に対する利他主義の根本的な成り立ちについて何も知らない。しかし、結束する能力は仲間意識のための遺伝的代用物だろうと考えられている。これは、よそ者を世話しようという気持ちの動因になっている。逆境は利他主義を解発する刺激になり、結束は簡単に急速に強く形成され、利他的な行動を推進する。(13)

これらの結びつきは子どものころに形成された、情緒的知識の倉庫から出されたものである。それは共感の能力であり、他人の困惑に苦痛を感じる能力である。確かにある種の利他主義には、特に英雄的利他主義に結びつきは必要ないようである。そのかわり、覚醒した、攻撃的な、危険に対する強い嗜好が認められる。他人と結束する能力はわれわれの情緒的な神経回路からきているが、それは英雄的行動にわれわれを駆り立てるもう一つの力になっている。

社会に存在するさまざまな形の思いやりについて考えてみよう。親子のきずな、脅威を受けた時のグループの反応、ストレス下の男性や女性の集団の反応等、すべてはきずなが存在することが特徴的である。科学的証拠は限られているが、これらの現象の誘引となる化学物質にはいくつかの共通点があるかもしれない。まだ一般的に認められているわけではないが、その可能性のある物質はオキシトシンとEOPsの二つである。われわれの性質の中に深く組み込まれているきずなのプログラムは、兄弟や他の一族や友人とのかかわりを支えている。人のきずなに強く影響を及ぼす化学物質は、よそ者へのわれわれの思いやりにも同じように振舞う。共通するストレスが起った場合にもこの結びつきはすぐに作動する。子どものころに形成された情動、心情的な理解により生じる共感の能力、他者の苦悩に対する感受性などすべてが他者に代わって英雄的な利他行動を解発する。それは普通に認められるわれわれの高貴な性質の側面である。

利他主義や英雄的行動や介護がわれわれの性質として普遍的なものであると理解できただろうか？

私はそうは思わない。われわれのこれまでの不十分な理解では、利他主義の進化論を説明することは不可能である。まだ完全な理解にはほど遠く、利他主義は社会学的にも生物学的にも活発な議論が行われている分野である。「利己的遺伝子」の説明は生物学ばかりでなく、経済学的にも人類学的にも政治学的にも、さまざまな分野で白熱した議論が行われている。次の数年間でどのような結論が出るか知る由もない。

これらの論争の多くは利他主義に関する狭小な逆説に焦点があてられている。人間がかかわる利他的行動はさまざまで、頑強で、広汎にわたる。利他主義はもともと他の行動のためにデザインされたいくつかの神経回路に紛れ込んでいるようである。さらに、われわれが利他主義と呼んでいるものの多くは文化にその起源がある。われわれが世話をしようと思い立ち、時間や金銭を喜んで寄付する行為は社会化からきている。

われわれは介護する種族であり、自らの危険を顧みず特別な英雄的行動や介護を行うことができる。このさまざまな利他的行動は簡単には説明できない。特に他人が苦悩している時に認められるきずなには、優位性や攻撃性、母性本能などの他の機能のための神経回路が関連しているかもしれない。生まれて数年間に獲得される情緒的社会的知識の上に形成され、他人と結束したり、他人の経験に共感したり、同情する能力は、われわれに身内ばかりでなくすべての第三者に対して奉仕する能力を与えたのである。

◆脚注

1．ワシントンポスト紙のBrown and Harden（1982）、Mayer and Kurts（1982）の記事は、フロリダ航空機事故の優れた資料である。Arland Williamsに関する一〇〇〇以上のＷｅｂサイトがある。

2．Huston, Ruggiero, Conner, and Geis（1981）; Huston, Geis and Wright（1976）.

3．Moen, Robison and Fields（1994）. 全米で二六〇〇万人が家庭で無償の保健サービスを施している。その大部分は女性である。人々は長生きになったので、介護は女性の人生のより多くの部分を占めることになっている。Moenら（1994）は三五歳から四四歳までの女性のほぼ四人に一人、五五歳から六四歳までの女性の三六％は介護者になっていると報告している。さらに他の調査では、一九〇五年から一九一七年に生まれた女性の四五％が年老いた両親や夫の介護をしていたが、一九二七年から一九三四年に生まれた女性の六四％がそうしていた。それから二〇年後に生まれた私の友人たちについて個人的に数えてみると、五〇％以上がすでに介護を行っている。ある場合には一〇年以上になるケースもある。さらに、この研究でも私の友人たちでもそうだが、介護を行えばフルタイムで働くことはできない。The national institute on disability and rehabilitation research（www.disabilitydata.com）, The national alliance for caregiving（www.caregiver.org）, www.dsaapd.com 参照。

　男性と女性の介護に対する態度の違いは、人生の終わりに近づくにつれてはっきりしてくる。女性は夫がたとえ障害者になっても家庭で面倒を見ようとするが、男性は妻を施設に入れようとする傾向がある。その理由の一つとして妻は夫より若く健康であるからであり、夫にとって介護は難しい仕事であるためかもしれない（Taylor, 1999, この問題についての考察）。

　高齢化が進み老人が増えたことや、伝統的に無償で介護を提供してきた女性が外に働きに出るようになったために、商業的な介護が増加している。しかしながら、商業的な介護はそれを補完するには貧弱である。そこで働く人たちの給料は安く、訓練もあまり受けていない。老人介護施設の四〇%は健康と安全の監査で何度も注意をうけている（Rothschild, 2001）。

4．Fairbanks（2000）. The national institute on disability and rehabilitation research（www.disabilitydata.com）, The national alliance for caregiving（www.caregiver.org）, www.dsaapd.com 参照。

5．Dettwyler（1991）; Silk（1992）. 少年と男性が最も頻繁にこの手の介護を受けていたようである。彼らがかかわっていた狩りや戦争などの仕事と攻撃的行動があいまって、彼らがけがをする確率は高くなるためである。この状況は現在でも変わっておらず、男性は女性に比べて全年代を通じてあらゆる種類のけがとそれによる死亡が多い The center for Disease Control and Prevention.（www.cdc.gav/ncipc/factsheets/adoles.htm）参照。

6．Fairbanks（2000）; Hrdy（1999）参照、この問題に関する考察。

7．Beach and Schuls（2000）; Cacicoppo, Burleson, and colleagues（2000）; King Oka and Young（1994）; Spitze, Logan,Joseph and Lee（1994）; Wu, Wang, Cacioppo, Glaser, Kiecolt-Glaser, and Malarkey（9999）. Nancy Folbre´s 著 The invisible Heart もまた参照。介護の経済的側面に関する優れた分析である。

8．Crognier（2000）. 各個体の適応がいかにして種全体の適応的変化をもたらしたかについて思慮深い説明がなされている。Boehm（1999）もまた参照。

9．利他主義はわれわれの仲間である霊長類でも見つかっている（de Waal and Berger, 2000）。Hamilton のアイデア（1963）を基礎に一九七一年に生物学者の Robert Trivers（Trivers, 1971）は相互的利他主義の概念を発表した。それは利他主義の進化論的矛盾にある洞察をもたらす有力な原理である。Trivers は利他主義者は誰にでも彼の利他主義を施すわけではなく、見返りが期待できる時に関係のある人を助けるために利他主義を発揮すると主張した。そんな行動を通じて種内の利他主義は進化したのかもしれない。それは、犠牲と利益が長い時間のうちに等価になる関係であり、協力者たちは協力に失敗した連中を差し置いて成功を収めることになる。というのは、進化論的観点からは他人を助けることに動員した犠牲は、他人から助けられることにより相殺されるからである。これらの学問的貢献（Hamilton and Trivers）は利他主義の逆説に対する進化論的な生物学的接近の理論的根拠となった。

利他主義の逆説に関するしっぺ返し的な説明に満足しない人もいる。人類学者の Christopher Boehm（1999）は群れの生き残りについて再考すべきだと考える学者の一人である。ヒトの進化にとって重要な時期に優勢なある環境のもとでは、力の均衡が個体の選別から群れの選別に移行したのかもしれないと述べている。

10．遺伝子は複数の表現系を持つことができる。親としての投資や近親者を助ける同じ遺伝子が近親者でない人まで助けることはあるだろうし、少なくとも社会的きずなを形成し好意的な態度を示すことはありうるかもしれない(Boehm, 1999, この問題に関する考察)。

11．Axelrod and Hamilton（1981）は相互の協調関係が進化した環境で同定されるゲーム理論の枠組みを引用した。彼らはある決まった状況では相互の協力関係は安定した戦略であることを示した。

12．Sapolsky（1998）and Aureli and de Waal（2000）関連した考察。

13．Dawkuns（1976）. 彼の仮説の初期の考察。Batson（1991）. 共感と利他主義に関する最近の学説ついての総説。

第一〇章
思いやりの社会的意味

私たちは脅威に対して子どもを守り、互いに支え合い、共通の敵に対抗するために結束する。しかし、ストレスが慢性的で絶え間ない強い緊張の原因となるとき、実際には逆に作用することがある。生物学的レベルでは、病気との闘いは力を消耗させ、免疫系を衰弱させる。関係性にも同じようなことが起る。そのような慢性のストレスは殺伐とした関係を生み出し、それは実質的に人生の不幸な出来事につながる。それが極端になると財政的に逼迫し、先行きが不透明になり、人間関係は擦り切れ解体し始める。この様子は社会階級と健康の関係にはっきりと見ることができる。

私たちの一族は一六〇〇年代後半から一七〇〇年代前半にかけての、最初のアイルランド移民の第一陣として米国にやってきた。私たちの祖先はベルファストとグラスゴー間の生活品の海運業を行っていたプレスビテリアン・スコット・アイリッシュの貿易商であり、当時は誰もが認める裕福な一族であった。その後、メイン州とマサチューセッツ州の海岸の島々の間の植民地貿易を行うためにナンツケットに進出した。しかし、ナンツケットで過ごしたことがある人なら分かるだろうが、そこは旅行者以外に運ぶものは何もない場所である。そして一七〇〇年代にはその旅行者さえいなかった。そこで私たちの先祖は仕事を求めてメイン州に舞い戻った。不幸なことにこの計画は最初の計画と同じようにひどいものだった。私たちの先祖の三度目の試みは現実に彼らの未来をどん底に落とした。その当時、その地は水産業を中心に繁栄していたので、私の一族は予定していた海岸沿いでの成功を目指す代わりに、石ころだらけの荒れた土地で農業を始めることを思いたった。私たちの祖先は突然内陸を目指すという間違った道を選んだ。一八〇〇年代初頭、彼らは本当に貧乏であった。

このように幸運に恵まれなかったにもかかわらず、私たちの一族は米国人特有の家系図を作成したいという願望を持ち続けていた。私の母は死ぬまで私たちの家族の家系図の作成に情熱を注いだ。インターネットはまだ存在しなかった。あるテイラー氏がいつ生まれいつ死んだかを正確に特定するための仕事には、英国系アイリッシュ人の教会や市役所への手紙や不在電話の長い呼び出しベルが必要だった。共通の姓を持つ別の血統から一つを特定する少ない手がかりとして、世代間を越えて区別できる名前（first name）を探すのは困難な仕事である。私の母は〈Duruisilla さん〉から〈Diantha さん〉まで、サクソンとアングルとノーマンのごたごたに埋没する以前のヘスティングの戦いの時代にまでさかのぼってその系統を追跡調査した。私は二一歳の誕生日に、一六〇〇年代までさかのぼった祖先のほとんどの名前と誕生日と命日を記した家系図を、母からプレゼントされた。あなたがこれを熟読すれば、すぐにある法則に気づくだろう。一六〇〇年から一七〇〇年にかけて当時五五歳まで生きる人がまれな時代に、私の祖先たちは七〇代から八〇代まで生きるのが当たり前だった。これは素晴らしいことであり、当時貿易商として余裕のある豊かな生活であったことを反映しているのは間違いない。同じように、祖先が不幸な時代を送った一八〇〇年代には、寿命はずっと短くなり、六〇代はまれでしばしば四〇歳から四五歳までに短縮している。

この時代の家族で早世した多くの人々の死因は、科学者がいう予防できる死であった。手入れの悪い幌馬車からはずれた車輪が祖先を跳ね飛ばし、溝の中で首の骨を折った。ある先祖は酔いつぶれて寝込んでしまい、気づかぬうちにパイプの火が家を燃やしてしまった。ある人は三〇才代半ばで心臓発作に倒れた。多くの婦人は劣悪な衛生状態で、不十分な医療しか受けられずに死産を経験した。その後、私たち一族の運命は一九〇〇年代に改善し、寿命は平均的な年齢にまで持ち直している。

このパターンを見るのに、私の祖父であるチャールズの子どもほど典型的な例はないだろう。チャールズはイダと結婚し、アリス、エリザベス、チャールズJr（私の父親）の三人の子どもに恵まれた。イダはチャールズJrを産んだ直後にプトマイン中毒で亡くなった。ほどなくしてチャールズはずっと若いイブリンという女性に結婚を申し込んだ。イブリンは結婚するつもりではいたが、三人の子どもの世話をする準備ができていなかった。それで彼女の意思とは無関係にチャールズは三人の子どもを養子に出した。エリザベスはイダの姉妹で子どものない婦人に引き取られ、彼女のもとで何不自由ない生活を提供されて、一九二〇年当時の女性にはまだ珍しいことであったが、大学にまで行くことができた。アリスとチャールズJrは父親の二人の未婚の姉妹に引き取られた。彼女は小さな農場を営んでおり、あまり裕福ではなかった。それでも、なんとかお金を捻出してもらい、チャールズJrは大学に進学した。奨学金とアルバイトによりそこでの暮らしは楽になった。アリスは農場にとどまった。

大人になってアリスは近くの農夫と結婚し、それまでと同じような生活を送った。チャールズJrは母と結婚し、高校教師として堅実な生活を送った。エリザベスは恵まれた結婚をしてその後の人生は豊かだった。このように同じ両親から生まれた大体同じような遺伝子を受け継いだ三人の子どもは、三つの違う社会階層のもとにそれぞれの人生を送った。彼らの健康への影響はどうだったのだろう。

アリスは肥満とそれに伴う高血圧が原因で、七六歳のとき脳血管障害で亡くなった。チャールズJrは子どものころに患った、二回のリューマチ熱による心臓の問題を抱えながら八三歳の今も生存している。エリザベスは九〇代であるが、現在も元気に仲間とトランプゲームの駆け引きを楽しんでいる。


私の一族の幸福と不幸は、世界中のどの国でも見られる光景である。裕福で高い教育を受けた人ほど長生きし、健康である。これはこれまでのほとんどすべての死の原因にとっても、これまで行われてきたすべての医学的介入システムにおいても真実である。社会的に組織された医療体制のあるスウェーデンでも同じであり、八〇代まで生存する。そして医療がなかなか受けられないバングラディシュでは、寿命はしばしば四〇代かそれより短い。社会階級が高い人は低い階級の人よりよい人生を楽しんでいる。(1)

健康に対する階級の影響に関する最も明らかな証拠は、医学研究者であるミカエル・マーモットが行ったホワイトホール研究に記されている。この研究の名前は、英国市民サービス機関が所在する通りの名前にちなんだものである。もしあなたが英国公務員の心臓発作により死亡する確率を知りたければ、役所における彼の地位が重要な要因となることに気づくだろう。彼の癌や、糖尿病、感染症、呼吸器疾患に対する脆弱性の程度と、役所における地位との関連が示されている。彼がどれほどうつ的であるか、アルコール摂取や喫煙状況がどうなのかも知ることができる。もし彼がすでに病気であれば、彼の役所における地位からなぜ健康を損なったか大まかに見当がつくだろう。[2]

人々が最初に社会階層に伴う健康度の違いについて聞かされたとき、ほとんどの人は特に驚かない。そう、貧しい人は豊かな人より若くして死ぬことに遺憾ながら納得する。われわれは貧しい人々が病気や悪い栄養状態、薬物依存、不衛生な生活環境のために死に至ると考える。しかし、それは私が言いたいことと少し違う。すべての社会階層にわたって、それぞれの階層レベルにおいても、その中でより裕福で社会的にも職業的にもより優れた人のほうが、貧しく不利な人々より長生きする。貧困による痛手とは無関係な官僚はすべて十分な収入を得ており、安全な仕事環境を楽しみ、終身雇用である。しかしこの恵まれたグループにおいても、その中の高い階級の人は低い階級の人より健康である。心臓疾患の悪化から単に足の踏みはずしによる事故に至るまで、すべての死因の頻度は階級の高低に影響される。

すなわち、年俸二万ドル稼ぐ人は七万ドル稼ぐ人より早く亡くなるようである。同じように八万ドル稼ぐ人は一三万ドル稼ぐ人より短く、二五万ドル稼ぐ人は三〇万ドル稼ぐ人より早く死ぬ。なぜより高い社会階級の人は、その階級に比例して長生きするのだろうか？　あなたが属する階級にかかわらず、もし余分な収入で長い寿命が買えるのであれば、健康と社会階層の関係は貧困では説明できないことになる。[3]

健康に対する社会階級の影響の要因が貧困ではないのであれば、当然健康管理に目を向けることになる。もしあなたが受けている健康管理の質（予防措置や健康診断や医師の質など）が教育や収入で違うとすれば、それで健康に対する影響を説明することができるだろうか？　それはできるかもしれないが、そうではない。もし最新の健康診断がすべての人に行われたとして（まぎれもなく最高の目標となるが）それはこの階級間の健康度の勾配を少し変化させるだけである。全員に健康管理を施している国々、例えばスカンジナビアの国々でも健康に関する社会階級の勾配の影響は、米国のように統一した健康保険制度がない国と同じである。

事実その勾配は、健康管理が等しく行われている上流階級での勾配と同じように、健康管理が不十分な下層階級でも認められる。その勾配は医療に反応する病気（例えば乳がんのように治療可能な癌）と同じように、医療に反応しない健康問題（例えば治療困難な癌）でも認められる。受けられる医療の質の違いは、健康に対する社会階級の影響を説明しない[4]。

健康習慣はどうだろうか？　もし高い教育水準や裕福な人々は喫煙や過量飲酒や薬物依存が少なく、運動の習慣があり健康なダイエットをしているとすれば、健康に対する社会階級の影響を説明できるだろうか？　健康な生活習慣は多くの病気の罹患率に影響するばかりでなく、そのような習慣は社会階級を変化させるだろう。例えば、喫煙習慣は裕福な人より貧困な人に多い傾向がある。教育水準の高い人はそうでない人より運動をしており、健康な食事を摂る傾向にある。裕福な人々は適度に飲酒し、貧しい人々はアルコールを全く飲まないか、逆に依存になるようである。適度な飲酒習慣は健康によいので、この点からは正しいように見える。[5]

これらの議論は、健康と社会階級の関連を何とか説明できそうである。しかし健康習慣を説明因子として採用するとき、それは健康に対する社会階級の影響の、ほぼ四分の一を説明するだけである。貧困と健康管理と健康習慣といった明らかな要因では、健康と社会階級の勾配のほんの一部しか説明できない。それではあと何が残されているか？

ある学者はその影響の原因は、社会階級における社会的地位そのものであると結論している。それは胸を打ち鳴らす霊長類の祖先に何か関連がありそうだと単純に考え（社会階級と健康に関する偉大な類人猿仮説とでも呼べそうだ）、健康に対する社会階級の影響は、社会的序列そのものに内包するものかもしれないという説を発表している。最近多くの雑誌が健康の不平等性の特集を組み、同じ結論にたどり着いた。すなわちそのような不平等性は、いかなる階級社会にも伴うものかもしれない。フォーブスの記事は次のように結論づけている。

もし社会階級のみが金持ちの長生きを説明するのであれば、その問題は人間の特質としてなすすべはないものに思える。医療や教育や急進的な社会主義は、ただ救済を装っているだけなのだろうか？[6]

そのような説明は、変化のためのなんの希望にもはずみにもならない。それ以上に、状況を理解し、それを改善する努力を踏みにじるものである。この悲観的な結論の基礎には、われわれの霊長類の遺伝に対する直感が強く影響していると思われる。もう一度社会階級と健康に関する多くの情報に戻り、どのような洞察が得られるか検証したい。

ほとんどの霊長類の群れは、すでに述べてきたように社会階層を形成している。その群れに入るとあなたの生活の質は大きく変わる。あなたが優位な階層にいれば、よい食べ物を手に入れることができ、侵入者が近づいても安全が確保される。あなたは好きなときにセックスができ（もし男性なら）、あなたが望む時に誰かが毛づくろいをしてくれる。霊長類の特権として、それは素晴らしい生活である。

同じようにもしあなたが社会階層の底辺にいれば、誰かの食べ残ししか食べられない。もし幸運にもすごいごちそうを見つけたり大きな獲物を仕留めても、上の階級の誰かが近づいてそれを持っていってしまうかもしれない。猛獣が群れを襲った時には一番前に押し出され、他の仲間を守るためにあなたの命や手足が危険にさらされる。あなたがオスならばめったにセックスはできないし、もしできたとしてもこっそりやることになる。というのは、もしみつかればひどい仕打ちを受けるからである。あなたがメスであれば劣等性のために攻撃されるかもしれない。もしあなたが若ければ、殺されるか、食べられるか、置き去りにされるかもしれない。誰もあなたの毛づくろいをしてくれず、寄生虫があなたの毛皮のなかで自由に繁殖する。なんと惨めな生活だろう。捕食動物、寄生虫、貧しい食餌、陰険な仲間など、低ランクのストレスはあなたの生活のすべての面で脅威となる。あなたより上の階級の仲間に比べ、長生きしないのは驚くにあたらない[7]。

ロバート・サポロスキーはセレンゲティ平原と生物学研究室で研究しているスタンフォード大学の生物学者であるが、彼は霊長類の社会階級とストレスと健康に関する多くの知見を教えてくれた。彼はオリーブバブーンの専門家である。オリーブバブーンは大きくて賢く長生きする動物で、五〇頭から一五〇頭の群れを形成して生活している。サポロスキーによれば一日八時間のわれわれの労働はお互いまったくひどい話だが、彼らは一日四時間えさを漁るだけである。彼らは戦い、集団をなし、仲間の背後からばかにした顔をして嘲弄し、相手を怒らせる。群れの中の生活はストレスに満ちていて、特に階級が下なほどストレスは強い。暴力は上の階級から下の階級に向かい、底辺の階級はドアマットやサンドバックになる。

階級に伴う暴力の生物学的な影響を理解するために、サポロスキーは特別なサルを選び、吹き矢で眠らせた。意識をなくしたサルから採血して、ストレスホルモンを測定した。サポロスキーは驚くべき結果を得た。彼が測定したホルモンと生理的指標は、劣位のサルは優位なサルより悪かった。ストレスホルモンの基礎値は高く、ストレス反応は鈍かった。善玉コレステロール値は低く、T細胞は少なく、免疫反応も鈍くなっており[8]、これらのサルが短命なのも当然だった。

これは健康に対する社会階級の影響のモデルといえるだろうか？　多くの科学者はそう考えるだろう。しかし、われわれとわれわれ自身の生活の隠喩のようなサルの一群では重要な違いがある。その一つに、人間の階級には下位のサルに特徴的な欠乏と暴力は必ずしも伴わない。労働者階級の生活は億万長者の生活とは違うかもしれないが、彼には十分な食料もあるし、ヒョウの襲撃の心配もない。彼が望めばセックスもできる。好戦的な医者や弁護士による無差別な攻撃の恐怖以外は、毎日の生活を送ることができる。

人間と違い人間以外の霊長類は、すべての階級がいる小さな群れで顔を突き合わせて暮らしている。上位のサルと下位のサルはすぐそばで暮らしており、階級間の暴力の機会が非常に多い。人間も集まって暮らしているが、グループのすべてのメンバーは同じ社会階級であることが多い。専門職は専門職同士で時間を過ごすことが多く、労働者は労働者同士で暮らしている。特別な場合を除いて貧困層の人々は隣には住まず、普通は離れた場所で生活するだろう。あなたはテレビで彼らを見るか、どこか遠くに車で行く途中で見る以外にほとんど会うことはないだろう。簡単に言えば、上位と下位の霊長類がお互いにいつも接触しているために起る暴力は、人間社会では起こらない。

より均一な人間社会でさえ、霊長類ではっきり分かるストレスの勾配を再現する方法があるかもしれない。人が社会の階級を下りたとき、人生は個人的な制御と社会的支援の欠如が特徴である憎悪に満ちた社会環境に身を置くことになる。下のクラスになるほど、あなたがやりたいことや、そのやり方に口出しする人が増える。あなたは暴力や犯罪、単なる不快感に遭遇する機会が増える。もっと下に行けば、より金銭的な関心があなたの心と人間関係を餌食にする。

あなたが社会階級の階段を上に上がれば、あなたの生活は思慮深さと選択、経済的心配から開放され、確かな生活の喜びが特徴となる。店員から警官に至るまで、あなたのまわりは好ましい人ばかりになる。

社会で遭遇する良い出来事と悪い出来事の割合は社会の階級によって違いがあり、社会環境がどれほど思いやりを提供するかによって決まる。これは社会階級と健康の関係の大きな要因になっているかもしれない。

この考えを確かめるにはどうすればいいのだろうか。まず最初は、人々がどれほど社会的支援をうけているか、またはどれほど葛藤に遭遇しているかを単純に尋ねてみることである。反応が社会の階級により違うかもしれない。事実、答えはその通りであった。社会階級が高ければ高いほどより多くの社会的支援を受けることが、数カ国の調査で明らかにされている。もう一方の社会的葛藤もつじつまの合う結果となった。つまり、より低い階級の人はより多くの葛藤を報告した。金銭的な危険、犯罪の恐怖、不安定な職場などの葛藤が満ちており、これらのストレスにより人々は十分な社会的支援を受けていないと感じている[9]。

困難な生活環境に直面すると敵意が生まれる。実際、収入が低いほど敵意は強くなる。あなたが男性であれば特にその傾向が強い。ある自動車工は敵意を内に秘めて車に乗ると書いている。

畜生、周りのものをぶちまけて、ハンマーでベンチを思い切り叩き壊したい気分だ。それですっきりするんだ。そう思っていろんなものを放り投げたこともあったよ。レンチとかいろんなものを手当たり次第にね。けれどそれはずいぶん昔のことだ[10]。

敵意をぶちまけた人は、彼自身がそのしっぺ返しを食らう。すなわち彼らは、利用できたかもしれない社会的支援を受けられなくなってしまう。絶え間ない敵意とストレスの影響は、日常で起るすべての敵意とともに健康のリスクを少しずつ堆積させる。その結果、敵意は悪玉コレステロールの増加と血圧の上昇をもたらし、肥満になり高血圧と脳卒中という社会階級に強く関連する二つの致死的な病気を引き起こす。これは敵意が健康と社会階級と関連していることを意味するのだろうか？　それは確かに一部を説明している[11]。

もし社会階級が社会的支援と経験した葛藤に影響するのであれば、家庭や職場や隣近所のような生活の重要な場所にその証拠があるだろう。どんな証拠かといえば、あなたの社会的地位が下がればより多くの家庭生活が葛藤で満たされるというものである。

財政的問題は家族の緊張、薬物依存、離婚などの主な原因の一つである。収入、教育、職業的地位が低ければ、妻に対する虐待も増える。経済的に逼迫した時期であれば、結婚は最もありがちな厄災である。カップルはお互いに憎み合い敵対して、離婚の確率も高くなる。そして究極的には、経済的緊張関係はすべての関係をだめにする。社会階層の底辺の人たちは現在結婚していないか、パートナーも友だちもいないという人が多い[12]。

配偶者に対する虐待と同じように、経済的に貧しくなると子どもに対する虐待も増える。よく見かけるようになった育児放棄の親は温かさや援助の気持ちに欠け、葛藤と虐待が特徴的である。このような親の子育てにより子どもの健康は損なわれる。あなたの直接の家族の生活の質があなたの社会階級をより低くする[13]。

貧困それ自体が必ずしも健康に対する影響を与えることはなく、むしろそうなることはないようである。それは低い社会階級での子育てが生み出す予測不能性と混沌によるものである。この点を解明した霊長類の有名な研究によれば、レオナード・ローゼンブラムとジェレミー・コプランの研究グループは育児中のサルを使って、母親が子の食べ物を見つける難易度を変えた環境の中で観察した。彼らの研究の目的は、困難な状況が母親の子どもたちへの養育に影響を与えるのか、そして子どもたちは結果としてどのような暮らしになるかを調べることであった。

食物が容易に手に入る環境では、母親ザルは子どもを丁寧に育て、子どもは全く正常な発育を示す。一方、常に食物を手に入れるために努力が必要な状況でも、母親ザルは子どもを丁寧に育てる。最後に食物が豊富にある時期とそうでない時期を設定し、ある時は食べ物を手に入れる労力が少なく、ある時はその労力が多く必要な環境にした。このように不安定な状況では母親は乱暴になり、子育て行動が不安定になった。彼女たちの子どもに何が起ったのだろうか？　不安定な食料探しをする母親の子どもは、強いストレス下に置かれていることを示す明らかな生物学的兆候が見られた。子ども時代から大人になっても、彼らのＨＰＡストレス機能は活性化しており、恐怖と社会不適応が観察された[14]。

なぜストレスは子育てに悪い影響があるのか？　ある科学者は親が子どもをどのように育てるかは柔軟な進化論的適応であり、環境の劣悪さにより決定されると述べている。もし社会が公正で良好な場所でストレスも少なければ、温かい子育て行動がうまく機能する。もし社会がストレスに満ち、あなたや子どもを傷つける人ばかりで生活に必要な仕事が厄介な雑用ばかりである環境では、子育て行動はうまく機能しない。このようなストレスにさらされ続けている両親は、子どもを監視して危険から守るために子どもに厳しくあたることになるかもしれない。ストレスに満ちた環境で育った子どもは、人生を通じて過剰に心配する傾向になるかもしれない。レオナード・ローゼンブラムとジェレミー・コプランが示したサルと同様に、扁桃体からの信号の増加は「自分を守れ」とか「ここらか立ち去れ」という危険を示唆しており、ストレス反応にしばしば現れる反応が多くなる。[15]

自身を悩ませている怒りを調節する努力についてその人から話を聞くまでは、社会階級の統計や社会的関係に関する犠牲は実感のない抽象的な数字に思えるかもしれない。スタッズ・タークルの「仕事」で紹介された鉄鋼労働者であるマイク・ルフェーブルは、低賃金と職場環境や、文句を言ってくる職長に対して感じている憤怒をコントロールする苦しみに毎日直面している。彼は妻や子ども、同じバスで通勤している人に対してさえ感じるイライラに対して、絶え間ない警戒感と自己抑制を必要としている。

バカみたいに働いて、早く家に帰って一息ついて寝てしまいたいと思う。でも外に出て、周りの誰かに「畜生!」と言ってやりたくなる。毎日、職長に「くたばれ!」と言いたいけれど、それはできない。それで居酒屋で誰かにそう言うんだ。その男も私にそう言うよ。男は私に殴りかかり、私も殴り返す。誰でもいいから殴りたいだけなんだ。家に帰ってから最初の二〇分で自分が何をしたか気づく。もし自分が悪いと感じても、子どもに当たり散らすことなんてできない。ごまかしに笑いを浮かべるだけさ。子どもは生まれてきたこと以外に何も悪いことはしちゃいないからね。妻にも当り散らすことはできない。これがいつも居酒屋に行く理由なんだ[16]。

マイク・ルフェーブルの感想はちょうど霊長類の群れと同じように、違う社会階級の人が互いに衝突し合っている人生の一側面を見せてくれる。ほとんどの労働者は階級を形成しており、あなたの直属上司はあなたにとって重要な問題であり、同じようにあなたの部下にとってあなたは重要な問題なのである。仕事は人生にとって最も重要であり、次が家庭生活である。幸福に最も影響するのは仕事であると人は言う。社会階級に伴う健康度に、仕事が影響しているだろうか？　この疑問の答えとして、仕事は社会的関係のバランスに変化を起こすことに注目したい。仕事上の地位の低下はそれに伴い、健康に悪い影響を与える（少なくとも健康悪化の兆しがある）。これらの状態についての証拠がある。

仕事は健康を増進する。失業者や失業の恐れがある人は健康を損なう。経済状態の悪化の期間は幼児の死亡率、心臓病での死亡、アルコール関連問題、精神病院への入院、自殺の数すべてが増加する。厳しい経済状態では雇用されている人も求められる仕事は多くなり、仕事をコントロールする力は弱まる[17]。ホワイトホール研究が明らかにしているように、仕事上での降格はあなたの健康に重大な変化をもたらす。

なぜそれが真実なのか？　仕事上の地位が低くなると仕事の質が変化する。社会階級が低ければそれに伴い賃金は低下し、仕事の安全性が低くなり、仕事は満足すべき経歴から単なる仕事になってしまう。

ある新聞記者が仕事についたころの経験を書いている。

もともと私はコピーライターだった。部屋に座り、やることは単純なことだった。私はボスのところに行き、彼は自分の思っていることを私に言った。私は部屋に戻ってそれを書こうとして泥沼に入り、鉛筆を折って壁を叩いた。それからそのあとボスのところにそれを持って行き、書き直すように何度も言われて自分の部屋に戻る。そしてまた彼のところに持って行き、書き直しを言われまた持ち帰る。これが私の三〇～四〇代の生活だった[18]。

反対に社会階級が高ければより働きたいと思い、フルタイムで働いていい給料をもらい、好きなように仕事ができる。

おそらく社会階級が上がったとき最も重要なことは、やろうとする仕事に多くの裁量権が与えられることだと思われる。仕事の裁量権とは何を意味するか、なぜそれが健康を増進するか？ 裁量権とはどんな仕事をいつ、どのようにするかということである。地位が上がれば、自律性つまり誰かに監督されることなく仕事をする能力は向上する。仕事を完成させるためのよい方法を計画したり、それには何が必要かについて決定するチャンスを得ることができる。多くの責任を持ち、独立できる。説明責任は生じるが、低い地位の仕事に特徴的な細々した雑事に対する説明責任は減る[19]。

裁量権があるとは、個人的な決定権を持つことを意味する。個人的電話、使いを出すこと、仕事時間中の友人の来訪についてどうするかを決定できる。ある溶接工が、自分の仕事を上司のそれと比較して次のように述べている。

上司は部下に彼の仕事を強いて、彼を督励する。しかし上司は、トイレに行くのもコーヒーを飲むのも自由である。それでも叱責されることはない[20]。

一九七九年、ロバート・カラセックというエンジニアが、裁量権のない要求度の高い仕事は（彼は高い緊張を伴う仕事と呼んでいたが）病気の原因になると訴えた。この二〇年間で彼の主張が正しいことが証明された。高い要求度と低い裁量権を伴う仕事をする人々は、感染症や冠動脈疾患、精神科疾患、高血圧、疲労、アルコール、薬物依存に対する脆弱性が認められる。彼らはまた仕事上、明らかに不幸でもある[21]。

仕事の重要度だけでは健康に対する影響はない。社会的に上流階級の人はしばしば、下の階級の人より熱心に長時間働く。仕事上の緊張からいえば、その仕事の要求度は高い。通常は低い階層の仕事に伴う健康被害を起こさないように補うものが裁量権である。すなわち、深夜まで仕事をするか否かを自由に決定できることである。ある工場のオーナーが、自分の仕事に楽しみを見いだすばかりでなく、仕事の長さを決めることができることを述べている。

私は朝六時には工場にいます。五時半には帰宅できるでしょう。時々誰もいない日曜日にここに来て、部品を取り付けたりします。私が立ち上げなければこの場所に機械はないのですよ。私にできないことはありません。労働者はこう言うでしょう。「あなたはボスなのだから、そんなことはすべきではありません。あなたは何がしたいか、われわれに言えばいいのです。自分でしてはいけません」。私はそうするのが好きなのだと彼らに言います。[22]

明らかに社会階級と健康のドラマが仕事をめぐって演じられている。底辺の人々は他人に恩を受けているが、高い階級の人はそうではない。そしてそれは身体的にも精神的にも健康に影響を与える。

思いやりそのものがこれらの状況に影響されるだろうか？　確かに仕事は社会的支援の源である。仕事をする者の健康にとって、互いに協力し助け合う気持ちは必要である。上司との関係を良好に保ち、起ってくる問題に対し話し合う気持ちも必要である。仕事上で支援が少なく、社会的接触が限られている労働者は不健康であり、よく欠勤する。特に支援のない年長の労働者は早世する。労働者に関する調査によれば、職場でのストレスの原因のうち最も多いのは社会的人間関係であり、次が仕事の種類である。と同時にこれらは満足感の最も重要な要因でもある。この問題の適切さは、職場での階級が高い人ほど社会的支援が多いと人々が言っている事実が証明している。[23]

最初、研究者たちは職場における社会的支援に興味を持ち始め、同僚との友情をはぐくむ機会に注目した。そしてお互いの支え合いが男女の労働者にとって好ましいものであることが判明した。しかしまもなく、直接の上司があなたをどのように処遇するかで、特に男性の身体的・精神的健康の質が大きく違ってくるという証拠が出された。それは病気の症状や、冠動脈疾患や心臓発作の危険率に影響する。また、抑うつや不安のような精神疾患や情緒的問題の発生にも影響する。別の言い方をすれば、もしあなたの上司が小うるさい人であれば、あなたは病気になるかもしれない。上司が親切で優しければ、あなたはずっと健康のままでいられるだろう。[24] ある現場労働者が彼の管理者に報告している。

私が配属された職長のことだが、彼は若造で大学卒だ。自分より優秀な者はいないと思っている。私が「ヤーヤーヤー」と挨拶すると、「ヤーヤーヤーとはどういう意味だ、イエスサーと言え」と私を叱り飛ばすんだ。「何というやつだ。おまえはヒトラーか。何がイエスサーだ。おれはここに働きに来てるんだ。へつらいに来てるんじゃない。勘違いするな」と言ってやったよ。そのひと言で別の部署に移されたんだ。[25]

彼は降格されて、時給二五セントを失った。時が経つにつれこんな経験は彼の健康も蝕むことになるだろう。

仕事は他人との社会的接触の質にも影響する。緊張を伴う仕事では社会的接触は限られて、多くの束縛を受けるかもしれない。ある受付係りは他人との短い表面的な接触が、仕事以外の社会関係にも影響すると述べている。

私は仕事上、人と直接会うことはありません。そのために他人が理解できなくなってしまいました。彼らが笑っているのか、皮肉を言っているのか、親切なのか分かりません。そこでの会話はぶっきらぼうになります。人と話す時でも私の会話は非常に短く早口になるのです。それは一日中電話で応対しているのと一緒です……。

母が電話してきた時でさえ、長くは話しません。会話することで人のことを分かりたいと思うけれど、実際に人と話す時は電話で話しているように話してしまう。それは無意識のうちのそうなっています。何が起きているのか私には分かりません。(26)

この女性の経験が示唆しているように、仕事の影響は社会生活の他の場面にもあふれ出し、あなたが受ける社会的支援に影響する。スウェーデンの心理学者であるマリーヌ・フランケンハウザーは、楽しい興味深い仕事についている人は仕事外でも充実した生活を送っていて、退屈で決まりきった仕事をしている人はそんな生活を送る人は少ないことを見いだしている。それは楽しく充実した人は単に楽しい仕事を見つけたというだけではなくて、より充実した人生を送っているのである。労働者を六年間追跡調査した研究でフランケンハウザーは、より興味深い仕事をしている人はより自律的で、仕事以外でも社会的文化的な活動が増加することを見いだすことができた。(27) 社会生活においても豊かな人はより豊かになる。

生活の別の側面を見てみよう、それはあなたが住んでいる場所である。あなたの隣人の社会階級があなたの社会生活に与える影響についてである。犯罪率は社会階級で違ってくると思われる。実際、全体として統計的にそれは証明されている。あなたの収入が少なければ、暴力事件の被害者になる機会は多くなり、収入の低下によりその危険性が確実に増す。殺人や暴力、強姦はすべて階級と相関している。しかし、盗難はそうではない。貧しい人々は最も盗難に遭いやすい。それは本当に不当な出費である。あなたの収入が増えると窃盗の危険は減少するが、それはある時点までである。一定以上の収入になるとあなたは盗まれる品物を所有するようになる。そうなるとあなたの収入はもはや、あなたを守ってくれない。盗難の被害者になる危険は再び高くなる[28]。

健康の観点からみると、暴力犯罪は健康に最も大きな影響がある。暴力犯罪被害者のストレス機能は正常とはいえない。これらの被害者は持続するストレス状態にあるように見える。サポースキーが観察した悪い状態のサルと同じように、ストレスに対する生物学的反応はＰＴＳＤで見られるように平坦になる[29]。実際ＰＴＳＤの主な原因は、暴力の犠牲か暴力の目撃である。ストレス調節システムの不調が、この病気の基礎研究の主流となっている。

暴力の被害者になりやすいのと同じように、あなたの収入が低ければ、暴力場面の目撃者になりやすい。暴力的な隣人がいるとあなた自身が被害者にならないとしても、毎日の騒音が強いストレスになることもある。あなたはいつもどこから来るかもしれないトラブルの可能性に警戒を怠れない。コメディアンのクリス・ロックが、こんな暴力的な隣人がいるとどういう暮らしになるかを話していた。「われわれは外に出られなかった。いつも床にいた。床で眠り、床でテレビを見て、ビーグル犬と鼻と鼻をくっつけて数年間過ごした」[30]。あなたのストレス系は防御の体制をとり、常に心配と警戒を維持する。

登校のためのバス通学方式により、多くの低所得層の子どもたちが裕福な西ロサンゼルスに連れてこられる。ある日私は、この子どもたちが運動場に出ている学校の近くで信号待ちをしていた。すぐ前の自動車が突然バックファイアーを起こしたようで、近くの人は大きな音に驚かされた。運動場に目をやると、実際は有色人種の子どもが敷石を銃撃したものだった。拳銃の音に不慣れな白人の職員は驚き、まだ呆然と立ちすくんでいた。もし物騒な環境にいたとしても、いつも注意を払う必要はないが、体はそんなわけにはいかない。

あなたの生活の質や健康に影響を与える隣人の暴力的犯罪の特殊な例ではなくても、醜い下層の隣人より素敵な隣人はよい社会関係や健康をもたらす。素敵な隣人とはどんな人で、どんな利益をもたらしてくれるのか？　社会学者はその質問に対して、異なる社会階層の隣人関係を調べて答えを出した。そこには多少の違いがあることを見いだした[31]。

隣人が親切であるところほど、公園やレクレーション施設が多い。運動公園や池、サイクリングコース、ゴルフコース、緑地、プール、テニスコート、サッカーやフットボール場、散歩道や安全に運動ができる施設に恵まれている。近くにはショッピングセンターが多く、学校は立派で、公共交通もしっかりしている。教会や公共の集会所も多く、保健サービスも充実している。内科医、歯科医、眼科医、薬局、整形外科などの医療機関も幅広く存在している。もしあなたが家の所有者ならば、自宅の価値は維持されるか増加するかもしれない。原子力発電所や化学工場の近くは住みたくないし、廃物処理場の近くにも住みたくない。通りには割れたガラス、犬の糞、ギターの中のビール缶もあってほしくない。通りの街灯はきれいに管理され、警察を呼べばすぐに来てくれる。

隣人の平均収入が低いところほど、コインランドリーやドライクリーナー、レストラン、コンビニを見つけるのが難しくなる。健康な食料を見つけるのに苦労するし、食べ物も高くつくだろう。ゴキブリや落書きが生活の一部になる。空気汚染の程度が高まり、飲料水の硝酸塩の含有量も増えるだろう。便利な交通手段や銀行のサービス、買い物、教会は少なくなる（保釈保証人や質屋、酒屋だけは不自由しない）。隣人が貧しいほど犯罪率は高くなり、犯罪に対する警官の数は少なくなる。大火に遭遇する機会は増え、来てくれる消防士の数は減る。あなたはどちらに住みたいだろうか？　隣人の平均収入が高いところに住みたいと思うのは当然である。

社会的支援や社会的葛藤が健康に影響する証拠をもっと紹介しよう。健康に対する社会階級の影響に二つの小さな例外がある。それは収入と教育においてトップクラスの、アフリカ系アメリカ人と女性に関することである。いかなる意味でも彼らは豊かで賢く、職業人として最高である。彼らはこれまで、すべての希望や高い倍率の試験に挑んできた。彼らは最良の健康を楽しむべきだが、そうだろうか？　事実はそうではない。白人の社会階級のトップは健康状態も最良であるが、女性やアフリカ系アメリカ人の健康は中流の少し上の程度で、トップより明らかに下である。最高の教育を受けた女性とアフリカ系アメリカ人は立派に活動しいい職業に就いているが、彼らの社会的地位からすると健康度は高くなく寿命も短い[32]。なぜだろうか?

「頂点は孤独だ」という一節が頭をよぎるかもしれない。女性とアフリカ系アメリカ人の健康に関する研究によれば、もし彼らが専門職に就き、隣人や社会に入っていくと、そこには彼らのような人は少なく、もはや社会的支援を受けることができない。人々は彼らを妬み、彼らに対して冷たくあたるか、彼らをよく知るために打ち解けた態度を示す。しかし結局は孤立してしまう。あからさまな差別の経験が彼らの特権を踏みにじる。例えば、アフリカ系アメリカ人の指導者がタクシーの乗車拒否のために会合に遅れたり、商談における女性の貢献が無視されたりすることがある。簡単に言えば、白人のトップに比べ、支援と反目のバランスがアフリカ系アメリカ人や女性では不適切なのかもしれない。社会的孤立と支援の欠如の組み合わせのために、敵意と恨みも加わって社会階層のトップにいる彼らに期待される健康度に達しないのかもしれない。

これまでわれわれはあらゆる種類の人間関係が、社会階層の地位に影響を受けることを見てきた。結婚は経済的困窮に陥ると、葛藤や敵意や虐待が生じてくる。子育ては経済的問題を悪化させる。労働は社会支援の機会を少なくする。あなたが社会階層の下層にいれば、あなたの仕事の裁量権は他の誰かにわたってしまう。あなたの隣人の社会階層が低ければ、隣人は犯罪傾向を示し、ストレスに満ちて恨むこころが強くなる。ここであなたに、社会階層や社会的葛藤や社会的支援について最後の無遠慮な質問をしよう。あなたは誰と時間を過ごしたいのか？

われわれのほとんどは家族や友人の支えを得て暮らしている。彼らはほとんどわれわれと同じ社会階層にいる。もしあなたが社会的に高い階級にいれば、お金も時間もしようとする方向もあなたと同じような人と楽しく交流することになるだろう。あなたと友人は映画のチケットやディナーパーティーの残りものや、もはや合わなくなった優雅な洋服を共有するかもしれない。一緒にレストランへ出かけ、テニスやゴルフを楽しむ。友だちがあなたを数日間夏の別荘に誘うかもしれない。あなたはそのお返しに、冬休みのスキー旅行に友だちの子どもを誘うかもしれない。あなたとあなたの友だちは健康であり満足し、お互いに相手の素敵な生活からの恩恵を受けるだろう。

もしあなたが社会階層の下層にいるならば、あなたの友だちと家族はあなたが被るのと同じようなストレスにさらされる。あなたのストレスは友だちのストレスの影響から免れることはできない。友人の車が故障した時、あなたは友だちを修理工場まで乗せていく必要があるかもしれない。妹の夫が失業した時には、妹と彼女の家族をあなたの家に住まわせることになるかもしれない。あなたの姪のために保釈金を払ったり、従兄弟のために薬物治療プログラムを見つけてやる必要があるかもしれない。あなたの友だちと親戚は貧乏な隣人や仕事上の危険性、毎日の単純作業の仕事にありつく難しさなど、すべて同じ問題を共有することになる。あなたの社会階層が低ければ低いほど、友だちとその親戚はアルコール症のような物質依存問題を持つ可能性が高い。そして、友だちは若くして死んでしまうかもしれない。

低い社会階層は、高い社会階層が他人に与える社会支援より少ない社会的支援さえ与えない。本来の貧しい社会資源以下のものしか与えない[33]。すなわち、援助と迷惑のバランスは混乱して、あなたへの社会生活の支援はよりみすぼらしいものになる。

あなたの人生に忍び寄る経済的困窮と社会的葛藤は、繰り返されるストレスと消耗の原因となる。時間がたつと、目には見えないが、あなたの体にはこれらのストレスと社会的葛藤の被害が蓄積する。そして中年になると、一つ二つの重大な病気が明らかになってくる。血圧は高過ぎ動脈は塞がれ、免疫機能が落ちている間に悪性腫瘍が芽を吹き、やがて一つ二つの慢性病が完成する。われわれはこの過程を回避できるだろうか？　私はできると信じている。われわれは思いやりのある社会の構築を目指して活動することができると思っている。

◆脚注

1. Adler, Boyce, Chesney, Folkman ans Syme（1993）; Adler, Boyce, Chesney, Cohen, Folkman, Kahn, and Syme（1994）; House, Lepkoeski, Kinney, Mero, Kesler, and Herzog（1994）; Kaplan, Pamuk, Lynch, Cohen, and Balfour（1996）; Williams and Collims（1995）. 実際、*Journal of American Medical Association* の論説で、社会経済状態の低さは米国ばかりでなく世界中の未成年者の不健康と寿命に最も重大な影響を与えると述べられている（Williams, 1998, P1745）。
社会格差は異常な死の原因に関係している。一九一二年一〇月に英国の豪華客船タイタニック号が、イングランドのサザンプトンから米国に向けて出航した。史上最も大きな船といわれ、氷山にも安全なので不安定な氷で満たされた北大西洋を通ることで速度を速め、決められた時間にニューヨークまで人を運ぶ予定だった。一〇月一四日から一五日にかけての夕方に、タイタニックはニューファンドランドの沖合いで氷山に衝突し、短時間で沈んでしまうことは明らかだった。同じように明らかなことは、二二〇〇人の乗客と乗務員に対して救命ボートは三分の一しかないことだった。女性と子どもは救命ボートに優先的に乗り移る権利があった。しかし、その後の調査で、ある人たちが優先されたことが分かった。一等船室の乗客の死亡率はたった三％であり、三等船室の乗客は四五％だったのである。突然の事故死でも社会的地位が関係している明らかな証拠である（Yu and Williams,1999）。

社会経済状況が心身の不健康の原因になるのか、あるいは不健康な経験が社会経済状態を悪くするのかという疑問が浮かび上がってくる。すなわち、社会淘汰仮説か吹き寄せ仮説と言われていることである。社会階層と健康の関連への主な要因として、社会淘汰と吹き寄せは大筋で否定されている。人々は健康度が下がるにつれて社会経済状態が悪化することははっきりと経験されているが、この変化はその傾向のほんの一部しか説明しない（例えば、Eaton, Muntaner, Bovasso, and Smith,2001; Lynch,Kaplan and Shema, 1997）。

2．Marmot and Davey Smith（1997）; Marmot, Rose, Shipley, and Hamilton（1978）．一九二〇年生まれのスコットランド人の男女七万三六五人に関する最近の研究では、彼らが七七歳になった一九九七年に生死と経済状態について検討された。約半分が死亡していた。死亡と社会経済状態は強い相関が認められた。特に興味深いことはその研究者たちが、ストレスに関連した生物学的研究者によって独自に使用していたのと同じたとえを使用していることである。すなわち、高い死亡率を示したグループは違う時計を持っているようだと言ったことである。貧しい人々は豊かな人々と同じような病気と死亡率のパターンを示すが、病気の進展は平均で七年早いことが分かった（Chalmers and Capewell, 2001）。

社会的勾配は主要な死因ばかりでなく、肥満やメタボリックシンドロームの存在、高血圧、血漿フィブリノゲンを含む慢性病の危険因子とも相関していた（Brunner, Marmor, Nanchahal, Shipley, and Marmot 1997）。

3．Adler et al,（1993）.

4．Marmot and Davey Smith（1997）.

5．Wiiliams and Collins（1995）.

6．Ress（1994）, P81.

7．Saposky（1998）.

8．Saposky（1998）; Saposky はメスを対象にしていない。その理由は第一に、もしそのメスが妊娠しているならば、その処置は彼女らを傷つけるからである。二番目の理由は、メスを射ると他のメスが彼女を守るために集まってきて、ストレスホルモンを測定するために接近することができなくなるからである（Saposky, 1997）。

9．Klebanov, Brook-Gunn, and Duncan（1994）; Matthews, Raikkonen, Everson, Flory, Marco, Owens, and Lloyd（2000）; Stanfeld, Head, and Marmot（1998）.

10．Terkel（1997）, P. 550.

11．Barefoot, Peterson, Dahstrom, Siegler, Anderson, and Williams（1991）; Williams, Brefoot, and Shekelle（1985）. Matthews, Flory, Muldoon, and Manuck（2000）は低いＳＥＳは中枢セロトニン神経活性の低下を伴う。それは、低い社会経済的背景にさらされた個人に対して、ストレスフルな環境が提供された結果である。これは特に興味をそそられる知見である。というのは、低いセロトニン神経の反応性は低い社会経済状態に関係しているといわれる、衝動性や攻撃性に関係しているからである。セロトニン神経系の低活性は、対象者の攻撃性や衝動性の点数を調整しても認められる。これらの知見は直接健康に関係しているかもしれない。セロトニンの枯渇は摂食や体重や脂肪（特に中年の体重増加の兆候である）を増し、ニコチンやアルコールの依存を増す。セロトニン神経系の低活性は、交感神経系の活性化と副交感神経系の低活性を引き起こす。全体として、このパターンは攻撃性や敵対感情が増加し、交感神経系の機能を変化させ、健康習慣を変えるために高血圧や動脈硬化が進展するかもしれない。これらの筋書きはこれらの病気になりやすいことを示しているかもしれない（Pine et al. 参照）。

　家族環境が他人に対する敵意に影響するという考えは、経験的に支持されてきた。Woodall and Matthews（1898）は、支持的でなく関係性が薄い家族出身の子どもはより怒りっぽく、敵対的であることを見いだした。このような家庭出身の子どもはストレスに対する脈拍増加反応が著しかった。

12．Bolger, DeLongis, Kessler, and Schilling（1989）; Conger and Elder（1994）; Conger, Elder, Lorenz, Conger, simons, Whitbeck, Huck and Melby（1990）; Conger, Rueter, and Elder（1999）; Holtworth-Munroe et al.）1997）; Lavee, McCubbin and Olson（1987）; Liker and Elder（1983）; McKendy（1997）; Stets（1995）; U.S. Department of Justice（1997）; Wacquant and Wilson（1989）. 米国の主婦の三〇～六〇％が夫から虐待を受けていると推定されており、一四％はひどい慢性的な虐待を受けていると推定されている（Straus and Gelles, 1986）。仕事のストレスが妻への虐待の原因と考えられている（Straus, Gelles, and Steinmerz, 1980）。妻への虐待の文献では、暴力を振るう男性は子ども時代に愛着と依存の問題があり、成長期により多くの家庭内暴力を経験している。この背景は特に結婚生活の相互関係において、社会的な相互関係の技能の拙劣さと関連している（しばしばアルコール問題を抱えている）。その結果、暴力的な夫に関する研究は、幼少時期に始まる社会的・情緒的技能の拙劣さから怒りや敵意、アルコール依存、それに関連する暴力にいたる道筋を明らかにしている（Holzworth-Munrore et al. 1997）。

13．Justice and Justice（1990）, Cornell 大学の Gary Evans の助けに謝意を表す。彼は家族内の妻と子どもの虐待と社会階層との関連の証拠を教えてくれた。

14. Coplan, Andrews, Rosenblum, Owens, Friedman, Gorman, and Nemeroff（1996）. 食料が不安定に供給される環境にある成人は最も覇権争いが多くなり、毛づくろいが最も減る。不安定な食糧供給環境に育った子どもは母親に対するすがりつきが多くなり、社会的遊びや探究心がなくなり、成長後にセロトニンとドーパミンの代謝産物濃度の上昇と関係している（Coplan, Trost, et al, 1998）。すなわち、これらのシステムの機能異常が示唆される。母親が心理学的に子どもの役に立たないとき、正常な成長は障害され精神病理過程が進行する（Rosenblum and Paully,1984）。
15. Belsky（1980）; Belsky, Steinberg, and Draper（1991）; Chen and Marthews（in press）; Greary（1999）.
16. Terkel（1997）, pp. xxxv, xxxii-xxxiii.
17. Catalano and Serxner（1992）; Ferrie, Shipley, Marmot, Stansfeld, and Smith（1998）,Mattiasson, Lindgarde, Nilsson, and Theorell（1990）; Schnall, Piper, et al,（1990）; Turner, Kessler, and House（1990）.
18. Tarkel（1997）, p.76.
19. Falk, Hanson, Isacsson, and Ostergren（1992）; Jonsson, Rosengren, Dotevall, Lappas, and Wilhelmsen（1999）.
20. Terkel（1997）, p.161.
21. Alfredsson, Karasek, and Theorell（1982）; Bosma, Marmor, Hemmingway, Nicholson, Brunner, Baker, Marxer, Ahborm and Theorell（1981）; Karasek, Theorell, Schwarz, Schnall, Pieoper, and Michela（1988）; Landsbergis et al,（1992）; Mausner-Dorsch and Eaton（2000）; 仕事上の緊張と身体・精神的不健康の関連に関して Schnall, Pieper et al,（1990）; Schnall, Schwarz, Landsbergis, Warren, and Pickering（1992）; Schlussel, Schnall, Zimbler, Warren, and Pickering（1990）; Stansfeld, Bosma, Hemingway, ans Marmot（1998）; Storr, Trinkoff, and Anthony（1999）.
22. Terkel（1997）,p.196.
23. Falk, Hanson, Isacsson, and Ostergren（1992）; Hammar, Alfredsson, and Johnson（1998）; Loscocco and Spitze, 1990.

24. Buunk（1989）; Repetti（1993）.

25. Terkel（1997）, p.xxxiii.

26. Terkel（1997）, p.30.

27. Frankenhaeuser（1993）.

28. U.S. department of Justice（1992）. 犯罪は人口密度の高いところ、建蔽率の高いところ、社会の流動性が多いところで起きやすい。Sampsonm Raudenbush and Earls（1997）によれば隣人が多くても出入りが激しければ、公式、非公式にかかわらずコミュニティーが発達せず、その結果、近所の人が一〇代の若者の有害な行動を指導できない。

29. E.g. King, King, Gudanowski, and Vreven（1995）.

30. *Lethal Weapon 4.*

31. Istre, McCoy, Osborn, Bamard, and Bolton（2001）; Macintyre, Maciver, and Sooman（1993）; Sampson, Raudenbush and Earls（1997）; Troutt（1993）; Wallace and Wallace（1990）; Ross and Mirowsky（2001）健康に対する隣人による不利益な関与に関する考察。ある研究（Troutt, 1993）によれば低所得世帯と中所得世帯の比較では、基礎的な必要性に格差が認められる。一週間の買い物（低所得者層の二八%に対して、高所得者層の九二%）、近所での食料の買出し（二三%対八二%）、銀行の利用（四六%対七一%）、ランドロマット（セルフサービス式コインランドリー）（六九対八〇%）、ドライ・クリーニング（四六%対九〇%）、レストラン（四〇%対六九%）。

32. Gutierres, Saenz, and Green（1994）; Koskinen and Martelin（1994）; Kackenback et al,（1999）; Matthews, Manor, and Power（1999）; Stronks, van de Mheen. Van Den Bos, and Mackenback（1995）; Williams and Vollins（1995）.

33. Yu and Williams（1999）参照。

第一一章

思いやりのある社会に向けて

思いやりには強い力がある。思いやりは特に、遺伝的あるいは環境的なリスクを持った子どもたちに多くの利益をもたらす。社会的な助け合いが強力なインフルエンザウイルスを抑えたり、慢性疾患の進行を遅らせることができるという事実もまた、思いやりの力を証明している。東ヨーロッパの驚くべき死亡率と病気の罹患率をみれば明らかなように、実際この力は文字通り社会を維持していると思われる。国家が外国の軍隊から侵略を受けた時には、互いに助け合うわれわれの能力が必要になり、試される。最終章として述べるのであるが、社会内の各分野を支配する権力もまた互いに思いやる能力を脅かす。もし思いやりを基盤にした社会を作ろうとするならば、何が大切なのだろうか？

まず最初に、思いやりは本来われわれに備わったものであることを認識する必要がある。少なくともそれは通常、本来備わっているといわれている利己性や攻撃性と同じ程度に機能している性質である。人間の本性についてのわれわれの信念は、われわれ自身や他人の行動をいかに理解するかばかりでなく、どんな行動に注目し、何が重要かを導く判断基準になっている。われわれが考えている人間の本性が利己的な自己の利益にそってのみ行動する個人主義であるとすれば、われわれはなすすべはなく、ただ影響を受けるだけである。

プリンストン大学の心理学者であるデール・ミラーは人間の本来的な動機は自己利益であるという今風の考えが自己実現の信念を導き、それはわれわれのすべての社会――学校や職場、行政体、その他の社会組織――に蔓延していると述べている。人々は利己的であるべきだと考え、他人を利己的だと見なし、そしてこの考えを組み入れた社会体制を構築している。これは大胆で極端な考えであるが、実際ミラーは彼の説を補強する多くの証拠を提示している。(1)

この点に関して背筋が寒くなるような典型的な例を紹介しよう。経済学者であるロバート・フランクの研究グループは、経済学を専攻した学生の人格に与える経済学の影響を検討した。経済学では、人々は自分自身の利己的な利益に従って行動するという考えに基礎を置いている。研究チームは学生たちが経済学のコースを履修した結果、シニカルで自己利益的な考えに変化するかどうか調査した。彼らは学生に対して、一〇〇ドルの入った財布を拾った時や、実際より少ない請求書をもらった時どうするかを尋ねた。学生は経済学コースを履修する前には利他的な理由（「落とし主は身分証明書やお金が必要だろう」とか「そうするのが正しいことだ」）からお金を返し、履修後にはより利己的な理由（「私は人から財布を盗んだと思われたくない」とか「それを拾うところを誰かに見られたかもしれない」）からお金を返すように考えが変わるのではないか、と彼らは予想した。

経済学のコースの履修は学生の利他主義に対して、彼らが予想していた以上の荒廃した影響を与えることを研究チームは見いだした。学生たちは単に、人間のすべての行動の根本には自己利益があるという考えを受け入れただけではなかった。財布の落し物を返すような正直で正しい行為はばかげた行為であり、合理的な自己利益からいえばお金を着服するべきであるという、道理を外れた信念を持つようになっていた。

経済学は、それを職業とするものに影響を与えないような半端な学問ではない。さまざまな職種に携わる人々の慈善事業への寄付率を比較した調査では、経済学者はリストの下のほうに位置し、寄付した金額は彼らの収入から期待される金額よりはるかに少なかった(2)。

経済学者と同じように政治家も自己利益にそって行動する人々の代表であると見なされており、歴史学者や社会学者が政治家の政治的活動をどのように評価するかに強い影響を及ぼしている。しかしこの類型化の証拠には、せいぜい半分の真実しか含まれていない。政治学者であるデビッド・シアーズが忍耐強く集めてきた証拠によれば、実際の人々の政治的活動——投票行動、彼らが献金した組織、彼らが行ったキャンペーン、彼らが支持した理由——は自分自身の利益のためよりむしろ、他人に対する関心に強く影響されていた。これは、自己利益が行動に対して一定の影響しかないといっているのではない。むしろシアーズは人々が社会のために最良であると信じていることに対して政治的行動を起こし、これらの行動は直接的には彼ら自身の個人的な利益に相反することもあると述べている。彼らは自分の子どもが卒業した後も長い期間にわたり、学校と地域のつながりを支えている。自分たちの税金から基金がくることになっていても、市民労働者の利益を増すような投票行動をとる。保健や戦争からエネルギー不足や犯罪などの問題にいたるまで、人々は彼らの良心に従っている。シアーズの証拠は極めて説得力がある。彼が慎重に述べた立場への風当たりは強い。思いやりが政治的行動の動因になっているという考えは、彼の批判者にとって受け入れがたいようである[3]。

われわれの利他主義について弁明しよう。人々はしばしば偉大な同情心を示すことがある。その時、なぜそうしたか（例えば自発的に自分の時間を提供する）と尋ねられれば、その行為について現実的な答えが返ってくる。「いたたまれなくて」とか「何かに誘われて」とか、あるいは自分が「偽善者」だとか「大げさに同情する人」だとかのレッテルを貼られないような受け入れられやすい理由をあげる。人々が投票所から帰るとき、どのような気持ちで投票したか尋ねられた場合、自己利益にそった答えが多い。「これは私の子どもたちの利益になると思います」とか「この候補者は私の収入を上げてくれそうです」などである。しかし投票行動と実際の自己利益をお互いに比べてみると、往々にしてほとんど関係がない。われわれの慈善事業でさえ、何かの見返りを感じさせることが多い。例えば学校への寄付にはチョコレート、地方ラジオ局への五〇ドルの寄付の見返りに一枚のCD、PBS（公共放送サービス）への一〇〇ドルの献金にジェリーガルシアのコーヒーカップなどである。以前われわれはこれらの動機づけなしに寛大に寄付していたのではなかったか？

自分の行動が自己利益によるものではないと分かっている時でさえ、他人の行動はそうであると思ってしまう[4]。米国人の資産家が数年前に財産税の廃止に反対を表明した時に、人々は唖然とした。これらの裕福な米国人たちは平然としてこのように説明した。「米国はわれわれにたくさんのものを与えてくれた。政府はある程度それを返してもらう権利があると思う」。誰もそれに納得しなかったが、新聞記事や編集委員はこれらの利他的な米国人がそのような考えを持つようになった理由に興味を持った。
われわれはすべての利己的でない行動に対して疑いの日で見る傾向にある。思いやりは本来持っている本能の一部であり、制限のない利己性がわれわれの行動を支配する避けられない規則ではないと認めたとき、われわれは新しい出発点に立てるだろう。利己性より協調性を重視する変化は、われわれの社会と他人の行動を啓発する方向にわれわれを導くことになるだろう。

思いやりに基づく社会を構築するための二番目の方法は、階級性の問題に取り組むことである。簡単に言えば、社会の階級性は社会構造を解明する鍵となる。両親と子どものきずなから同僚や友人との関係に至るまで、すべての関係は緊張状態にあり、結果として損なわれる。人々は欲しいと思うものが手に入らないとき、社会組織や人間関係は支え合うための資源になるよりむしろ新たな緊張の原因となる。これらの問題は富裕層と貧困層の差が広がるほど悪くなり、これらの格差を容認する社会で暮らすために人々は高い代償を払うことになる。社会学者のリチャード・ウィルキンソンは、人々の健康は彼らの収入自体より富裕層と貧困層の格差に影響されると述べている。[5]

これを確かめる一つの方法は、富裕層と貧困層の格差が大きな国と小さな国の死亡率を比較することである。例えばキューバとイラクはどちらも貧乏な国で、国民総生産（一人当たり）は三一〇〇ドルとほぼ同じであるが、経済格差はイラクよりキューバのほうがずっと少ない。その結果、キューバの平均寿命はイラクより一七・二年も長い。米国はコスタリカよりずっと豊かな国であるが、経済格差が少ないコスタリカのほうが平均余命は長い[6]。

収入の差が大きい地域では、社会環境はより敵対的であり、思いやり傾向が少ないことに気づく。友愛会、コーラスグループ、スポーツチームなど、人々が所属する社会グループへの市民の参加は減少する。投票率は下がり、地方政治への参加や政治的活動へのボランティア活動も停滞する。さらに収入の不平等は助け合いも不活発にする。経済格差が大きいほど凶悪な犯罪が増え、殺人の発生率も増加し[7]、離婚率や乳幼児の死亡率も高くなる。疫学者であるイチロー・カワチの研究グループは収入の不平等が最も高い国では、社会的きずなや信頼などの基本的なつながりが壊れてしまうと報告している。例えば、「人は信用できますか？　機会があれば人はあなたを出し抜こうとしていると思いますか？」という質問に対して、収入の不平等がある地域では後者を選ぶ傾向が強かった[8]。

社会の階級性が極端になり固定化すると、それにつれて思いやりはなくなってくる。階級性をなくすことはできないことは明らかである。それはこれまで見てきたようにわれわれが本来持っている資質だろう。しかし、その影響を減らすことはできる。社会グループとして教育的な取り組みや所得を増やすなど、何かを常日頃から行うことでこれらの不平等を減らすことはできる。不当な埋め合わせにはいつでも拒否の意思を示し、変化の糸口を作ろう。われわれが求めるいかなる社会政策も、生活水準を上げるきっかけになる。仕事の裁量権を増やすためのいかなる努力もそのきっかけとなる。いつでもわれわれは階層を越えて正しく問題を解決することである。飲酒運転でも、年齢差別でも、大気汚染でも、それのきっかけとなる。誰もが突然社会階級のトップに上り詰めたり、健康を増進する魔法のような方法はない。しかし十分な改良がなされれば、経済格差は小さくなり、思いやりを蝕んできた緊張はなくなり始めるだろう。

組織には思いやりが大切であることが、次第に理解されてきているようである。この気づきは、伝統的に男性の領域であると思われていた分野に飛び込んだ女性の一部から始まった。女性がこれらの職業に進出した時、思いやりの技能と効果的な成果の関係が明らかになってきた。この点をはっきり示す二つの例を紹介する。

米国の警察官の八%は女性であり、その数は増加している。このことは警察官の仕事に思いやり的技能を持ち込む価値があることを示している。警察力に関するほとんどの面で、男性と女性の能力はほぼ同じと見なされている。しかし非常に緊迫した場面では、暴力がエスカレートしそうな場面を制御する女性の能力はたいへん高いことが証明されている。女性警察官は家庭内暴力や、隣人間の争い、特に強姦事例にうまく対処することができる。女性警察官が管轄している地域の住民の不満は、男性警察官が管轄する地域よりずっと少ない。

この現象を経済的に見てみよう。一九九〇年にロサンゼルス市は、警察官の過剰警備に対する訴訟費用として五三八〇万ドルを支払った。このうち五〇八〇万ドルは男性警察官によるものだった。男性警察官と女性警察官の比率は四対一にもかかわらず、男性警察官が関与した粗暴行為による金額は女性警察官の二三倍であり、被疑者の殺害による金額は四三倍、暴行や脅迫は三二倍だった。男性警察官が行った性的虐待、性的いたずら、家庭内暴力のために支払いを命令された金額は一〇一〇万ドルにのぼる一方、女性警察官が支払ったこの手の罰金はほんのわずかである。女性が警察の仕事に持ち込んだ思いやり的技能は警察官が地元住民に受け入れられるきっかけとなった[9]。

もう一つの例としてビジネス社会を見てみよう。この数十年間、米国の法人は自己利益の考え方の牙城だったように思われる。そして現在では、より社会的で共感的な価値が重要視されるようになっている。市場で成功を勝ち取る社会的技能の中で、人に物を買いたいと思わせる能力は最も不可欠なものである。考えが素晴らしいものだと確信させたり同意を形成するための能力は、協調的な関係の発展やビジネスの成功には不可欠である。技術的技量以上に会社の価値を高めるのは、他人と一緒に働くことができる順応性や信頼性のような情緒的、社会的能力である。

女性が最初にビジネスの管理部門に入り始めた時、女性はスポーツチームに所属した経験がなく、それが他人との協調の妨げになるという悲観的な理由から、失敗は避けられないと心配する声がずっとあった。私は当時の嘲笑を伴う陰口を忘れることはできない。若いころから少女や女性は少年や男性に比べて社会的、情緒的な技能を持っていて、それを使っていつも訓練をしている。確かに彼女たちはフットボール場での潰し合いの経験はないかもしれないが、他人と話すことに多くの時間を費やし、相手が何を考えているか発見し、傷ついた思いを慰め、復旧するために働いている。職場で社会的技能の重要性に人々が気づき始めた時、管理職として女性が有効であると注目されるのは必然のことだった。女性が会社の運営を非常にうまく行うという事実に会社経営を評価するコンサルティング会社が気づいた時以来、この証拠は最近になって蓄積されたものである。

ビジネスウィーク誌は最近、性別に関係なくこの問題についてのいくつかの独立した調査結果を総括した記事を掲載した。男性と女性は戦略的な立案能力や分析能力には差はないものの、他人を鼓舞したり、意思疎通を促進したり、他人の話を聞く点において女性が優れていた。ある研究では、用意された五二の技能を評価したところ、四二の技能で女性が男性を上回っていた。その内容は男性より優れた決定をすると考えられた女性はより協調的であり、より尊大に見えないことである。女性はまた全般的な仕事の質、新しい傾向に対する認識、新しい考えを発展させる点で男性より優れていた。あるコンサルタントの感想であるが、ビジネスで成功するための最も重要な技能として個人的な観察、指導、連携、公的発言、チームの結成、意思疎通、柔軟性をあげ、これらの点で女性が男性に勝っていると述べている[10]。

男性の何が悪いのか？　この質問はある研究を指導したコンサルタントを一瞬困らせたが、男性は男性の指導者はかくあるべしというステレオタイプな生き方を踏襲しようとするためだと彼は即答した。すなわち、攻撃的で指示的であり、合意を形成する前に指導的に問題を解決する傾向である。

私がこれらの例を引用して言いたいことは伝統的に男性が携わる職業に女性が参入するべきだということではなく、女性がこれまで培ってきた特有の技能を導入するべきだということである。かつて女性的といわれてきた技能は非常に有効だと分かったので、ビジネスリーダーの訓練プログラムとして世界中で採用されるようになっている。上意下達の軍隊スタイルは、合意構築スタイルに取って代わられている。

会社は今や「関係資本主義」といわれ、財産は彼らの顧客との関係の中にある。逆説的にいえば、消費者の選択はとても幅広く、商売は一対一では何もできないので、関係性がこれまでになく重要である。慣例的に顧客に同じ会社を利用させるような、なんの付き合いも忠義も個人的資質もなくなったためである。関係資本主義を維持するための社会技能の価値は否定できない[11]。

社会的・情緒的技能の重要性は、それを欠いた人々の例をみるとよりはっきり分かる。長年、医療関係者は裁判沙汰に対して安泰であった。患者は彼らが受けた治療に対する努力に感謝していた。一九五〇年代になるとこの図式に変化が始まった。保険会社は不正治療についての提訴が突然増加したことに気づいた。研究者であるリチャード・ブラムは、この提訴の増加傾向の理由が理解できなかった。それを理解するために訴訟記録を検討した。明白な不正治療の例は簡単に説明がついた。不正治療の境界にあると彼が見なした訴訟例について焦点を当てて検討した。その結果ケースによって患者は提訴する場合もあるし、しない場合もあった。ではなぜある患者は不正医療を違法と感じ、ある患者はそうでないのか？

彼は記録を一通り見た後で、ある医師たちは特に訴訟傾向があることに気がついた。すなわち彼らに対する訴訟件数が予想以上に多かった。ブラムはこれらの訴訟傾向医師はどこが違うのかと考えた。彼の答えは明瞭だった。患者はこれらの医師をよそよそしくて、冷淡で、痛みに無関心で患者の苦境に対する情緒的な反応を示すことができないと見なしていた。彼らの態度は思いやりがなく、慇懃無礼で、軽蔑的であると見なされていた。患者は彼らの訴えが邪険に無視されたと述べていた。説明の要求は無視され、患者の電話には返事もなかった。簡単に言えば、これらの訴訟傾向医師は情緒的、社会的技能に欠けていた。それで患者は治療が不満足なままで終結した時、訴訟することで仕返しをしたのである。[12]

社会のすべての面で思いやりの利点を認め、その価値を再評価すべきである。社会における養育的職業への報酬がいかに少ないかが一瞥して分かる。看護師や小学校の教育分野は慢性的な人手不足が続いている。これらの職業を充足していた女性が、伝統的に男性の仕事と見なされていた職業に就けばずっといい収入が得られることを発見したためである。幼児や乳幼児の世話に対する報酬は非常に低いので、女性の多くは生活を維持することができない。二つの主な養育的な職業である母親業と配偶者や親戚の介護の仕事は給料がなく、この二つに関する最近の経済的研究ではこの無視のコストについて述べられている。[13]

女性はこれまで男性の役割だった多くの領域に進出してきた。しかし逆の方向への移動はほとんどない。例えば、男性の職業パターンは基本的に変わっていない。世界の養育的仕事は低く見られ報酬も少ないので、男性が介護の方面に転職する動機はほとんどない。思いやりが報酬に見合わない限り、この傾向は現在のままかもっと悪くなるだろう。

思いやりの能力とそれを提供する資源に関して、人々に変化が見られている。ここでもまた養育的社会が介入することになるだろう。養育は子宮から始まり、母親のよりよい育児から始まる。米国は国家的な健康保険制度がない、世界でもまれな国の一つである。妊娠した女性は自分で保険に入るか、医療サービスを利用できる保険もなく個人的育児を行う状況に取り残されている。よい健康管理を受けられない低所得の若い女性は最も危険であり、その子どもは最も脆弱である。彼女たちの赤ん坊はしばしば早産で、生まれつき弱く、劣悪な環境に置かれる[14]。

これらのリスクの高い母親に介入することによって、このひどいダメージの幾分かを修復することができる。助産婦や看護師、ソーシャルワーカーが訪問し情緒的支援や妊娠が何カ月になるかの有用な情報を伝えることで、妊娠に付随する問題の発生率を下げることに成功してきた。食物やビタミンの配給などの支援によっても、出産結果を改善することができる。母親の状態の調査や発生した問題を検討するための電話相談も、出産結果に明らかな効果がある。例えばある英国の研究によれば、そのような介入を受けた女性は大きな赤ん坊を出産し、早産も少なかった。貧しい福祉は妊娠や出産時に発生する問題と関連があり、将来にわたり必然的に精神的、身体的に健康を損なうことを思えば、妊娠早期の介入がいかに重要であるかは明らかである[15]。

親のあり方に関する知識は人々にとって必要で有用な技能の一つであるが、われわれは子どもの世話の仕方を教えるより自動車の運転を教えることに多くの予算を使っている。われわれは本人がまだ子どもである若い少女たちに高危険児の育児を委ねている。われわれは子どもの情緒的な健康に深く配慮することなく、育児の能力にかかわらず育児放棄の親に育児を任せている。この問題の解決策は育児放棄の親から子どもを取り上げることではなく、両親を教育し、良い育児と悪い育児の違いを教え、育児放棄や雑な育児による将来にわたる情緒的、身体的危険について何が正しいのか教えることである。

よりよい親の役割を教える介入はかなり効果がある。若く経験のない親の子ども、虐待や育児放棄をする親の子ども、遺伝的に問題のある子ども、あるいは十分な養育を受けていない子どもなど、これらの危険をはらむ子どもに対して出生早期の環境を、豊かで温かい環境にする努力から得られる利益は大きい。問題の家庭環境がそれほどひどくない場合には、子どもたちと一緒に時間を過ごし、本を読んで聞かせ、一緒に楽しむことを教えて、両親を子どもに対してより養育的にすることは可能である。支持の仕方や温かい態度を教えられた両親は、より望ましい親になるだろう[16]。

危険な家族から子どもを守るために、それ以上の対策が必要なときがある。人々は彼らが受けた養育と同じような態度で子どもを育てる。ベルベットモンキーから人間に至るまで、母親が子どもにどのように接するかに最も影響する要因の一つは、母親が子どものころにどのように育てられたかである。サルでは、自分自身が間違った育てられ方をされていた場合や、幼児期に母親から分離された母親は子どもに対して養育をしなくなる。子どものころ虐待を受けた男女は彼ら自身の子どもを虐待する傾向にある。これまで見てきたように、これらの影響が生じるには典型的な虐待は必要ではない。乱暴で否認傾向のある家族にも同様の悪影響が認められる。われわれは長い間、危険な家族の悪影響とともに生活してきたのである[17]。

われわれができるもう一つの介入法は、社会の思いやりの仕組みを強化することである。世界中の生活の質を向上させる国連の努力は、いくつかの鍵に焦点を絞っている。その一つは、女性が教育を受ける機会の改善である。女性の教養と教育の向上に対する努力は、他の多くの直接的な介入より社会の健康に影響を与えた。女性の教育が普及した国では幼児死亡率が低く、子どもの健康は優れている。女性が教育を受けている国では男性の寿命さえ長い。世界の福祉が充実すれば、すべての人がより健康になるだろう[18]。

子どもが直面する問題を解決する社会的能力を向上させるためには何ができるだろうか。第一〇章でも述べたように、多くの隣人、特に低所得の人たちは毒物や犯罪や暴力、薬物乱用、その他慢性的な衰弱をもたらすストレスにさらされて生きている。人々がともに作る地域のインフラである社会資本の構築による介入は広く薦められる。英国の首相は最近ドナルド・アッチェソン卿に命じて、健康に関する社会階級の不平等を減らすための特別な介入を行った。その政策の主なものは若者の組織化、地域の集会所、医療クリニック、その他の地域組織など社会資本の構築等である[19]。

科学者は長い間、回復力について興味をそそられてきた。幼少時の懲罰的な環境を人々はどのように乗り越えてきたのか、経済的、知的、社会的生活でどのように期待以上の功績があがるのか。科学的な見地からは回復力についてはほとんど分かっていない。その中である一つの要因が知られている。福祉に関心のある指導者と一緒にいる子どもや大人は回復力を示すようである。孫が練習し覚えるための話し言葉を毎朝録音している祖母、大学に通学していない優秀な学生のために奨学金を与えている牧師、学校を落ちこぼれそうな若者を励ましている退役軍人、若い独身の女子高校生に生活指導をする教師など、これらの人々は回復力の源である。指導者に関する二〇〇〇以上の研究が、あらゆる種類の指導的介入の効果を報告している。これらの効果には被保護者の技能の向上も含まれるが、ほとんどは彼らの社会参加や社会態度に変化が生まれる。被保護者の報告で最も顕著な面は、彼らが報告する以下に示すような心理学的な社会的な利益である。

◎低収入の妊娠した少女に対する指導的介入は、未熟児や低体重の出産を減らすという統計がある。若い母親に対する同様の介入により完全で時期を得た免疫力を示す率が高く、家庭でも無視や家庭崩壊が少ない。[20]

◎リスクの高い青少年への指導プログラムにより学校の欠席が減り、両親との関係がよくなり、成績も向上する。[21]

◎指導プログラムに参加した軍隊に勤務する看護師は、仕事への満足度があがり、職業として続けようと計画する傾向がある。[22]

◎指導は女性の法律家の稼ぎや企画の作成、職業的満足の面で成功をもたらす手段として証明されている。[23]

指導に関する正式な研究のほとんどは少数民族や女性を対象としたものであるが、自然発生した指導の研究は男性にも利益があることが示されている。若いころに助言者がいたという男性は、助言から彼らを成功に導く特別なものを得たと述べている。それはより早い上達であり、それまで就いてきた職業へのより深い満足である。(24)

実際、助言によって得られる最も多い成果は、彼らが選んだ職業や活動に対して満足度が深まることである。これらの恩恵は助言を受けた後も何年も続く。見知らぬ人に奉仕したり、見知らぬ人と友だちになったり、悪くなりそうな人生のコースを改善するきっかけとなる助言は、われわれの能力の素晴らしい例である。

われわれは思いやりを身につける学習を受け入れる用意があるのだろうか？　多くの社会批評家たちの発言によれば現時点では流れはむしろ逆であり、思いやりはわれわれに生来備わったものであるというよりむしろ、われわれは変化の大きな海の只中にあって、自分たちでもよく言うように、より個別的で自己利益的になっているのではないかと彼らは危惧している。確かにこの立場は議論の余地がある。

われわれの社会の連帯は弱まっているという事実は確かである。『*Bowling Alone*』の中でハーバード大学教授のロバート・プットマンは、社会市民的な生活のすべての面への参加が減少していることを詳しく述べている。地域の政治から友人を夕食に誘うことに至るまで、われわれの社会的きずなは弱くなっている。居酒屋でたむろするより、家でテレビを見ている。互いに話す代わりにインターネットに向かう。子どもたちは空き地で友だちと野球をするよりビデオゲームをやっている。われわれの活動は徐々に孤立化している。われわれは現実の相手ではなくコンピューター相手にゲームを行う。手紙を送る代わりにインターネットを放浪する。われわれはテレビ出演者のおどけたしぐさを観て笑うが、彼らは微笑みを返してくれない[25]。

このような風潮は社会的きずなの減少に関連した心理学的、社会学的病理性の増加を伴っている。例えば過去三〇年の間に、特に若い男性を中心に自殺率は二～三倍に増加している。女性は男性より自殺は少ないが、うつ病は非常に多く、女性の七人に一人が生涯のうち大うつ病を経験する。最近の研究で米国の人口の不安障害の罹患率が一九五二年と一九九三年で比較されている。子どもも大人も不安障害の罹患率は四〇年間で非常に高くなっていた[26]。

これらの傾向を理解するために、心理学者であるジーン・トウェンジ（ケース・ウェスタンリザーブ大学）は心理的不調にかかわる要因を検討した。最初の彼女の仮説は、時代が下るに従って仕事が複雑で難しくなっているためだと考えた。しかしすぐに彼女はこの変化の要因として経済的理由を除外した。そのかわり彼女は、ほとんどの不安の強い人々は有害な社会的環境の変化を被っていることに気づいた。例えば本人の離婚、子どもの離婚、犯罪の目撃、犯罪の被害者になるなどである。彼女は社会的きずなの減少や社会が危険になっているという認識が、疫学的な心理的不調の増加の主な原因であるとの結論に至った[27]。

非常に高い離婚率もまた、われわれの思いやりが劣化している証拠である。私が示した多くの証拠から予想されるように、慢性的な結婚の葛藤、別居、離婚は身体面でも精神面でも有害な影響を及ぼす主なストレッサーとなっている。別居や離婚した人は結婚している人より病気にかかりやすく、期間も長期になる。彼らは結婚している人より医師を訪れる率が三〇％以上多く、慢性病にかかり、障害者になる率も高い。特に致死的な感染症に対する脆弱性も大きい。別居や離婚した人々は特にうつ病にたいして脆弱であり、結婚している人に比べて精神科的な介入を求める傾向は六倍になる。[28]

われわれは離婚による子どもの受ける衝撃について明るい見通しを述べることはできない。子どもにとって両親の不仲による絶え間ない葛藤や敵意にさらされるほうが、友好的な離婚よりよくないことは確かであるが、離婚が子どもに与える衝撃は基本的に楽観視できないことを研究結果は示している。大人になってさえ、離婚した家族の出身者は病気にかかりやすく、早世の傾向がある。[29]

離婚はよくないと言ったり、結婚している人によくよく注意しなさいと言っても、ほとんど役に立たないことは明らかである。しかし、結婚が破綻すると莫大なコストがかかることを認識することで、われわれは個人的健康や子どもの健康に有害な影響があることについてよく考える必要がある。

これらの社会的風潮が示唆していることは、友人関係が社会の中でより重要になることである。われわれの多くは子ども時代を通して、支えてくれる両親や兄弟、その他の親戚と近くに住めない。工業社会の発展とともに家族は広い地域に散らばって生活するようになったため、われわれは結びつきを支える仕組みを喪失した。高い別居率や離婚率はいっそう結びつきの支えを蝕んできた。友人関係はこれらの隙間を埋める最もふさわしい結びつきとなるだろう。

最近のニューヨークタイムズマガジンは、生き生きした友人関係をどのようにしたら築けるかを明らかにするための、親密な関係に関する特集を組んだ。あるコラムニストは、小さな友人グループの強いきずなが特徴である仲間意識が、両親や結婚生活の隙間を埋めるだろうと述べている。[30] これはすでに普通のことになっており、典型的には家族によってかつて得られていたのと同じような必要性の多くが、それにより満たされる。

しかしそれは、友人関係に多くの責任が発生する。そのきずなは親戚関係や性的な結びつきや公式の関係などによって強化されないという問題がある。友人関係にこのギャップを埋める機能があるだろうか？　女性は何世紀にもわたって他の女性との結びつきを強めてきたことが知られており、彼女たちの人生を通してその必要性を感じてきた。

私の研究仲間であるレーガン・グルング、テレサ・シーマンと私は最近、どの関係が最も支えになるのかを調べるために既婚の老人の社会関係を調べていた時、この点に関する明らかな証拠を発見した。われわれの研究のなかで典型的な男性の老人は、社会的支えになっているのは自分の妻であると言った。一方われわれの研究の最も典型的な老婦人は、主な社会的支えになっているのは子どもであり、親戚であり、友人であると述べた。すべての人が結婚していたので、男性と女性に食い違いが認められた。[31]

これからはきっと、友人関係が社会生活を支える柱になるかもしれない。結婚する意思がない人や離婚した人にとって、それはすでに現実になっている。一度われわれがその重要性に気づき、十分に恩恵を受けたならば、それをより効果的に使おうと思うようになるかもしれない。一般的に、女性は男性に較べて友人関係にある情緒的で健康的な利益を、より上手に供給するようである。ラッド・ウィーラーのグループの研究によれば（第五章で紹介した）、女性友だちと一二月の休暇を過ごした大学生は孤独感や社会からの隔絶感からうまく逃れることができた。一方、男性友だちとその間を過ごした学生はそうではなかった。しかし、この研究の対象となった男女に他人との接触がいかに意味があったかを尋ねると、答えは変わってきて、男性との内容のある接触は女性友だちと単に一緒にいるのと同じ程度に寂しさを紛らわせることができた[32]。

われわれは社会的に孤立した場所にいるという、厳しい評価を受け入れる必要があるのだろうか？確かに市民社会や政治的参加の減少は現実である。ある種のうわべだけの非社会的活動が一応増加していることも疑いない。テレビ鑑賞やインターネットである。しかし、社会の結びつきが減少しているときでさえ、他の方向へ働く風潮がある。われわれは携帯電話をよく使用する国民になった。ちょっと移動するときでさえ、社会的支えの情報網をいつも身の回りに所持している（今着いたよ。空港の手荷物受取所から電話しているんだ）。

私は大学生のころ、毎週日曜日に両親と話した（電話料が安かったので）。一〇分後、父は「お前の財産を無駄使いしたようだ」と言って電話を切った。今や私の息子は大学生だが、eメールや無料の長距離電話でほとんど毎日彼らの声を聞いている。これらの情報交換は「行かなきゃ。数学の試験なんだ」「魚は何度で調理するの?」といったたわいもない内容であるのは間違いない。われわれの生活は他人の生活と同時進行しており、以前の私の週ごとの電話とはだいぶ違っている。ある学生は高校からの友だちと毎日eメールをしていて、一日に何度もやりとりすることもあると話す。われわれは実際テレビを見過ぎるし、市民の義務を避けている。しかし、連絡が途絶えることはない。

流行の文化の衝撃がわれわれの社会関係のよいところを侵食していると考えるのは、止めるべきだと私は思っている。本能は全く違う方法で本能自身を表現する能力を持っている。インターネットの使用は他人と過ごす時間を奪うかもしれない、しかし、それはわれわれからつながりの感覚を奪うわけではない。いつもネットを使っている人は他人とつながっている感覚に元気づけられると話すことが多い。[33]テレビでわれわれを楽しませてくれる出演者は、友人がするのと同じようなことをして笑わせてくれる。われわれが直面している困難が想像ほどのものではないかもしれないと気づかせてくれる。また一時的にでも、問題から距離を置くことにもなる。私が教えている心理学コースでの出来事である。テレビの登場人物の人間関係に関する会話を題材に、まず第一になぜ人は関係を維持するのか、どのように関係の破綻を処理するのか、ある登場人物は幸せな結婚にたどり着くのかに至るまで、どのように生き方を見いだしたかについて議論していて驚いたことがある。「結局普通に誰でもこんな友だちがいるよね」といった数分間の活発な会話の後、学生が実際は存在しない人々の動機や行動について真剣に議論したことがハッキリしてくると、困惑した笑いの瞬間が訪れた。架空の人物はそれが社会的支えであっても、社会的接触ということができるのだろうか。社会的支えはそれが目に見えない時には、それは防御的であるが利用できない資源であることを思い出せば、答えはノーである。

この種の手助けが実際の手助けと同じようにストレスを減らす効果があるのだろうか？　ラ・トロ

ーブ大学の心理学者であるエイナー・トルスタインソンの研究グループによる奇抜な研究を紹介しよう。彼らは人々を彼の研究室に連れてきて、彼らに非常にストレスフルなコンピューター作業を行わせた。参加者の半分は、被験者と同性の出演者が社会的に支持的な内容――あなたはよくやっているとかよくやった等――を語りかけるビデオテープを一緒に見た。一方あとの半分は、このサポートの助けがない状態で同じ作業を行った。支持的な評価をするビデオテープを見た人は（それはあらかじめ作られており、個人的には何もしてもらっていない）それを受けなかったグループより心拍数やコルチゾール値（ＨＰＡ軸系のストレスの指標）は低かった[34]。それは想像上の友人が明らかな安心感を提供してくれることを意味している。

私はこの点についてこれ以上言及しない。というのは想像上の友人の影響は実際の社会的交流と比較すると、非常に小さいものだからである。われわれの本当の交流はどうだろうか？　男性と女性は養育技能を発達させ使う用意があるだろうか？　次の世代に関するFortune研究によれば、われわれはこれらの重要な問題の変化を目撃することになるかもしれない。一九八〇年代以降に生まれた若い年代はたぶん、親の世代が直接自ら吸入した死の灰（訳者注：社会的交流の減少）を見てきたので、人間関係が未来を考える鍵であると言うだろう。結婚や子どもと過ごす時間、同僚との関係、友人関係がそれに当たる。さらにこれらの結びつきは男性にも女性にも重要である。今後認められるようになる新しい関係性は、これまで残っていた自己利益に由来する古い関係性に取って代わるだろう[35]。

思いやりと世話はわれわれに本来備わっているものである。それは大きな脳を持つ創造物として、われわれが人生の早期に獲得した生き生きした情緒的知識である。はじめは奇妙で恐ろしく見えたものが親しいものに変わる時、われわれは他人の意図や考えをはっきり認識する能力を獲得する。時にはこれを使ってわれわれ自身の能力の限界以上に到達し、しばしばそれを使って他人の要求を知り、慰めを与え、協力関係を築く。われわれの思いやりと世話は、われわれの利己的な無関心や攻撃性のすぐそばにある。時々利己的側面が思いやり的側面を凌駕することもあるが、思いやりの側面がそれを調整する。より基本的で凶暴な傾向が除去されなくても、少なくとも抑制することはできる。

これまで見てきたように、明らかに子ども時代の乱暴な育て方は大人になって身体面でも心理面でも健康へのリスクを増加させる。これらのリスクは避けられず、不可逆的なのだろうか？　そうではないようだ。大人にとって子ども時代に受けた影響は避け難いものではない。前に記したように、回復力もまた人間の性質にあまねく備わっている。成人の思いやり、すなわち親密な友人関係、強いきずなの結婚、支持的な師弟関係は回復力の鍵となっている。

遺伝的リスクを持った子犬を別の母親が育てる、交叉養育実験で思いもよらない結果が示された。遺伝的リスクはある養育条件では消失してしまうらしい。これらの研究は自然な行動を逆転しただけではなく、将来の世代に受け継がれていく新しい行動を創出したことを示唆している。この過程は行動の非遺伝子的世代移行という難しい名前がついているが、要するに遺伝と環境の研究から導き出された最も楽観的な仮説の一つである。遺伝的リスクの発現に影響のある、環境の変化にかかわるいかなる種類の強力な介入より、この仮説は遺伝的発生過程の可塑性を雄弁に物語っている。[36]

神経回路の可塑性と心理学における回復力の概念は、可塑性の概念において鏡像関係にある。これまで何度も言ってきたが、人間はわれわれがこれまで普通に行っていなかった多くのことを遂行できる大きな新皮質を持っている。女性も男性もこれまで伝統的に反対の性が行ってきたほとんどの仕事を、困難なく行うことができる。年齢を重ねるにつれて、これらの役割がいかに融通が利くものかを理解するようになるだろう。

人間の行動の著しい特徴は多くの違いがあるにもかかわらず、人々がよい指導者、助言者、親、友人になる素質を持っていることである。他人に対する世話と思いやりは長い間女性の能力であり、責任であると考えられていた。しかし、父親の役割や助言者の行動、忍耐強い指導者の側面などから見ると、男性にも同様の能力があり、これを行使することにより同様の利益が得られることが分かる。[37]社会的きずなはわれわれが有している最も安価な医療である。社会的、情緒的きずなが弱まっている今、われわれは未来に向けて地道にそれに手当てしていく必要がある。それを促進する方向に考えが変われば、われわれは次の世代に多くの利益をもたらすことができるのである。

◆**脚注**

1. Miller（1999）; Miller and Ratner（1998）.
2. Frank, Gilovich, and Ratner（1998）.
3. Sears and Funk（1991）.
4. Miller（1999）. 攻撃性が強い社会では自分自身を良好に保てるだろうか？　霊長類研究者のFrans de Waal and Denise Johanowicz（1993）による研究を参照。彼らは二種類の性格の違うサル類、rhesusとstumptailをとりあげた。それぞれ攻撃性と平和を維持する技能に違いがある二種類である。rhesusサルは我慢ができず攻撃的で、戦いのあとの仲直りも下手である。一方、stumptailは攻撃的でなく、平和に保つ技能に優れている。De Waal and Johanowiczは若い両種のサルを五匹ずつ一緒に飼育した。その後、それぞれの種に戻して何が起るか観察した。平和的なstumptailと一緒に飼育されたrhesusサルは仲直りの技能が高くなり、それはその群れ全体に広まり、攻撃性は弱まった。幸運にもstumptailサルはそれまでどおり平和的で和解が上手だった。この研究の重要な結論は和解が順応性のある技能であり不変なものではないことである。人間の学習能力は非常に高いので、平和維持能力を学ぶ能力は人間でも同じだと思われる。
5. Wilkinson（1996）. 収入の不公平と健康の関係についてのWilkinsonの結論は追試されていないことに注意（Mackenbach, 2002）。
6. Kaplan, Pamuk, Lynch, Cohen, and Balfour（1996）は収入分布の不公平に関する州ごとのばらつきは健康状態と死亡率に有意な相関を見いだした。
7. Wilkinson（1996）. 収入の不公平と暴力犯罪に遭遇する頻度及び殺人率は関連している。
8. Kawachi and Kennedy（1997）; Kennedy, Kawachi, and Prothrow-Smith（1996）; Fiscella and Franks（1997）; Shi, Starfeld,

Kennedy and Kawachi（1999）. 州ごとの公共福祉の予算と離婚率には関連がある（Zimmerman, 1994）。家庭への支援が少ない州では家庭生活が不安定になる。この知見は重要である。なぜなら行政の社会政策は家庭生活を徐々に傷つけ、崩壊を進めると広く信じられている。

9．Feminist Majority Foundation（2000）; Women's Justice Center（2001）.

10．別の研究（五万八〇〇〇人の支配人の調査）では、二三の技能のうち二〇の技能が男性より女性のほうが優れていた。二四八二人の経営者を調べた三番目の研究では、評価された二〇の技能のうち一七の技能が女性のほうが優れていた（Sharpe,2000）; 同じく Fisher（1998）参照。Fonds と Sasalos（2000）の研究によれば、企業の経営陣への女性の参加は業績によい変化をもたらすと報告している。特により多くの女性の指導者がいる経営陣は、すべて男性の経営陣より経営の決定により多くの影響をもたらす。女性は内向きよりも外向きであるため、しばしば広い視野を提供するためだと著者らは考察している。彼女たちが経営陣に入るためにはより高いハードルを越える必要があったし、貢献しようという特別な能力と熱意が必要かもしれない。同じく Wellboume（in press）参照。女性の新規株式公開の成功に関する考察。

11．新しいビジネス環境「関係性のルール」という考えの展望について。Tapscott, Ticoll, and Lowy（2000）参照。同じく Fisher（1999）*The First Sex* for a provocative discussion of women's current and potential contributions to society 参照。

12．Blum（1957）.

13．*The Invisible Heart: Economics and Family Values*（2001）by Nancy Folbre and *The Price of Motherhood*（2000）by Ann Crittenden. 例えば、二〇〇〇年の合衆国労働統計によれば、幼児保育の週給の平均は二六五ドル、教師が七一一ドル、看護師が七九〇ドルである。一方、消防士は六九〇ドル、トラック運転手が一一〇四ドル、警察官が八〇二ドル、飛行機パイロットが一〇五二ドルである。これらを展望すると、男性は伝統的に女性の仕事や役割に就こうという傾向はほとんど無い。*The economist*（九月二八日号、一九九六）.

14. Geronimus（1996）; Dunkel-Schetter（1998）.

15. Albee and Gullotta（1997）; Black, Dubowitz, Hutcheson, Berenson-Howard, and Starr（1995）; McLoyd（1998）. 例えば、妊娠した女性を世話するための訪問看護プログラムは一五年後の訴訟からの逃走、逮捕者、保護観察者の有罪と暴力、配偶者の存続期間、喫煙率、兄弟のアルコール摂取期間がすべて少なくなった。さらに、両親は行動上の問題が少ないと報告している。著者らは出生前や幼児期の看護師の訪問は、その後長期間にわたり青少年の深刻な反社会的行動や物質乱用を減らすと結論している。この研究は母親が平均たった九回だけ妊娠中に訪問を受け、その後の二年間で二三回だけの訪問であったことは注目に値する（Olds and colleagues, 1998）。

16. Black and Krishnakumar（1998）; Newman（1999）; Wandersman and Nation（1998）. 多くの動物研究で世代を超えた育児行動の移行があることが報告されている（Fairbanks,1989, and Francis, Diorio, Liu and Meaney 1999）。同じような研究はヒトではなされていないが、幼児虐待を行う両親が彼らの親から虐待を受けていたという事実は、同様な世代を超えた育児行動の移行であると思われる。

当然のことであるが、両親以外の育児について評価がなされ、それはあまりいい評価ではない。ある研究では五六％が十分だと答え、三五％は不十分だと答えた。よいと答えたのは一〇％以下だった（Mehren, 1994）。さらに例えば、ニューヨーク地区の代理親の世話を受けている子どもの一四％のみが適格であると答えている（Newman, 1999）。

一九九四年 Camegie 報告（Camegie Task Force on Meeting the Needs of Young Children, 1994）は健康的発達に与える環境の影響について述べており、その解決のために全体的な健康管理と教育の必要性を指摘している。Carmegie 報告に登場する挨拶である「ho-hum」な態度は気がかりである。例えば、Fortune の記事で「The Camegie Solution:

Yet Again」（Seligman, 1994）はわれわれの国の子どもが直面している問題にわれわれは気づいており、彼らの苦境に役立つようになるべきであるが、問題の解決に必要な手段を動員することができていないと記されている。

17. Fairbanks（1989）; Francis, Diorio, Liu, and Meaney（1999）.

18. Family Planning and Service Expansion and Technical Support（SEATS）and World Education（1999）: Kawachi, Kennedy, Gupta and Prothrow-Smith（1999）; UNICEF（2001）. アフガニスタンのタリバンにおいては女性の平均寿命は四五歳であり、男性の四六歳より短い。この例の重要な原因は女性は医療を受けることが許されないことである。

19. Acheson（1998）; Sampson, Ruudenbich and Earls（1997）.

20. De Anda（2001）.

21. Barron-McKeagrey, Woody, and D'Souza（2001）.

22. Prevosto（2001）.

23. Wallace（2001）.

24. Johnson, Lall, Holmes. Huwe, and Nordlund（2001）. 男性のための指導プログラムは通常「コーチング」と呼ばれている。というのは男性はしばしば伝統的な治療的努力に対して嫌悪感を持っている。拒絶的な正式の指導的なプログラムにさえ。「コーチ」からの短期間の指導や個人的説明ならば受け入れやすい（Carey, 2001）。

25. Putnam（2000）. 核家族は家族の二五％以下になっている（Schmitt, 2001）。二組の結婚のうち一組が離婚する。一九九〇年代、結婚していないパートナーの数は七二％増加し、家族の増加の五倍である。米国人の独居数は二倍になりおよそ二七〇〇万人である。母子家庭の数も一九九〇年代に二五％増加した。米国人の二％が結婚せずに同居している。しかしこの数もまた増えている（Fielda, 2001）。

26. Twenge（2000）; National Center for Health Statistics（1998）. 中年の身体的健康もまた減退しているという兆候がある。

二〇代から五〇代の社会生活障害の割合も過去一〇年間で増加しており、主に肥満、糖尿病、喘息による（Koretz, 2001）。

27. Twenge（2000）.

28. 結婚による葛藤や破綻は精神的身体的問題の危険因子となる証拠がある（Kiecolt-Glaser and Newton, 2001 総説; Bloom, Asher, and White,1978; Kiecolt-Glaser, Fisher, Ogrocki, Stout, Speicher and Glaser, 1987; Spanier and Thompson, 1984; Weiss, 1975）。

29. Amato and Booth（2001）; Clarke-Stewart, Vandell, McCartney, Owen, and Boorh（2000）; Glenn and Kramer（1987）; Spigelman, Spigelman, and Englesson（1994）; Tucker and colleagues（1997）.

30. Wartters（2001）.

31. Gurung, Taylor, and Seeman（2001）.

32. Wheeler, Reis and Nezlek（1983）.

33. Odell, Korgen, Schumacher and Delucchi（2000）; Weiser（2000）. インターネットがはじめて登場した時、ほとんどの利用者は男性であり情報の収集やゲームをすることだった。女性が使用を始めてから、利用のパターンが劇的に変わった。仕事以外に女性は友人や親戚との交流の維持にたびたび利用するようになった。

34. Thorteinsson, James, and Gregg（1998）.

35. O'Reilly（2000）.

36. Francis, Diorio, Liu, and Meaney（1999）; Floeter and Greenough（1979）; Laviola and Teranove（1998）. Anisman et al.（1998）もまた参照。

37. Depaudo（1992）; Hall（1978）. 例えばLisa Feldman Barett and colleagues（2002）は、女性は情緒的な経験の説明

において言語的能力を統制しても男性より複雑さや違いを表現すると報告している。

監訳者あとがき

この本の訳出を思い立ったいきさつから述べたい。一五年ほど前から動物実験に加えて人のストレス研究を始めた。その頃は被験者に男性のみを対象とするのは当然のこととして認められていた。女性は性周期があるために結果の解釈が難しくなるからである。男性を対象としたストレス負荷実験を倫理委員会に提出したところ、ある女性の委員から「なぜ男性だけを対象とするのですか」との質問を受け、上記のような答えでなんとか通してもらったことがあった。そのことが気になってその後の研究では男女の差に注目してさまざまなストレスによって唾液中のストレス物質が上昇するが、その程度は女性に比べ男性で高いことがいくつかの研究から明らかになった。これはいったい何を意味するのか？「ストレス反応」、「性差」というキーワードで調べていくうちにテイラー博士のこの本に出合った。そこにはストレス反応の性差の発見とその進化論的な意味だけでなく、ストレス反応といえばキャノンの「Fight or Flight 反応」として発展してきた行動科学に一石を投じる興味深い仮説が展開されていた。彼女によれば「Fight or Flight 反応」というドグマによって、しょせん人間は利己的で競争と駆け引きに明け暮れる動物であるという偏った信念がもたらされた。人々は利己的であるべきだと考え、他人を利己的だとみなす考えが社会に蔓延している。しかしその一方で、人間、特に女性には脅威に対して互いを思いやり、助け合うという側面があり、それを意識することで人間の本性に対する考えにバランスをとることが必要だという内容が述べられていた。脅威に際して仲間を見守り助け合うという行動は人間の主要なストレス反応であり本能であるという彼女の主張は、最近の行き過ぎた金融資本主義による競争の激化や関係性の喪失など、現代社会の行き詰まりに対するアンチテーゼとして一筋の光明をもたらすように思われる。特に父性社会といわれる欧米に比べ、女性的な価値観に親和性のある日本ではより受け入れられやすいのではないだろうか。時あたかも東日本大震災で人々のきずなの大切さが注目されている時期に、偶然とはいえ本書のようなきずなをテーマにした本の日本語版が上梓される意義は大きいと思う。

日本語訳をかって出てくれた教室の有志と監修を手伝ってくれた今村義臣氏に深謝いたします。

山田　茂人

装幀　森本良成

監訳者
山田茂人　佐賀大学医学部精神医学講座教授
訳　者
石川謙介　佐賀大学医学部精神医学講座講師／**今村義臣**　久留米大学比較文化研究所研究員・佐賀大学医学部精神医学講座非常勤講師／**国武裕**　佐賀大学医学部精神医学講座助教／**立石洋**　独立行政法人国立病院機構肥前精神医療センターレジデント／**楯林英晴**　佐賀大学医学部精神医学講座講師／**原口祥典**　医療法人社団松籟会唐津保養院医師／**松島淳**　佐賀大学医学部付属病院精神神経科臨床心理士

思いやりの本能が明日を救う

二〇一一年一〇月三一日　第一版　第一刷

著　者　S.E.テイラー
監訳者　山田　茂人
発行者　吉田　三郎
発行所　有限会社二瓶社
〒一二五－〇〇五四
東京都葛飾区高砂五－三八－八　岩井ビル三F
TEL　〇三－五六四八－五三七七
FAX　〇三－五六四八－五三七六
郵便振替　〇〇九九〇－六－一一〇三一四

印刷所　亜細亜印刷株式会社

Printed in Japan
ISBN 978-4-86108-059-3 C3011